산업안전지도사 및 산업보건지도사 자격증 시험 대비

산업안전(보건) 지도사법령 진도별 모의고사 8회분

- 편저 정명재 -

**부록
2020년~2016년
기출문제**

PREFACE

　산업안전(보건)지도사의 법령 모의고사는 실전에 대비한 문제로 구성하였다. 산업안전보건법령의 전부개정으로 인해 지난 기출문제를 무조건 암기하는 형태에서 벗어나야 한다. 9개년의 기출문제를 분석하였고 출제가능 문제들을 모의고사 형태로 만들어 각 조문에 따라 진도별 모의고사 형식으로 편제하였다.

　산업안전보건법령의 전체 조문들에 대하여 체계적 정리가 가능하도록 구성하였기에 법령의 기본적인 이해와 암기가 끝난 후 문제풀이를 한다면 더 없이 좋은 교재로 쓰일 것이다. 산업안전(보건)지도사의 경우 중복 문제를 지양하며 문제은행식 출제가 되지 않고 있는 점에 주의해야 한다. 모의고사 문제 풀이는 반드시 해당 법령의 조문을 근거로 정리를 하여야 한다.

　본 교재는 단기간에 법령의 정리와 문제풀이에 대한 적응력을 높이는 데 주안점을 두었다. 초보 수험생의 경우 법령 기본강의를 들은 후 문제풀이에 접근하는 것을 추천하지만 시간이 없는 수험생의 경우라면 모의고사 풀이를 통해 중요 문제유형의 접근을 먼저 할 수도 있을 것이다.

　산업안전(보건)지도사의 제1과목인 법령에서 고득점을 할 수 있도록 상세한 풀이로 동영상 강의도 준비하였다. 자세하고 알기 쉬운 풀이를 제공하니 많은 도움을 받을 수 있을 것이다. 따뜻한 봄날에 합격의 영광이 함께 하기를 기원한다.

2021. 1. 4. 신림동에서 정명재

CONTENTS

진도별 모의고사

1회	산업안전보건법령 진도별 모의고사	… 2
◇	산업안전보건법령 진도별 모의고사 해설	… 14
2회	산업안전보건법령 진도별 모의고사	… 55
3회	산업안전보건법령 진도별 모의고사	… 66
4회	산업안전보건법령 진도별 모의고사	… 77
5회	산업안전보건법령 진도별 모의고사	… 88
6회	산업안전보건법령 진도별 모의고사	… 99
7회	산업안전보건법령 진도별 모의고사	… 110
8회	산업안전보건법령 진도별 모의고사	… 122

부록 (2020 ~ 2016)

- **2020**년 산업안전보건법령 기출문제 … 133
- **2019**년 산업안전보건법령 기출문제 … 142
- **2018**년 산업안전보건법령 기출문제 … 166
- **2017**년 산업안전보건법령 기출문제 … 178
- **2016**년 산업안전보건법령 기출문제 … 202

1회

산업안전보건법령 진도별 모의고사

01 산업안전보건법령상 용어에 관한 설명으로 옳지 않은 것은?

① "도급인"이란 물건의 제조·건설·수리 또는 서비스의 제공, 그 밖의 업무를 도급하는 사업주를 말한다. 다만, 건설공사발주자는 제외한다.
② "산업재해"란 노무를 제공하는 사람이 업무에 관계되는 건설물·설비·원재료·가스·증기·분진 등에 의하거나 작업 또는 그 밖의 업무로 인하여 사망 또는 부상하거나 질병에 걸리는 것을 말한다.
③ "건설공사발주자"란 건설공사를 도급하는 자로서 건설공사의 시공을 주도하여 총괄·관리하는 자를 말한다. 다만, 도급받은 건설공사를 다시 도급하는 자는 제외한다.
④ "작업환경측정"이란 작업환경 실태를 파악하기 위하여 해당 근로자 또는 작업장에 대하여 사업주가 유해인자에 대한 측정계획을 수립한 후 시료(試料)를 채취하고 분석·평가하는 것을 말한다.
⑤ "중대재해"란 산업재해 중 사망 등 재해 정도가 심하거나 다수의 재해자가 발생한 경우로서 부상자 또는 직업성 질병자가 동시에 10명 이상 발생한 재해를 말한다.

근거조문 ▶ 산업안전보건법률 제2조, 시행규칙 제3조

02 산업안전보건법령상 용어에 관한 설명으로 옳은 것은?

① "근로자"라 함은 직업의 종류를 불문하고 임금·급료 기타 이에 준하는 수입에 의하여 생활하는 자를 말한다.
② "중대재해"란 산업재해 중 사망 등 재해 정도가 심하고 다수의 재해자가 발생한 경우로서 3개월 이상의 요양이 필요한 부상자가 동시에 2명 이상 발생한 재해를 말한다.
③ "산업재해"란 근로자가 업무에 관계되는 건설물·설비·원재료·가스·증기·분진 등에 의하거나 작업 또는 그 밖의 업무로 인하여 사망 또는 부상하거나 질병에 걸리는 것을 말한다.
④ "사업주"란 노무를 제공하는 사람을 사용하여 사업을 하는 자를 말한다.
⑤ "건설공사발주자"란 건설공사를 도급하는 자로서 건설공사의 시공을 주도하여 총괄·관리하지 아니하는 자를 말한다. 다만, 도급받은 건설공사를 다시 도급하는 자는 제외한다.

근거조문 ▶ 산업안전보건법률 제2조, 시행규칙 제3조

03 산업안전보건법령상 사업주는 위험으로 인한 산업재해를 예방하기 위하여 필요한 조치를 하여야 한다. 이와 같은 안전조치 법령의 적용을 받는 사업 또는 사업장은?

> ㉠ 「원자력안전법」의 발전업 중 원자력 발전설비를 이용하여 전기를 생산하는 사업장
> ㉡ 「광산안전법」의 광업 중 광물의 채광·채굴·선광 또는 제련 등의 공정
> ㉢ 「광산안전법」의 광업 중 제조 공정
> ㉣ 「선박안전법」 적용 사업 중 선박 및 보트 건조업
> ㉤ 「항공안전법」 적용 사업 중 항공기, 우주선 및 부품 제조업과 창고 및 운송관련 서비스업, 여행사 및 기타 여행보조 서비스업 중 항공 관련 사업

① ㉠, ㉡, ㉢
② ㉡, ㉢, ㉣
③ ㉠, ㉡, ㉣
④ ㉢, ㉣, ㉤
⑤ ㉠, ㉣, ㉤

근거조문 ▶ 산업안전보건법률 제3조, 영 제3조

04 상시근로자 5명 미만을 사용하는 사업장에는 산업안전보건법령의 일부를 적용하지 아니할 수 있다. 다음 산업안전보건법령 중 상시근로자 5명 미만을 사용하는 사업장에 적용이 제외되는 것을 모두 고른 것은?

> ㉠ 제17조(안전관리자)
> ㉡ 제25조(안전보건관리규정)
> ㉢ 제38조(안전조치)
> ㉣ 제47조(안전보건진단)
> ㉤ 제50조(안전보건개선계획서의 제출)

① ㉠, ㉡, ㉢
② ㉠, ㉡, ㉣
③ ㉠, ㉡, ㉣, ㉤
④ ㉠, ㉢, ㉣, ㉤
⑤ ㉠, ㉡, ㉢, ㉣, ㉤

근거조문 ▶ 산업안전보건법률 제3조, 영 제3조

05 산업안전보건법은 유해·위험의 정도, 사업의 종류·규모 및 사업의 소재지 등을 고려하여 법의 전부 또는 일부를 적용하지 아니할 수 있다. 다음 중 옳은 것은?

① 상시근로자 4명을 사용하는 공사금액 30억원의 상가신축공사 사업의 사업주는 안전·보건조치를 하지 않아 중대재해가 발생하더라도 안전·보건진단기관의 안전·보건진단을 받지 않아도 된다.
② 상시근로자 10명을 사용하여 실제 공장에서 봉제의복을 제조하는 사업주는 관리감독자를 포함하여 모든 근로자에게 안전·보건교육을 실시하지 않아도 된다.
③ 원자력안전법의 적용을 받는 발전업으로써 상시근로자 5명을 사용하여 원자력발전설비를 이용하여 전기를 생산하는 사업장의 사업주는 방사선에 의한 중대재해가 발생하였을 때 즉시 작업을 중지시키고 근로자를 작업장소로부터 대피시키는 등 필요한 안전·보건조치를 하지 않아도 된다.
④ 사무직 근로자만 30명을 사용하는 선박 및 보트건조업의 사업주는 작업환경측정 대상물질에 대한 작업환경측정을 실시하지 않아도 된다.
⑤ 상시근로자 5명을 사용하는 금융업의 사업주는 중량물 취급으로 인하여 발생하는 위험을 방지하기 위한 안전조치를 하지 않아도 된다.

> 근거조문 산업안전보건법률 제3조, 영 제3조

06 산업안전보건법령상 협조 요청 등에 관한 설명으로 옳지 않은 것은?

① 고용노동부장관은 산업재해 예방에 관한 기본계획을 효율적으로 시행하기 위하여 필요하다고 인정할 때에는 관계 행정기관의 장에게 필요한 협조를 요청할 수 있다.
② 고용노동부를 제외한 행정기관의 장은 사업장의 안전에 관하여 규제를 하려면 미리 고용노동부장관과 협의하여야 한다.
③ 고용노동부를 제외한 행정기관의 장은 고용노동부장관이 협의과정에서 해당 규제에 대한 변경을 요구하면 이에 따라야 하며, 고용노동부장관은 필요한 경우 국무총리에게 협의·조정 사항을 보고하여 확정할 수 있다.
④ 고용노동부장관은 산업재해 예방을 위하여 필요하다고 인정할 때에는 사업주에게 필요한 사항을 권고할 수 있다.
⑤ 고용노동부장관이 산정·통보한 산업재해발생률에 불복하는 건설업체는 통보를 받은 날부터 15일 이내에 고용노동부장관에게 이의를 제기하여야 한다.

> 근거조문 산업안전보건법률 제8조, 시행규칙 제4조

07 산업안전보건법령상 협조 요청 등에 관한 설명으로 옳지 않은 것은?

① 고용노동부장관은 산업재해 예방에 관한 기본계획을 효율적으로 시행하기 위하여 필요하다고 인정할 때에는 관계 행정기관의 장 또는 공공기관의 장에게 필요한 협조를 요청할 수 있다.
② 고용노동부장관은 「건설산업기본법」 제23조에 따른 건설업체의 시공능력 평가 시 별표 1 제1호에서 정한 건설업체의 산업재해발생률에 따른 공사 실적액의 증액에 관한 사항을 관계 행정기관의 장 또는 「공공기관의 운영에 관한 법률」 제4조에 따른 공공기관의 장에게 협조를 요청할 수 있다.
③ 고용노동부를 제외한 행정기관의 장은 고용노동부장관이 협의과정에서 해당 규제에 대한 변경을 요구하면 이에 따라야 하며, 고용노동부장관은 필요한 경우 국무총리에게 협의·조정 사항을 보고하여 확정할 수 있다.
④ 고용노동부장관은 산업재해 예방을 위하여 필요하다고 인정할 때에는 사업주, 사업주단체, 그 밖의 관계인에게 필요한 사항을 권고하거나 협조를 요청할 수 있다.
⑤ 고용노동부장관은 산업재해 예방을 위하여 중앙행정기관의 장과 지방자치단체의 장 또는 공단 등 관련 기관·단체의 장에게 「고용보험법」 제15조에 따른 근로자의 피보험자격의 취득 및 상실 등에 관한 정보 또는 자료의 제공 및 관계 전산망의 이용을 요청할 수 있다.

근거조문 산업안전보건법률 제8조, 시행규칙 제4조

08 산업안전보건법령상 사업장의 산업재해 발생건수 등 공표에 관한 설명이다. ( )안에 들어갈 내용을 순서대로 바르게 나열한 것은?

> 고용노동부장관은 산업재해를 예방하기 위하여 「산업안전보건법」 제10조 제2항에 따른 산업재해의 발생에 관한 보고를 최근 (ㄱ) 이내 (ㄴ) 이상 하지 않은 사업장의 산업재해 발생건수, 재해율 또는 그 순위 등을 공표하여야 한다.

① ㄱ: 1년, ㄴ: 1회
② ㄱ: 2년, ㄴ: 2회
③ ㄱ: 3년, ㄴ: 2회
④ ㄱ: 5년, ㄴ: 3회
⑤ ㄱ: 5년, ㄴ: 5회

근거조문 산업안전보건법률 제10조, 시행규칙 제10조

09 산업안전보건법령상 산업재해발생건수등의 공표에 관한 설명으로 옳지 않은 것은?

① 고용노동부장관은 산업재해를 예방하기 위하여 사망재해자가 연간 2명 이상 발생한 사업장의 산업재해발생건수등을 공표하여야 한다.
② 고용노동부장관은 산업재해를 예방하기 위하여 중대산업사고가 발생한 사업장의 산업재해발생건수등을 공표하여야 한다.
③ 고용노동부장관은 도급인의 사업장 중 대통령령으로 정하는 사업장에서 관계수급인 근로자가 작업을 하는 경우에 도급인의 산업재해발생건수등에 관계수급인의 산업재해발생건수등을 포함하여 공표하여야 한다.
④ 산업재해발생건수등의 공표의 절차 및 방법에 관한 사항은 대통령령으로 정한다.
⑤ 고용노동부장관은 산업재해발생건수등을 공표하기 위하여 도급인에게 관계수급인에 관한 자료의 제출을 요청할 수 있다.

> **근거조문** 산업안전보건법률 제10조, 시행규칙 제10조

10 산업안전보건법령상 고용노동부장관이 산업재해를 예방하기 위해 필요하다고 인정하여 사업장의 산업재해 발생건수, 재해율 또는 그 순위 등을 공표할 수 있는 대상 사업장을 모두 고른 것은?

ㄱ. 산업재해의 발생에 관한 보고를 최근 3년 이내 2회 하지 않은 사업장
ㄴ. 연간 산업재해율이 규모별 같은 업종의 평균재해율 이상인 사업장 중 상위 5퍼센트에 해당하는 사업장
ㄷ. 사망만인율(연간 상시 근로자 1만명당 발생하는 사망자 수로 환산한 것을 말한다)이 규모별 같은 업종의 평균 사망만인율 이상인 사업장
ㄹ. 중대산업사고가 발생한 사업장
ㅁ. 최근 1년 이내에 2회 산업안전보건법 위반으로 형사처벌을 받은 사업장

① ㄱ, ㄷ
② ㄴ, ㅁ
③ ㄷ, ㄹ
④ ㄱ, ㄷ, ㄹ
⑤ ㄴ, ㄷ, ㅁ

> **근거조문** 산업안전보건법률 제10조, 시행규칙 제10조

11 해당 사업장이 관계수급인의 사업장으로서 도급인이 관계수급인 근로자의 산업재해 예방을 위한 조치의무를 위반하여 관계수급인 근로자가 산업재해를 입은 경우에는 도급인의 사업장 산업재해발생건수등을 함께 공표한다. 이에 해당하는 사업장은?

> ㉠ 산업재해로 인한 사망자(이하 "사망재해자"라 한다)가 연간 2명 이상 발생한 사업장
> ㉡ 사망만인율(死亡萬人率: 연간 상시근로자 1만명당 발생하는 사망재해자 수의 비율을 말한다)이 규모별 같은 업종의 평균 사망만인율 이상인 사업장
> ㉢ 법 제44조 제1항 전단에 따른 중대산업사고가 발생한 사업장
> ㉣ 법 제57조 제1항을 위반하여 산업재해 발생 사실을 은폐한 사업장
> ㉤ 법 제57조 제3항에 따른 산업재해의 발생에 관한 보고를 최근 3년 이내 2회 이상 하지 않은 사업장

① ㉠, ㉡
② ㉠, ㉡, ㉢
③ ㉠, ㉢, ㉤
④ ㉢, ㉣, ㉤
⑤ ㉡, ㉢, ㉣, ㉤

근거조문 산업안전보건법률 제10조, 시행규칙 제10조)

12 고용노동부장관은 도급인의 사업장(도급인이 제공하거나 지정한 경우로서 도급인이 지배·관리하는 대통령령으로 정하는 장소를 포함) 중 관계수급인 근로자가 작업을 하는 경우에 도급인의 산업재해발생건수등에 관계수급인의 산업재해발생건수등을 포함하여 공표하여야 한다. 이에 해당하는 사업장에 대한 설명으로 옳지 않은 것은?

① 제조업으로 도급인이 사용하는 상시근로자 수가 500명 이상이고 도급인 사업장의 사고사망만인율보다 관계수급인의 근로자를 포함하여 산출한 사고사망만인율이 높은 사업장을 말한다.
② 전기업으로 도급인이 사용하는 상시근로자 수가 500명 이상이고 도급인 사업장의 사고사망만인율보다 관계수급인의 근로자를 포함하여 산출한 사고사망만인율이 높은 사업장을 말한다.
③ 철도운송업으로 도급인이 사용하는 상시근로자 수가 500명 이상이고 도급인 사업장의 사고사망만인율보다 관계수급인의 근로자를 포함하여 산출한 사고사망만인율이 높은 사업장을 말한다.
④ 도시철도운송업으로 도급인이 사용하는 상시근로자 수가 500명 이상이고 도급인 사업장의 사고사망만인율보다 관계수급인의 근로자를 포함하여 산출한 사고사망만인율이 높은 사업장을 말한다.
⑤ 토사석 광업으로 도급인이 사용하는 상시근로자 수가 500명 이상이고 도급인 사업장의 사고사망만인율보다 관계수급인의 근로자를 포함하여 산출한 사고사망만인율이 높은 사업장을 말한다.

근거조문 산업안전보건법률 제10조, 영 제12조

13 고용노동부장관은 도급인의 사업장(도급인이 제공하거나 지정한 경우로서 도급인이 지배·관리하는 대통령령으로 정하는 장소를 포함) 중 대통령령으로 정하는 사업장에서 관계수급인 근로자가 작업을 하는 경우에 도급인의 산업재해발생건수등에 관계수급인의 산업재해발생건수등을 포함하여 공표하여야 한다. 이에 해당하지 않는 사업은?

① 금속업
② 제조업
③ 철도운송업
④ 도시철도운송업
⑤ 전기업

> 근거조문 ▶ 산업안전보건법률 제10조, 영 제12조

14 고용노동부장관은 산업재해 예방을 위하여 특정 조치와 관련한 기술 또는 작업환경에 관한 표준을 정하여 사업주에게 지도·권고할 수 있다. 이에 해당하는 조치에 해당하지 않는 것은?

① 사업주가 전기, 열, 그 밖의 에너지에 의한 위험으로 인한 산업재해를 예방하기 위하여 필요한 조치
② 사업주가 근로자의 신체적 피로와 정신적 스트레스 등을 줄일 수 있는 쾌적한 작업환경의 조성 및 근로조건 개선을 위한 조치
③ 원재료 등을 제조·수입하는 자가 제조·수입으로 사용되는 물건으로 인하여 발생하는 산업재해를 방지하기 위하여 필요한 조치
④ 건설물을 발주·설계·건설하는 자가 발주·설계·건설로 인하여 발생하는 산업재해를 방지하기 위하여 필요한 조치
⑤ 기계·기구와 그 밖의 설비를 설계·제조 또는 수입하는 자가 설계·제조 또는 수입으로 사용되는 물건으로 인하여 발생하는 산업재해를 방지하기 위하여 필요한 조치

> 근거조문 ▶ 산업안전보건법률 제13조

15 정부가 산업안전보건법의 목적을 달성하기 위해 성실히 이행해야 할 책무에 해당하는 것을 모두 고른 것은?

> ㄱ. 산업재해 예방 지원 및 지도
> ㄴ. 사업주의 자율적인 산업 안전 및 보건 경영체제 확립을 위한 지원
> ㄷ. 이 법과 이 법에 따른 명령으로 정하는 산업재해 예방을 위한 기준
> ㄹ. 그 밖에 노무를 제공하는 사람의 안전 및 건강의 보호·증진
> ㅁ. 해당 사업장의 안전 및 보건에 관한 정보를 근로자에게 제공

① ㄱ, ㄴ, ㄷ
② ㄱ, ㄴ, ㄹ
③ ㄱ, ㄷ, ㄹ
④ ㄱ, ㄴ, ㄷ, ㄹ
⑤ ㄱ, ㄴ, ㄷ, ㄹ, ㅁ

근거조문 산업안전보건법률 제4조

16 산업안전보건법령상 안전보건관리책임자의 업무에 해당하지 않는 것은?

① 사업장의 산업재해 예방계획의 수립에 관한 사항
② 안전보건관리규정의 작성 및 변경에 관한 사항
③ 근로자의 건강진단 등 건강관리에 관한 사항
④ 위험성평가의 실시에 관한 사항
⑤ 안전장치 및 보호구 구입 시 적격품 여부 확인에 관한 사항

근거조문 산업안전보건법률 제15조, 제62조

17 도급인은 관계수급인 근로자가 도급인의 사업장에서 작업을 하는 경우에는 그 사업장의 안전보건관리책임자를 도급인의 근로자와 관계수급인 근로자의 산업재해를 예방하기 위한 업무를 총괄하여 관리하는 안전보건총괄책임자로 지정하여야 한다. 다음의 ㉠~㉢에 들어갈 사항으로 옳은 것은?

> 안전보건총괄책임자를 지정해야 하는 사업의 종류 및 사업장의 상시근로자 수는 관계수급인에게 고용된 근로자를 포함한 상시근로자가 ㉠명(선박 및 보트 건조업, 1차 금속 제조업 및 토사석 광업의 경우에는 ㉡명) 이상인 사업이나 관계수급인의 공사금액을 포함한 해당 공사의 총공사금액이 ㉢억원 이상인 건설업으로 한다.

	㉠	㉡	㉢
①	50	100	10
②	50	120	20
③	100	50	10
④	100	50	20
⑤	200	50	20

근거조문 ▶ 산업안전보건법률 시행령 제52조

18 산업안전보건법령상 안전보건총괄책임자의 직무에 해당하지 않는 것은?

① 「산업안전보건법」 제36에 따른 위험성평가의 실시에 관한 사항
② 안전인증대상 기계・기구등과 자율안전확인대상 기계・기구등의 사용 여부 확인
③ 근로자의 건강장해의 원인 조사와 재발 방지를 위한 의학적 조치
④ 법 제64조에 따른 도급 시 산업재해 예방조치
⑤ 법 제72조 제1항에 따른 산업안전보건관리비의 관계수급인 간의 사용에 관한 협의・조정 및 그 집행의 감독

근거조문 ▶ 산업안전보건법률 시행령 제53조

19 산업안전보건법령상 안전·보건 관리체제에 관한 설명으로 옳지 않은 것은?

① 안전보건관리책임자는 안전관리자와 보건관리자를 지휘·감독한다.
② 안전보건관리책임자는 해당 사업에서 그 사업을 실질적으로 총괄 관리하는 사람이어야 한다.
③ 안전관리자는 산업재해에 관한 통계의 유지·관리·분석을 위한 보좌 및 조언·지도 등의 업무를 수행하여야 한다.
④ 고용노동부장관은 안전관리전문기관의 업무정지를 명하여야 하는 경우에 그 업무정지가 공익을 해칠 우려가 있다고 인정하면 업무정지처분을 갈음하여 2억원 이하의 과징금을 부과할 수 있다.
⑤ 상시 근로자수가 500명 이상인 식료품 제조업의 경우 안전관리자를 2명 이상 선임하여야 한다.

근거조문 산업안전보건법률 제160조

20 상시근로자 1,000명 이상인 경우 안전관리자 선임을 2명 이상 해야 하는 사업의 종류에 해당하는 것은?

① 식료품 제조업
② 1차 금속 제조업
③ 농업, 임업 및 어업
④ 자동차 및 트레일러 제조업
⑤ 발전업

근거조문 영 별표3

21 산업안전보건법령상 안전관리자가 수행하여야 할 업무가 아닌 것은?

① 사업장 순회점검·지도 및 조치의 건의
② 산업재해 발생의 원인 조사·분석 및 재발 방지를 위한 기술적 보좌 및 조언·지도
③ 작업장 내에서 사용되는 전체 환기장치 및 국소 배기장치 등에 관한 설비의 점검과 작업방법의 공학적 개선에 관한 보좌 및 조언·지도
④ 산업재해에 관한 통계의 유지·관리·분석을 위한 보좌 및 조언·지도
⑤ 업무수행 내용의 기록·유지

근거조문 법률 제17조, 영 제16조 이하

22 다음의 경우 산업안전보건법령상 사업장에 선임하여야 할 안전·보건관리자에 관한 설명으로 옳지 않은 것은?

> 상시근로자 400명을 고용하여 1차금속 제조업을 영위하는 A사는 같은 업종의 B사와 C사를 사내 하도급업체로 두고 있으며, B사와 C사는 각각 상시근로자 100명씩을 고용하여 사업을 운영하고 있다.

① 도급인 A와 수급인 B, 수급인 C는 각각 안전관리자 1명씩 총 3명의 안전관리자를 선임하는 것이 원칙이다.
② 도급인 A가 자신의 근로자수 400명에 대한 안전관리자 1명과 수급인 B·C의 근로자수 200명에 대한 안전관리자 1명을 추가로 선임하였다면 수급인 B·C는 별도의 안전관리자를 선임하지 않아도 된다.
③ 도급인 A와 수급인 B, 수급인 C는 각각 보건관리자 1명씩 총 3명의 보건관리자를 선임하는 것이 원칙이다.
④ 도급인 A가 자신의 근로자수 400명에 대한 보건관리자 1명과 수급인 B·C의 근로자수 200명에 대한 보건관리자 1명을 추가로 선임하였다 하더라도 수급인 B·C는 별도의 보건관리자를 선임하여야 한다.
⑤ 위 ①항의 경우 도급인 A와 수급인 B·C가 안전관리자를 선임할 때 건설안전산업기사 자격을 가진 사람이 해당된다.

근거조문 법률 제17조, 영 제16조 이하

23 산업안전보건기준에 관한 규칙상 폭발·화재 및 위험물누출에 의한 위험방지에 관한 설명으로 옳은 것만을 모두 고른 것은?

> ㄱ. 사업주는 금속의 용접·용단 또는 가열에 사용되는 가스등의 용기를 취급하는 경우에는 용기의 온도를 섭씨 40도 이하로 유지해야 한다.
> ㄴ. 사업주는 위험물질을 제조하거나 취급하는 경우 적절한 방호조치를 하지 않고 급성 독성 물질을 누출시키는 등으로 인체에 접촉시키는 행위를 해서는 아니 된다.
> ㄷ. 사업주는 고열의 금속찌꺼기를 물로 처리하는 피트에 대하여 수증기 폭발을 방지하기 위해 작업용수 또는 빗물 등이 내부로 새어드는 것을 방지할 수 있는 격벽 등의 설비를 주위에 설치하여야 한다.
> ㄹ. 폭발·화재 및 위험물누출에 의한 위험방지를 하여야 할 조치의 내용은 사업장 규모별로 다르게 규정되어 있다.

① ㄱ, ㄴ   ② ㄱ, ㄷ
③ ㄱ, ㄹ   ④ ㄴ, ㄷ
⑤ ㄷ, ㄹ

근거조문 안전보건규칙 제234조, 제248조

24 산업안전보건기준에 관한 규칙상 소음에 의한 건강장해예방조치를 규정한 내용으로 옳지 않은 것은?

① "소음작업"이란 1일 8시간 작업을 기준으로 85데시벨 이상의 소음이 발생하는 작업을 말한다.
② 100데시벨 이상의 소음이 1일 2시간 이상 발생하는 작업은 "강렬한 소음작업"이다.
③ 소음이 1초 이상의 간격으로 발생하는 작업으로서 120데시벨을 초과하는 소음이 1일 1만회 이상 발생하는 작업은 "충격소음작업"이다.
④ 사업주는 근로자가 소음작업, 강렬한 소음작업 또는 충격소음작업에 종사하는 경우 청력보호구를 지급하고 착용하도록 하여야 한다.
⑤ 소음의 작업환경측정 결과 소음수준이 85데시벨을 초과하는 사업장의 사업주는 청력보존 프로그램을 수립하여 시행하여야 한다.

> **근거조문** ▶ 안전보건규칙 제512조. 제517조

25 산업안전보건기준에 관한 규칙상 근골격계부담작업으로 인한 건강장해 예방에 관한 설명으로 옳지 않은 것은?

① 사업주는 유해요인 조사를 하는 경우에 근로자와의 면담, 증상 설문조사, 인간공학적 측면을 고려한 조사 등 적절한 방법으로 하여야 한다.
② 사업주는 근골격계부담작업을 하는 경우에 근골격계질환 발생 시의 대처요령에 대해 근로자에게 알려야 한다.
③ 사업주는 근골격계질환 예방관리 프로그램을 작성·시행할 경우에 근로자대표의 동의를 받아야 한다.
④ 사업주는 유해요인 조사에 근로자대표 또는 해당 작업 근로자를 참여시켜야 한다.
⑤ 사업주는 근로자가 5킬로그램 이상의 중량물을 들어올리는 작업을 하는 경우에 주로 취급하는 물품에 대하여 근로자가 쉽게 알 수 있도록 물품의 중량과 무게중심에 대하여 작업장 주변에 안내표시를 하여야 한다.

> **근거조문** ▶ 안전보건규칙 제656조 이하

1회

산업안전보건법령 진도별 모의고사 [해설]

01 산업안전보건법령상 용어에 관한 설명으로 옳지 않은 것은?

① "도급인"이란 물건의 제조·건설·수리 또는 서비스의 제공, 그 밖의 업무를 도급하는 사업주를 말한다. 다만, 건설공사발주자는 제외한다.
② "산업재해"란 노무를 제공하는 사람이 업무에 관계되는 건설물·설비·원재료·가스·증기·분진 등에 의하거나 작업 또는 그 밖의 업무로 인하여 사망 또는 부상하거나 질병에 걸리는 것을 말한다.
③ "건설공사발주자"란 건설공사를 도급하는 자로서 건설공사의 시공을 주도하여 총괄·관리하는 자를 말한다. 다만, 도급받은 건설공사를 다시 도급하는 자는 제외한다.
④ "작업환경측정"이란 작업환경 실태를 파악하기 위하여 해당 근로자 또는 작업장에 대하여 사업주가 유해인자에 대한 측정계획을 수립한 후 시료(試料)를 채취하고 분석·평가하는 것을 말한다.
⑤ "중대재해"란 산업재해 중 사망 등 재해 정도가 심하거나 다수의 재해자가 발생한 경우로서 부상자 또는 직업성 질병자가 동시에 10명 이상 발생한 재해를 말한다.

해설

근거조문 산업안전보건법률 제2조, 시행규칙 제3조

정답 ③

02 산업안전보건법령상 용어에 관한 설명으로 옳은 것은?

① "근로자"라 함은 직업의 종류를 불문하고 임금·급료 기타 이에 준하는 수입에 의하여 생활하는 자를 말한다.
② "중대재해"란 산업재해 중 사망 등 재해 정도가 심하고 다수의 재해자가 발생한 경우로서 3개월 이상의 요양이 필요한 부상자가 동시에 2명 이상 발생한 재해를 말한다.
③ "산업재해"란 근로자가 업무에 관계되는 건설물·설비·원재료·가스·증기·분진 등에 의하거나 작업 또는 그 밖의 업무로 인하여 사망 또는 부상하거나 질병에 걸리는 것을 말한다.
④ "사업주"란 노무를 제공하는 사람을 사용하여 사업을 하는 자를 말한다.
⑤ "건설공사발주자"란 건설공사를 도급하는 자로서 건설공사의 시공을 주도하여 총괄·관리하지 아니하는 자를 말한다. 다만, 도급받은 건설공사를 다시 도급하는 자는 제외한다.

> 해설

> 근거조문 산업안전보건법률 제2조, 시행규칙 제3조

제2조(정의) 이 법에서 사용하는 용어의 뜻은 다음과 같다. <개정 2020. 5. 26.>
1. "산업재해"란 노무를 제공하는 사람이 업무에 관계되는 건설물·설비·원재료·가스·증기·분진 등에 의하거나 작업 또는 그 밖의 업무로 인하여 사망 또는 부상하거나 질병에 걸리는 것을 말한다.
2. "중대재해"란 산업재해 중 사망 등 재해 정도가 심하거나 다수의 재해자가 발생한 경우로서 고용노동부령으로 정하는 재해를 말한다.
3. "근로자"란 「근로기준법」 제2. 9.1항 제1호에 따른 근로자를 말한다.
4. "사업주"란 근로자를 사용하여 사업을 하는 자를 말한다.
5. "근로자대표"란 근로자의 과반수로 조직된 노동조합이 있는 경우에는 그 노동조합을, 근로자의 과반수로 조직된 노동조합이 없는 경우에는 근로자의 과반수를 대표하는 자를 말한다.
6. "도급"이란 명칭에 관계없이 물건의 제조·건설·수리 또는 서비스의 제공, 그 밖의 업무를 타인에게 맡기는 계약을 말한다.
7. "도급인"이란 물건의 제조·건설·수리 또는 서비스의 제공, 그 밖의 업무를 도급하는 사업주를 말한다. 다만, 건설공사발주자는 제외한다.
8. "수급인"이란 도급인으로부터 물건의 제조·건설·수리 또는 서비스의 제공, 그 밖의 업무를 도급받은 사업주를 말한다.
9. "관계수급인"이란 도급이 여러 단계에 걸쳐 체결된 경우에 각 단계별로 도급받은 사업주 전부를 말한다.
10. "건설공사발주자"란 건설공사를 도급하는 자로서 건설공사의 시공을 주도하여 총괄·관리하지 아니하는 자를 말한다. 다만, 도급받은 건설공사를 다시 도급하는 자는 제외한다.
11. "건설공사"란 다음 각 목의 어느 하나에 해당하는 공사를 말한다.
    가. 「건설산업기본법」 제2조 제4호에 따른 건설공사
    나. 「전기공사업법」 제2조 제1호에 따른 전기공사
    다. 「정보통신공사업법」 제2조 제2호에 따른 정보통신공사
    라. 「소방시설공사업법」에 따른 소방시설공사
    마. 「문화재수리 등에 관한 법률」에 따른 문화재수리공사
12. "안전보건진단"이란 산업재해를 예방하기 위하여 잠재적 위험성을 발견하고 그 개선대책을 수립할 목적으로 조사·평가하는 것을 말한다.
13. "작업환경측정"이란 작업환경 실태를 파악하기 위하여 해당 근로자 또는 작업장에 대하여 사업주가 유해인자에 대한 측정계획을 수립한 후 시료(試料)를 채취하고 분석·평가하는 것을 말한다.

시행규칙 제3조(중대재해의 범위) 법 제2조 제2호에서 "고용노동부령으로 정하는 재해"란 다음 각 호의 어느 하나에 해당하는 재해를 말한다.
1. 사망자가 1명 이상 발생한 재해
2. 3개월 이상의 요양이 필요한 부상자가 동시에 2명 이상 발생한 재해
3. 부상자 또는 직업성 질병자가 동시에 10명 이상 발생한 재해

근로기준법 제2조(정의) ① 이 법에서 사용하는 용어의 뜻은 다음과 같다.
1. "근로자"란 직업의 종류와 관계없이 임금을 목적으로 사업이나 사업장에 근로를 제공하는 사람을 말한다.

노동조합법 제2조(정의) 이 법에서 사용하는 용어의 정의는 다음과 같다.
1. "근로자"라 함은 직업의 종류를 불문하고 임금·급료 기타 이에 준하는 수입에 의하여 생활하는 자를 말한다.

정답 ⑤

03 산업안전보건법령상 사업주는 위험으로 인한 산업재해를 예방하기 위하여 필요한 조치를 하여야 한다. 이와 같은 안전조치 법령의 적용을 받는 사업 또는 사업장은?

> ㉠ 「원자력안전법」의 발전업 중 원자력 발전설비를 이용하여 전기를 생산하는 사업장
> ㉡ 「광산안전법」의 광업 중 광물의 채광·채굴·선광 또는 제련 등의 공정
> ㉢ 「광산안전법」의 광업 중 제조 공정
> ㉣ 「선박안전법」 적용 사업 중 선박 및 보트 건조업
> ㉤ 「항공안전법」 적용 사업 중 항공기, 우주선 및 부품 제조업과 창고 및 운송관련 서비스업, 여행사 및 기타 여행보조 서비스업 중 항공 관련 사업

① ㉠, ㉡, ㉢
② ㉡, ㉢, ㉣
③ ㉠, ㉡, ㉢
④ ㉢, ㉣, ㉤
⑤ ㉠, ㉣, ㉤

해설

근거조문 산업안전보건법률 제3조, 영 제3조

제3조(적용 범위) 이 법은 모든 사업에 적용한다. 다만, 유해·위험의 정도, 사업의 종류, 사업장의 상시근로자 수(건설공사의 경우에는 건설공사 금액을 말한다. 이하 같다) 등을 고려하여 대통령령으로 정하는 종류의 사업 또는 사업장에는 이 법의 전부 또는 일부를 적용하지 아니할 수 있다.

영 제2조(적용범위 등) ① 「산업안전보건법」(이하 "법"이라 한다) 제3조 단서에 따라 법의 전부 또는 일부를 적용하지 않는 사업 또는 사업장의 범위 및 해당 사업 또는 사업장에 적용되지 않는 법 규정은 별표 1과 같다.
② 이 영에서 사업의 분류는 「통계법」에 따라 통계청장이 고시한 한국표준산업분류에 따른다.

제38조(안전조치) ① 사업주는 다음 각 호의 어느 하나에 해당하는 위험으로 인한 산업재해를 예방하기 위하여 필요한 조치를 하여야 한다.
　1. 기계·기구, 그 밖의 설비에 의한 위험
　2. 폭발성, 발화성 및 인화성 물질 등에 의한 위험
　3. 전기, 열, 그 밖의 에너지에 의한 위험
② 사업주는 굴착, 채석, 하역, 벌목, 운송, 조작, 운반, 해체, 중량물 취급, 그 밖의 작업을 할 때 불량한 작업방법 등에 의한 위험으로 인한 산업재해를 예방하기 위하여 필요한 조치를 하여야 한다.
③ 사업주는 근로자가 다음 각 호의 어느 하나에 해당하는 장소에서 작업을 할 때 발생할 수 있는 산업재해를 예방하기 위하여 필요한 조치를 하여야 한다.
　1. 근로자가 추락할 위험이 있는 장소
　2. 토사·구축물 등이 붕괴할 우려가 있는 장소
　3. 물체가 떨어지거나 날아올 위험이 있는 장소
　4. 천재지변으로 인한 위험이 발생할 우려가 있는 장소
④ 사업주가 제1항부터 제3항까지의 규정에 따라 하여야 하는 조치(이하 "안전조치"라 한다)에 관한 구체적인 사항은 고용노동부령으로 정한다.

제51조(사업주의 작업중지) 사업주는 산업재해가 발생할 급박한 위험이 있을 때에는 즉시 작업을 중지시키고 근로자를 작업장소에서 대피시키는 등 안전 및 보건에 관하여 필요한 조치를 하여야 한다.

법의 일부를 적용하지 않는 사업 또는 사업장 및 적용 제외 법 규정(제2조 제1항 관련)

대상 사업 또는 사업장	적용 제외 법 규정
1. 다음 각 목의 어느 하나에 해당하는 사업 　가.「광산안전법」 적용 사업(광업 중 광물의 채광·채굴·선광 또는 제련 등의 공정으로 한정하며, 제조공정은 제외한다) 　나.「원자력안전법」 적용 사업(발전업 중 원자력 발전설비를 이용하여 전기를 생산하는 사업장으로 한정한다) 　다.「항공안전법」 적용 사업(항공기, 우주선 및 부품 제조업과 창고 및 운송관련 서비스업, 여행사 및 기타 여행보조 서비스업 중 항공 관련 사업은 각각 제외한다) 　라.「선박안전법」 적용 사업(선박 및 보트 건조업은 제외한다)	제15조부터 제17조까지, 제20조 제1호, 제21조(다른 규정에 따라 준용되는 경우는 제외한다), 제24조(다른 규정에 따라 준용되는 경우는 제외한다), 제2장 제2절, 제29조(보건에 관한 사항은 제외한다), 제30조(보건에 관한 사항은 제외한다), 제31조, 제38조, 제51조(보건에 관한 사항은 제외한다), 제52조(보건에 관한 사항은 제외한다), 제53조(보건에 관한 사항은 제외한다), 제54조(보건에 관한 사항은 제외한다), 제55조, 제58조부터 제60조까지, 제62조, 제63조, 제64조(제1항 제6호는 제외한다), 제65조, 제66조, 제72조, 제75조, 제88조, 제103조부터 제107조까지 및 제160조(제21조 제4항 및 제88조 제5항과 관련되는 과징금으로 한정한다)
2. 다음 각 목의 어느 하나에 해당하는 사업 　가. 소프트웨어 개발 및 공급업 　나. 컴퓨터 프로그래밍, 시스템 통합 및 관리업 　다. 정보서비스업 　라. 금융 및 보험업 　마. 기타 전문서비스업 　바. 건축기술, 엔지니어링 및 기타 과학기술 서비스업 　사. 기타 전문, 과학 및 기술 서비스업(사진 처리업은 제외한다) 　아. 사업지원 서비스업 　자. 사회복지 서비스업	제29조(제3항에 따른 추가교육은 제외한다) 및 제30조
3. 다음 각 목의 어느 하나에 해당하는 사업으로서 상시 근로자 50명 미만을 사용하는 사업장 　가. 농업 　나. 어업 　다. 환경 정화 및 복원업 　라. 소매업; 자동차 제외 　마. 영화, 비디오물, 방송프로그램 제작 및 배급업 　바. 녹음시설 운영업 　사. 방송업 　아. 부동산업(부동산 관리업은 제외한다) 　자. 임대업; 부동산 제외 　차. 연구개발업 　카. 보건업(병원은 제외한다) 　타. 예술, 스포츠 및 여가관련 서비스업 　파. 협회 및 단체 　하. 기타 개인 서비스업(세탁업은 제외한다)	

4. 다음 각 목의 어느 하나에 해당하는 사업 　가. 공공행정(청소, 시설관리, 조리 등 현업업무에 종사하는 사람으로서 고용노동부장관이 정하여 고시하는 사람은 제외한다), 국방 및 사회보장 행정 　나. 교육 서비스업 중 초등·중등·고등 교육기관, 특수학교·외국인학교 및 대안학교(청소, 시설관리, 조리 등 현업업무에 종사하는 사람으로서 고용노동부장관이 정하여 고시하는 사람은 제외한다)	제2장 제1절·제2절 및 제3장(다른 규정에 따라 준용되는 경우는 제외한다)
5. 다음 각 목의 어느 하나에 해당하는 사업 　가. 초등·중등·고등 교육기관, 특수학교·외국인학교 및 대안학교 외의 교육서비스업(청소년수련시설 운영업은 제외한다) 　나. 국제 및 외국기관 　다. <u>사무직에 종사하는 근로자만을 사용하는 사업장</u>(사업장이 분리된 경우로서 사무직에 종사하는 근로자만을 사용하는 사업장을 포함한다)	제2장 제1절·제2절, 제3장 및 제5장 제2절(제64조 제1항 제6호는 제외한다). 다만, 다른 규정에 따라 준용되는 경우는 해당 규정을 적용한다. * 6. 위생시설 등 고용노동부령으로 정하는 시설의 설치 등을 위하여 필요한 장소의 제공 또는 도급인이 설치한 위생시설 이용의 협조
6. 상시 근로자 5명 미만을 사용하는 사업장	제2장 제1절·제2절, 제3장(제29조 제3항에 따른 추가교육은 제외한다), <u>제47조, 제49조, 제50조</u> 및 제159조(다른 규정에 따라 준용되는 경우는 제외한다)

비고: 제1호부터 제6호까지의 규정에 따른 사업에 둘 이상 해당하는 사업의 경우에는 각각의 호에 따라 적용이 제외되는 규정은 모두 적용하지 않는다.

정답 ④

04 상시근로자 5명 미만을 사용하는 사업장에는 산업안전보건법령의 일부를 적용하지 아니할 수 있다. 다음 산업안전보건법령 중 상시근로자 5명 미만을 사용하는 사업장에 적용이 제외되는 것을 모두 고른 것은?

> ㉠ 제17조(안전관리자)
> ㉡ 제25조(안전보건관리규정)
> ㉢ 제38조(안전조치)
> ㉣ 제47조(안전보건진단)
> ㉤ 제50조(안전보건개선계획서의 제출)

① ㉠, ㉡, ㉢　　　　　　　　　　② ㉠, ㉡, ㉣
③ ㉠, ㉡, ㉣, ㉤　　　　　　　　④ ㉠, ㉢, ㉣, ㉤
⑤ ㉠, ㉡, ㉢, ㉣, ㉤

> **해설**

근거조문 산업안전보건법률 제3조, 영 제3조

제2장 제1절·제2절, 제3장(제29조 제3항에 따른 추가교육은 제외한다), 제47조(안전보건진단), 제49조, 제50조(안전보건개선계획서의 제출) 및 제159조(영업정지의 요청 등) * (다른 규정에 따라 준용되는 경우는 제외한다)

정답 ③

05 산업안전보건법은 유해·위험의 정도, 사업의 종류·규모 및 사업의 소재지 등을 고려하여 법의 전부 또는 일부를 적용하지 아니할 수 있다. 다음 중 옳은 것은?

① 상시근로자 4명을 사용하는 공사금액 30억원의 상가신축공사 사업의 사업주는 안전·보건조치를 하지 않아 중대재해가 발생하더라도 안전·보건진단기관의 안전·보건진단을 받지 않아도 된다.
② 상시근로자 10명을 사용하여 실제 공장에서 봉제의복을 제조하는 사업주는 관리감독자를 포함하여 모든 근로자에게 안전·보건교육을 실시하지 않아도 된다.
③ 원자력안전법의 적용을 받는 발전업으로써 상시근로자 5명을 사용하여 원자력발전설비를 이용하여 전기를 생산하는 사업장의 사업주는 방사선에 의한 중대재해가 발생하였을 때 즉시 작업을 중지시키고 근로자를 작업장소로부터 대피시키는 등 필요한 안전·보건조치를 하지 않아도 된다.
④ 사무직 근로자만 30명을 사용하는 선박 및 보트건조업의 사업주는 작업환경측정 대상물질에 대한 작업환경측정을 실시하지 않아도 된다.
⑤ 상시근로자 5명을 사용하는 금융업의 사업주는 중량물 취급으로 인하여 발생하는 위험을 방지하기 위한 안전조치를 하지 않아도 된다.

> **해설**

근거조문 산업안전보건법률 제3조, 영 제3조

정답 ③

06 산업안전보건법령상 협조 요청 등에 관한 설명으로 옳지 않은 것은?

① 고용노동부장관은 산업재해 예방에 관한 기본계획을 효율적으로 시행하기 위하여 필요하다고 인정할 때에는 관계 행정기관의 장에게 필요한 협조를 요청할 수 있다.
② 고용노동부를 제외한 행정기관의 장은 사업장의 안전에 관하여 규제를 하려면 미리 고용노동부장관과 협의하여야 한다.
③ 고용노동부를 제외한 행정기관의 장은 고용노동부장관이 협의과정에서 해당 규제에 대한 변경을 요구하면 이에 따라야 하며, 고용노동부장관은 필요한 경우 국무총리에게 협의·조정 사항을 보고하여 확정할 수 있다.
④ 고용노동부장관은 산업재해 예방을 위하여 필요하다고 인정할 때에는 사업주에게 필요한 사항을 권고할 수 있다.
⑤ 고용노동부장관이 산정·통보한 산업재해발생률에 불복하는 건설업체는 통보를 받은 날부터 15일 이내에 고용노동부장관에게 이의를 제기하여야 한다.

| 해설 |

| 근거조문 | 산업안전보건법률 제8조, 시행규칙 제4조

제8조(협조 요청 등) ① 고용노동부장관은 제7조 제1항에 따른 기본계획을 효율적으로 시행하기 위하여 필요하다고 인정할 때에는 관계 행정기관의 장 또는 「공공기관의 운영에 관한 법률」 제4조에 따른 공공기관의 장에게 필요한 협조를 요청할 수 있다.
② 행정기관(고용노동부는 제외한다. 이하 이 조에서 같다)의 장은 사업장의 안전 및 보건에 관하여 규제를 하려면 미리 고용노동부장관과 협의하여야 한다.
③ 행정기관의 장은 고용노동부장관이 제2항에 따른 협의과정에서 해당 규제에 대한 변경을 요구하면 이에 따라야 하며, 고용노동부장관은 필요한 경우 국무총리에게 협의·조정 사항을 보고하여 확정할 수 있다.
④ 고용노동부장관은 산업재해 예방을 위하여 필요하다고 인정할 때에는 사업주, 사업주단체, 그 밖의 관계인에게 필요한 사항을 권고하거나 협조를 요청할 수 있다.
⑤ 고용노동부장관은 산업재해 예방을 위하여 중앙행정기관의 장과 지방자치단체의 장 또는 공단 등 관련기관·단체의 장에게 다음 각 호의 정보 또는 자료의 제공 및 관계 전산망의 이용을 요청할 수 있다. 이 경우 요청을 받은 중앙행정기관의 장과 지방자치단체의 장 또는 관련 기관·단체의 장은 정당한 사유가 없으면 그 요청에 따라야 한다.
  1. 「부가가치세법」 제8조 및 「법인세법」 제111조에 따른 사업자등록에 관한 정보
  2. 「고용보험법」 제15조에 따른 근로자의 피보험자격의 취득 및 상실 등에 관한 정보
  3. 그 밖에 산업재해 예방사업을 수행하기 위하여 필요한 정보 또는 자료로서 대통령령으로 정하는 정보 또는 자료

시행규칙 제4조(협조 요청) ① 고용노동부장관이 법 제8조 제1항에 따라 관계 행정기관의 장 또는 「공공기관의 운영에 관한 법률」 제4조에 따른 공공기관의 장에게 협조를 요청할 수 있는 사항은 다음 각 호와 같다.
  1. 안전·보건 의식 정착을 위한 안전문화운동의 추진
  2. 산업재해 예방을 위한 홍보 지원
  3. 안전·보건과 관련된 중복규제의 정비
  4. 안전·보건과 관련된 시설을 개선하는 사업장에 대한 자금융자 등 금융·세제상의 혜택 부여

5. 사업장에 대하여 관계 기관이 합동으로 하는 안전·보건점검의 실시
6. 「건설산업기본법」 제23조에 따른 건설업체의 시공능력 평가 시 별표 1 제1호에서 정한 건설업체의 산업재해발생률에 따른 공사 실적액의 감액(산업재해발생률의 산정 기준 및 방법은 별표 1에 따른다)
7. 「국가를 당사자로 하는 계약에 관한 법률 시행령」 제13조에 따른 입찰참가업체의 입찰참가자격 사전심사 시 다음 각 목의 사항
   가. 별표 1 제1호에서 정한 건설업체의 산업재해발생률 및 산업재해 발생 보고의무 위반에 따른 가감점 부여(건설업체의 산업재해발생률 및 산업재해 발생 보고의무 위반건수의 산정 기준과 방법은 별표 1에 따른다)
   나. 사업주가 안전·보건 교육을 이수하는 등 별표 1 제1호에서 정한 건설업체의 산업재해 예방활동에 대하여 고용노동부장관이 정하여 고시하는 바에 따라 그 실적을 평가한 결과에 따른 가점 부여
8. 산업재해 또는 건강진단 관련 자료의 제공
9. 정부포상 수상업체 선정 시 산업재해발생률이 같은 종류 업종에 비하여 높은 업체(소속 임원을 포함한다)에 대한 포상 제한에 관한 사항
10. 「건설기계관리법」 제3조 또는 「자동차관리법」 제5조에 따라 각각 등록한 건설기계 또는 자동차 중 법 제93조에 따라 안전검사를 받아야 하는 유해하거나 위험한 기계·기구·설비가 장착된 건설기계 또는 자동차에 관한 자료의 제공
11. 「119구조·구급에 관한 법률」 제22조 및 같은 법 시행규칙 제18조에 따른 구급활동일지와 「응급의료에 관한 법률」 제49조 및 같은 법 시행규칙 제40조에 따른 출동 및 처치기록지의 제공
12. 그 밖에 산업재해 예방계획을 효율적으로 시행하기 위하여 필요하다고 인정하는 사항

② 고용노동부장관은 별표 1에 따라 산정한 산업재해발생률 및 그 산정내역을 해당 건설업체에 통보해야 한다. 이 경우 산업재해발생률 및 산정내역에 불복하는 건설업체는 통보를 받은 날부터 10일 이내에 고용노동부장관에게 이의를 제기할 수 있다.

정답 ⑤

07 산업안전보건법령상 협조 요청 등에 관한 설명으로 옳지 않은 것은?

① 고용노동부장관은 산업재해 예방에 관한 기본계획을 효율적으로 시행하기 위하여 필요하다고 인정할 때에는 관계 행정기관의 장 또는 공공기관의 장에게 필요한 협조를 요청할 수 있다.
② 고용노동부장관은 「건설산업기본법」 제23조에 따른 건설업체의 시공능력 평가 시 별표 1 제1호에서 정한 건설업체의 산업재해발생률에 따른 공사 실적액의 증액에 관한 사항을 관계 행정기관의 장 또는 「공공기관의 운영에 관한 법률」 제4조에 따른 공공기관의 장에게 협조를 요청할 수 있다.
③ 고용노동부를 제외한 행정기관의 장은 고용노동부장관이 협의과정에서 해당 규제에 대한 변경을 요구하면 이에 따라야 하며, 고용노동부장관은 필요한 경우 국무총리에게 협의·조정 사항을 보고하여 확정할 수 있다.
④ 고용노동부장관은 산업재해 예방을 위하여 필요하다고 인정할 때에는 사업주, 사업주단체, 그 밖의 관계인에게 필요한 사항을 권고하거나 협조를 요청할 수 있다.
⑤ 고용노동부장관은 산업재해 예방을 위하여 중앙행정기관의 장과 지방자치단체의 장 또는 공단 등 관련 기관·단체의 장에게 「고용보험법」 제15조에 따른 근로자의 피보험자격의 취득 및 상실 등에 관한 정보 또는 자료의 제공 및 관계 전산망의 이용을 요청할 수 있다.

> 해설

근거조문 산업안전보건법률 제8조, 시행규칙 제4조

정답 ②

08
산업안전보건법령상 사업장의 산업재해 발생건수 등 공표에 관한 설명이다. (   )안에 들어갈 내용을 순서대로 바르게 나열한 것은?

> 고용노동부장관은 산업재해를 예방하기 위하여 「산업안전보건법」 제10조 제2항에 따른 산업재해의 발생에 관한 보고를 최근 (ㄱ) 이내 (ㄴ) 이상 하지 않은 사업장의 산업재해 발생건수, 재해율 또는 그 순위 등을 공표하여야 한다.

① ㄱ: 1년, ㄴ: 1회
② ㄱ: 2년, ㄴ: 2회
③ ㄱ: 3년, ㄴ: 2회
④ ㄱ: 5년, ㄴ: 3회
⑤ ㄱ: 5년, ㄴ: 5회

> 해설

근거조문 산업안전보건법률 제10조, 시행규칙 제10조

제10조(산업재해 발생건수 등의 공표) ① 고용노동부장관은 산업재해를 예방하기 위하여 대통령령으로 정하는 사업장의 근로자 산업재해 발생건수, 재해율 또는 그 순위 등(이하 "산업재해발생건수등"이라 한다)을 **공표하여야** 한다.
② 고용노동부장관은 **도급인의 사업장**(도급인이 제공하거나 지정한 경우로서 도급인이 지배·관리하는 대통령령으로 정하는 장소를 포함한다. 이하 같다) **중 대통령령으로 정하는 사업장**에서 관계수급인 근로자가 작업을 하는 경우에 도급인의 산업재해발생건수등에 관계수급인의 산업재해발생건수등을 **포함하여** 제1항에 따라 공표하여야 한다.
③ 고용노동부장관은 제2항에 따라 산업재해발생건수등을 공표하기 위하여 도급인에게 관계수급인에 관한 자료의 제출을 요청할 수 있다. 이 경우 요청을 받은 자는 정당한 사유가 없으면 이에 따라야 한다.
④ 제1항 및 제2항에 따른 공표의 절차 및 방법, 그 밖에 필요한 사항은 **고용노동부령**으로 정한다.
★ 영 **제10조(공표대상 사업장)** ① 법 제10조 제1항에서 "대통령령으로 정하는 사업장"이란 다음 각 호의 어느 하나에 해당하는 사업장을 말한다.
  1. 산업재해로 인한 사망자(이하 "사망재해자"라 한다)가 연간 2명 이상 발생한 사업장
  2. 사망만인율(死亡萬人率: 연간 상시근로자 1만명당 발생하는 사망재해자 수의 비율을 말한다)이 규모별 같은 업종의 평균 사망만인율 이상인 사업장
  3. 법 제44조 제1항 전단에 따른 중대산업사고가 발생한 사업장
  4. 법 제57조 제1항을 위반하여 산업재해 발생 사실을 은폐한 사업장
  5. 법 제57조 제3항에 따른 산업재해의 발생에 관한 보고를 최근 3년 이내 2회 이상 하지 않은 사업장

② 제1항 제1호부터 제3호까지의 규정에 해당하는 사업장은 해당 사업장이 관계수급인의 사업장으로서 법 제63조에 따른 도급인이 관계수급인 근로자의 산업재해 예방을 위한 **조치의무를 위반하여** 관계수급인 근로자가 산업재해를 입은 경우에는 도급인의 사업장(도급인이 제공하거나 지정한 경우로서 도급인이 지배·관리하는 제11조 각 호에 해당하는 장소를 포함한다. 이하 같다)의 법 제10조 제1항에 따른 산업재해발생건수등을 **함께** 공표한다.

★ **영 제12조(통합공표 대상 사업장 등)** 법 제10조 제2항에서 "대통령령으로 정하는 사업장"이란 다음 각 호의 어느 하나에 해당하는 사업이 이루어지는 사업장으로서 도급인이 사용하는 상시근로자 수가 500명 이상이고 도급인 사업장의 사고사망만인율(질병으로 인한 사망재해자를 제외하고 산출한 사망만인율을 말한다. 이하 같다)보다 관계수급인의 근로자를 포함하여 산출한 사고사망만인율이 높은 사업장을 말한다.
  1. 제조업
  2. 철도운송업
  3. 도시철도운송업
  4. 전기업

시행규칙 제7조(도급인과 관계수급인의 통합 산업재해 관련 자료 제출) ① 지방고용노동관서의 장은 법 제10조 제2항에 따라 도급인의 산업재해 발생건수, 재해율 또는 그 순위 등(이하 "산업재해발생건수등"이라 한다)에 관계수급인의 산업재해발생건수등을 포함하여 공표하기 위하여 필요하면 법 제10조 제3항에 따라 영 제12조 각 호의 어느 하나에 해당하는 사업이 이루어지는 사업장으로서 해당 사업장의 상시근로자 수가 500명 이상인 사업장의 도급인에게 도급인의 사업장(도급인이 제공하거나 지정한 경우로서 도급인이 지배·관리하는 영 제11조 각 호에 해당하는 장소를 포함한다. 이하 같다)에서 작업하는 관계수급인 근로자의 산업재해 발생에 관한 자료를 제출하도록 공표의 대상이 되는 연도의 다음 연도 3월 15일까지 요청해야 한다.
② 제1항에 따라 자료의 제출을 요청받은 도급인은 그 해 4월 30일까지 별지 제1호서식의 통합 산업재해 현황 조사표를 작성하여 지방고용노동관서의 장에게 제출(전자문서로 제출하는 것을 포함한다)해야 한다.
③ 제1항에 따른 도급인은 그의 관계수급인에게 별지 제1호서식의 통합 산업재해 현황 조사표의 작성에 필요한 자료를 요청할 수 있다.

시행규칙 제8조(공표방법) 법 제10조 제1항 및 제2항에 따른 공표는 관보,「신문 등의 진흥에 관한 법률」제9조 제1항에 따라 그 보급지역을 전국으로 하여 등록한 일반일간신문 또는 인터넷 등에 게재하는 방법으로 한다.

정답 ③

09 산업안전보건법령상 산업재해발생건수등의 공표에 관한 설명으로 옳지 않은 것은?

① 고용노동부장관은 산업재해를 예방하기 위하여 사망재해자가 연간 2명 이상 발생한 사업장의 산업재해발생건수등을 공표하여야 한다.
② 고용노동부장관은 산업재해를 예방하기 위하여 중대산업사고가 발생한 사업장의 산업재해발생건수등을 공표하여야 한다.
③ 고용노동부장관은 도급인의 사업장 중 대통령령으로 정하는 사업장에서 관계수급인 근로자가 작업을 하는 경우에 도급인의 산업재해발생건수등에 관계수급인의 산업재해발생건수등을 포함하여 공표하여야 한다.
④ 산업재해발생건수등의 공표의 절차 및 방법에 관한 사항은 대통령령으로 정한다.
⑤ 고용노동부장관은 산업재해발생건수등을 공표하기 위하여 도급인에게 관계수급인에 관한 자료의 제출을 요청할 수 있다.

> [해설]

> [근거조문] 산업안전보건법률 제10조, 시행규칙 제10조

정답 ④

10 산업안전보건법령상 고용노동부장관이 산업재해를 예방하기 위해 필요하다고 인정하여 사업장의 산업재해 발생건수, 재해율 또는 그 순위 등을 공표할 수 있는 대상 사업장을 모두 고른 것은?

> ㄱ. 산업재해의 발생에 관한 보고를 최근 3년 이내 2회 하지 않은 사업장
> ㄴ. 연간 산업재해율이 규모별 같은 업종의 평균재해율 이상인 사업장 중 상위 5퍼센트에 해당하는 사업장
> ㄷ. 사망만인율(연간 상시 근로자 1만명당 발생하는 사망자 수로 환산한 것을 말한다)이 규모별 같은 업종의 평균 사망만인율 이상인 사업장
> ㄹ. 중대산업사고가 발생한 사업장
> ㅁ. 최근 1년 이내에 2회 산업안전보건법 위반으로 형사처벌을 받은 사업장

① ㄱ, ㄷ
② ㄴ, ㅁ
③ ㄷ, ㄹ
④ ㄱ, ㄷ, ㄹ
⑤ ㄴ, ㄷ, ㅁ

> [해설]

> [근거조문] 산업안전보건법률 제10조, 시행규칙 제10조

★ **영 제10조(공표대상 사업장)** ① 법 제10조 제1항에서 "대통령령으로 정하는 사업장"이란 다음 각 호의 어느 하나에 해당하는 사업장을 말한다.
  1. 산업재해로 인한 사망자(이하 "사망재해자"라 한다)가 연간 2명 이상 발생한 사업장
  2. 사망만인율(死亡萬人率: 연간 상시근로자 1만명당 발생하는 사망재해자 수의 비율을 말한다)이 규모별 같은 업종의 평균 사망만인율 이상인 사업장
  3. 법 제44조 제1항 전단에 따른 중대산업사고가 발생한 사업장
  4. 법 제57조 제1항을 위반하여 산업재해 발생 사실을 은폐한 사업장
  5. 법 제57조 제3항에 따른 산업재해의 발생에 관한 보고를 최근 3년 이내 2회 이상 하지 않은 사업장
② 제1항 제1호부터 제3호까지의 규정에 해당하는 사업장은 해당 사업장이 관계수급인의 사업장으로서 법 제63조에 따른 도급인이 관계수급인 근로자의 산업재해 예방을 위한 조치의무를 위반하여 관계수급인 근로자가 산업재해를 입은 경우에는 도급인의 사업장(도급인이 제공하거나 지정한 경우로서 도급인이 지배·관리하는 제11조 각 호에 해당하는 장소를 포함한다. 이하 같다)의 법 제10조 제1항에 따른 산업재해발생건수등을 **함께** 공표한다.

정답 ④

11 해당 사업장이 관계수급인의 사업장으로서 도급인이 관계수급인 근로자의 산업재해 예방을 위한 조치의무를 위반하여 관계수급인 근로자가 산업재해를 입은 경우에는 도급인의 사업장 산업재해발생건수등을 함께 공표한다. 이에 해당하는 사업장은?

> ㉠ 산업재해로 인한 사망자(이하 "사망재해자"라 한다)가 연간 2명 이상 발생한 사업장
> ㉡ 사망만인율(死亡萬人率: 연간 상시근로자 1만명당 발생하는 사망재해자 수의 비율을 말한다) 이 규모별 같은 업종의 평균 사망만인율 이상인 사업장
> ㉢ 법 제44조 제1항 전단에 따른 중대산업사고가 발생한 사업장
> ㉣ 법 제57조 제1항을 위반하여 산업재해 발생 사실을 은폐한 사업장
> ㉤ 법 제57조 제3항에 따른 산업재해의 발생에 관한 보고를 최근 3년 이내 2회 이상 하지 않은 사업장

① ㉠, ㉡
② ㉠, ㉡, ㉢
③ ㉠, ㉢, ㉤
④ ㉢, ㉣, ㉤
⑤ ㉡, ㉢, ㉣, ㉤

해설

근거조문 산업안전보건법률 제10조, 시행규칙 제10조)

정답 ②

12 고용노동부장관은 도급인의 사업장(도급인이 제공하거나 지정한 경우로서 도급인이 지배·관리하는 대통령령으로 정하는 장소를 포함) 중 관계수급인 근로자가 작업을 하는 경우에 도급인의 산업재해발생건수등에 관계수급인의 산업재해발생건수등을 포함하여 공표하여야 한다. 이에 해당하는 사업장에 대한 설명으로 옳지 않은 것은?

① 제조업으로 도급인이 사용하는 상시근로자 수가 500명 이상이고 도급인 사업장의 사고사망만인율보다 관계수급인의 근로자를 포함하여 산출한 사고사망만인율이 높은 사업장을 말한다.
② 전기업으로 도급인이 사용하는 상시근로자 수가 500명 이상이고 도급인 사업장의 사고사망만인율보다 관계수급인의 근로자를 포함하여 산출한 사고사망만인율이 높은 사업장을 말한다.
③ 철도운송업으로 도급인이 사용하는 상시근로자 수가 500명 이상이고 도급인 사업장의 사고사망만인율보다 관계수급인의 근로자를 포함하여 산출한 사고사망만인율이 높은 사업장을 말한다.
④ 도시철도운송업으로 도급인이 사용하는 상시근로자 수가 500명 이상이고 도급인 사업장의 사고사망만인율보다 관계수급인의 근로자를 포함하여 산출한 사고사망만인율이 높은 사업장을 말한다.
⑤ 토사석 광업으로 도급인이 사용하는 상시근로자 수가 500명 이상이고 도급인 사업장의 사고사망만인율보다 관계수급인의 근로자를 포함하여 산출한 사고사망만인율이 높은 사업장을 말한다.

> 해설

> 근거조문 산업안전보건법률 제10조, 영 제12조

★ **영 제12조(통합공표 대상 사업장 등)** 법 제10조 제2항에서 "대통령령으로 정하는 사업장"이란 다음 각 호의 어느 하나에 해당하는 사업이 이루어지는 사업장으로서 도급인이 사용하는 상시근로자 수가 500명 이상이고 도급인 사업장의 사고사망만인율(질병으로 인한 사망재해자를 제외하고 산출한 사망만인율을 말한다. 이하 같다)보다 관계수급인의 근로자를 포함하여 산출한 사고사망만인율이 높은 사업장을 말한다.
1. 제조업
2. 철도운송업
3. 도시철도운송업
4. 전기업

정답 ⑤

13

고용노동부장관은 도급인의 사업장(도급인이 제공하거나 지정한 경우로서 도급인이 지배·관리하는 대통령령으로 정하는 장소를 포함) 중 대통령령으로 정하는 사업장에서 관계수급인 근로자가 작업을 하는 경우에 도급인의 산업재해발생건수등에 관계수급인의 산업재해발생건수등을 포함하여 공표하여야 한다. 이에 해당하지 않는 사업은?

① 금속업
② 제조업
③ 철도운송업
④ 도시철도운송업
⑤ 전기업

> 해설

> 근거조문 산업안전보건법률 제10조, 영 제12조

제10조(산업재해 발생건수 등의 공표) ① 고용노동부장관은 산업재해를 예방하기 위하여 대통령령으로 정하는 사업장의 근로자 산업재해 발생건수, 재해율 또는 그 순위 등(이하 "산업재해발생건수등"이라 한다)을 공표하여야 한다.
② 고용노동부장관은 **도급인의 사업장**(도급인이 제공하거나 지정한 경우로서 도급인이 지배·관리하는 대통령령으로 정하는 장소를 포함한다. 이하 같다) **중 대통령령으로 정하는 사업장**에서 관계수급인 근로자가 작업을 하는 경우에 도급인의 산업재해발생건수등에 관계수급인의 산업재해발생건수등을 **포함하여** 제1항에 따라 공표하여야 한다.
③ 고용노동부장관은 제2항에 따라 산업재해발생건수등을 공표하기 위하여 도급인에게 관계수급인에 관한 자료의 제출을 요청할 수 있다. 이 경우 요청을 받은 자는 정당한 사유가 없으면 이에 따라야 한다.
④ 제1항 및 제2항에 따른 공표의 절차 및 방법, 그 밖에 필요한 사항은 **고용노동부령**으로 정한다.

정답 ①

14 고용노동부장관은 산업재해 예방을 위하여 특정 조치와 관련한 기술 또는 작업환경에 관한 표준을 정하여 사업주에게 지도·권고할 수 있다. 이에 해당하는 조치에 해당하지 않는 것은?

① 사업주가 전기, 열, 그 밖의 에너지에 의한 위험으로 인한 산업재해를 예방하기 위하여 필요한 조치
② 사업주가 근로자의 신체적 피로와 정신적 스트레스 등을 줄일 수 있는 쾌적한 작업환경의 조성 및 근로조건 개선을 위한 조치
③ 원재료 등을 제조·수입하는 자가 제조·수입으로 사용되는 물건으로 인하여 발생하는 산업재해를 방지하기 위하여 필요한 조치
④ 건설물을 발주·설계·건설하는 자가 발주·설계·건설로 인하여 발생하는 산업재해를 방지하기 위하여 필요한 조치
⑤ 기계·기구와 그 밖의 설비를 설계·제조 또는 수입하는 자가 설계·제조 또는 수입으로 사용되는 물건으로 인하여 발생하는 산업재해를 방지하기 위하여 필요한 조치

해설

근거조문 ▶ **산업안전보건법률 제13조**

제5조(사업주 등의 의무) ① 사업주(제77조에 따른 특수형태근로종사자로부터 노무를 제공받는 자와 제78조에 따른 물건의 수거·배달 등을 중개하는 자를 포함한다. 이하 이 조 및 제6조에서 같다)는 다음 각 호의 사항을 이행함으로써 근로자(제77조에 따른 특수형태근로종사자와 제78조에 따른 물건의 수거·배달 등을 하는 사람을 포함한다. 이하 이 조 및 제6조에서 같다)의 안전 및 건강을 유지·증진시키고 국가의 산업재해 예방정책을 따라야 한다.
  1. 이 법과 이 법에 따른 명령으로 정하는 산업재해 예방을 위한 기준
  2. 근로자의 신체적 피로와 정신적 스트레스 등을 줄일 수 있는 쾌적한 작업환경의 조성 및 근로조건 개선
  3. 해당 사업장의 안전 및 보건에 관한 정보를 근로자에게 제공
② 다음 각 호의 어느 하나에 해당하는 자는 발주·설계·제조·수입 또는 건설을 할 때 이 법과 이 법에 따른 명령으로 정하는 기준을 지켜야 하고, 발주·설계·제조·수입 또는 건설에 사용되는 물건으로 인하여 발생하는 산업재해를 방지하기 위하여 필요한 조치를 하여야 한다.
  1. 기계·기구와 그 밖의 설비를 설계·제조 또는 수입하는 자
  2. 원재료 등을 제조·수입하는 자
  3. 건설물을 발주·설계·건설하는 자
제13조(기술 또는 작업환경에 관한 표준) ① 고용노동부장관은 산업재해 예방을 위하여 다음 각 호의 조치와 관련된 기술 또는 작업환경에 관한 표준을 정하여 사업주에게 지도·권고할 수 있다.
  1. 제5조 제2항 각 호의 어느 하나에 해당하는 자가 같은 항에 따라 산업재해를 방지하기 위하여 하여야 할 조치
  2. 제38조 및 제39조에 따라 사업주가 하여야 할 조치
② 고용노동부장관은 제1항에 따른 표준을 정할 때 필요하다고 인정하면 해당 분야별로 표준제정위원회를 구성·운영할 수 있다.
③ 제2항에 따른 표준제정위원회의 구성·운영, 그 밖에 필요한 사항은 고용노동부장관이 정한다.
제38조(안전조치) ① 사업주는 다음 각 호의 어느 하나에 해당하는 위험으로 인한 산업재해를 예방하기 위하여 필요한 조치를 하여야 한다.

1. 기계·기구, 그 밖의 설비에 의한 위험
2. 폭발성, 발화성 및 인화성 물질 등에 의한 위험
3. 전기, 열, 그 밖의 에너지에 의한 위험

② 사업주는 굴착, 채석, 하역, 벌목, 운송, 조작, 운반, 해체, 중량물 취급, 그 밖의 작업을 할 때 불량한 작업방법 등에 의한 위험으로 인한 산업재해를 예방하기 위하여 필요한 조치를 하여야 한다.

③ 사업주는 근로자가 다음 각 호의 어느 하나에 해당하는 장소에서 작업을 할 때 발생할 수 있는 산업재해를 예방하기 위하여 필요한 조치를 하여야 한다.
1. 근로자가 추락할 위험이 있는 장소
2. 토사·구축물 등이 붕괴할 우려가 있는 장소
3. 물체가 떨어지거나 날아올 위험이 있는 장소
4. 천재지변으로 인한 위험이 발생할 우려가 있는 장소

④ 사업주가 제1항부터 제3항까지의 규정에 따라 하여야 하는 조치(이하 "안전조치"라 한다)에 관한 구체적인 사항은 고용노동부령으로 정한다.

제39조(보건조치) ① 사업주는 다음 각 호의 어느 하나에 해당하는 건강장해를 예방하기 위하여 필요한 조치(이하 "보건조치"라 한다)를 하여야 한다.
1. 원재료·가스·증기·분진·흄(fume, 열이나 화학반응에 의하여 형성된 고체증기가 응축되어 생긴 미세입자를 말한다)·미스트(mist, 공기 중에 떠다니는 작은 액체방울을 말한다)·산소결핍·병원체 등에 의한 건강장해
2. 방사선·유해광선·고온·저온·초음파·소음·진동·이상기압 등에 의한 건강장해
3. 사업장에서 배출되는 기체·액체 또는 찌꺼기 등에 의한 건강장해
4. 계측감시(計測監視), 컴퓨터 단말기 조작, 정밀공작(精密工作) 등의 작업에 의한 건강장해
5. 단순반복작업 또는 인체에 과도한 부담을 주는 작업에 의한 건강장해
6. 환기·채광·조명·보온·방습·청결 등의 적정기준을 유지하지 아니하여 발생하는 건강장해

② 제1항에 따라 사업주가 하여야 하는 보건조치에 관한 구체적인 사항은 고용노동부령으로 정한다.

정답 ②

15 정부가 산업안전보건법의 목적을 달성하기 위해 성실히 이행해야 할 책무에 해당하는 것을 모두 고른 것은?

> ㄱ. 산업재해 예방 지원 및 지도
> ㄴ. 사업주의 자율적인 산업 안전 및 보건 경영체제 확립을 위한 지원
> ㄷ. 이 법과 이 법에 따른 명령으로 정하는 산업재해 예방을 위한 기준
> ㄹ. 그 밖에 노무를 제공하는 사람의 안전 및 건강의 보호·증진
> ㅁ. 해당 사업장의 안전 및 보건에 관한 정보를 근로자에게 제공

① ㄱ, ㄴ, ㄷ
② ㄱ, ㄴ, ㄹ
③ ㄱ, ㄷ, ㄹ
④ ㄱ, ㄴ, ㄷ, ㄹ
⑤ ㄱ, ㄴ, ㄷ, ㄹ, ㅁ

> 해설

> 근거조문 산업안전보건법률 제4조

제4조(정부의 책무) ① 정부는 이 법의 목적을 달성하기 위하여 다음 각 호의 사항을 성실히 이행할 책무를 진다. <개정 2020. 5. 26.>
  1. 산업 안전 및 보건 정책의 수립 및 집행
  2. 산업재해 예방 지원 및 지도
  3. 「근로기준법」 제76조의2에 따른 직장 내 괴롭힘 예방을 위한 조치기준 마련, 지도 및 지원
  4. 사업주의 자율적인 산업 안전 및 보건 경영체제 확립을 위한 지원
  5. 산업 안전 및 보건에 관한 의식을 북돋우기 위한 홍보·교육 등 안전문화 확산 추진
  6. 산업 안전 및 보건에 관한 기술의 연구·개발 및 시설의 설치·운영
  7. 산업재해에 관한 조사 및 통계의 유지·관리
  8. 산업 안전 및 보건 관련 단체 등에 대한 지원 및 지도·감독
  9. 그 밖에 노무를 제공하는 사람의 안전 및 건강의 보호·증진
② 정부는 제1항 각 호의 사항을 효율적으로 수행하기 위하여 「한국산업안전보건공단법」에 따른 한국산업안전보건공단(이하 "공단"이라 한다), 그 밖의 관련 단체 및 연구기관에 행정적·재정적 지원을 할 수 있다.

제5조(사업주 등의 의무) ① 사업주(제77조에 따른 특수형태근로종사자로부터 노무를 제공받는 자와 제78조에 따른 물건의 수거·배달 등을 중개하는 자를 포함한다. 이하 이 조 및 제6조에서 같다)는 다음 각 호의 사항을 이행함으로써 근로자(제77조에 따른 특수형태근로종사자와 제78조에 따른 물건의 수거·배달 등을 하는 사람을 포함한다. 이하 이 조 및 제6조에서 같다)의 안전 및 건강을 유지·증진시키고 국가의 산업재해 예방정책을 따라야 한다. <개정 2020. 5. 26.>
  1. 이 법과 이 법에 따른 명령으로 정하는 산업재해 예방을 위한 기준
  2. 근로자의 신체적 피로와 정신적 스트레스 등을 줄일 수 있는 쾌적한 작업환경의 조성 및 근로조건 개선
  3. 해당 사업장의 안전 및 보건에 관한 정보를 근로자에게 제공
② 다음 각 호의 어느 하나에 해당하는 자는 발주·설계·제조·수입 또는 건설을 할 때 이 법과 이 법에 따른 명령으로 정하는 기준을 지켜야 하고, 발주·설계·제조·수입 또는 건설에 사용되는 물건으로 인하여 발생하는 산업재해를 방지하기 위하여 필요한 조치를 하여야 한다.
  1. 기계·기구와 그 밖의 설비를 설계·제조 또는 수입하는 자
  2. 원재료 등을 제조·수입하는 자
  3. 건설물을 발주·설계·건설하는 자

정답 ②

16 산업안전보건법령상 안전보건관리책임자의 업무에 해당하지 않는 것은?

① 사업장의 산업재해 예방계획의 수립에 관한 사항
② 안전보건관리규정의 작성 및 변경에 관한 사항
③ 근로자의 건강진단 등 건강관리에 관한 사항
④ 위험성평가의 실시에 관한 사항
⑤ 안전장치 및 보호구 구입 시 적격품 여부 확인에 관한 사항

> 해설

근거조문 산업안전보건법률 제15조, 제62조

★ **제15조(안전보건관리책임자)** ① 사업주는 사업장을 실질적으로 총괄하여 관리하는 사람에게 해당 사업장의 다음 각 호의 업무를 **총괄하여 관리**하도록 하여야 한다. → 자주 읽자!
 1. 사업장의 산업재해 예방계획의 수립에 관한 사항
 2. 제25조 및 제26조에 따른 안전보건관리규정의 작성 및 변경에 관한 사항
 3. 제29조에 따른 안전보건교육에 관한 사항
 4. 작업환경측정 등 작업환경의 점검 및 개선에 관한 사항
 5. 제129조부터 제132조까지에 따른 근로자의 건강진단 등 건강관리에 관한 사항
 6. 산업재해의 원인 조사 및 재발 방지대책 수립에 관한 사항
 7. 산업재해에 관한 통계의 기록 및 유지에 관한 사항
 8. 안전장치 및 보호구 구입 시 적격품 여부 확인에 관한 사항
 9. 그 밖에 근로자의 유해·위험 방지조치에 관한 사항으로서 고용노동부령으로 정하는 사항
② 제1항 각 호의 업무를 총괄하여 관리하는 사람(이하 "안전보건관리책임자"라 한다)은 제17조에 따른 안전관리자와 제18조에 따른 보건관리자를 지휘·감독한다.
③ 안전보건관리책임자를 두어야 하는 사업의 종류와 사업장의 상시근로자 수, 그 밖에 필요한 사항은 대통령령으로 정한다.

<참고>
법 제62조(안전보건총괄책임자) ① 도급인은 관계수급인 근로자가 도급인의 사업장에서 작업을 하는 경우에는 그 사업장의 안전보건관리책임자를 도급인의 근로자와 관계수급인 근로자의 산업재해를 예방하기 위한 업무를 총괄하여 관리하는 안전보건총괄책임자로 지정하여야 한다. 이 경우 안전보건관리책임자를 두지 아니하여도 되는 사업장에서는 그 사업장에서 사업을 총괄하여 관리하는 사람을 안전보건총괄책임자로 지정하여야 한다.
② 제1항에 따라 안전보건총괄책임자를 지정한 경우에는 「건설기술 진흥법」 제64조 제1항 제1호에 따른 안전총괄책임자를 둔 것으로 본다.
③ 제1항에 따라 안전보건총괄책임자를 지정하여야 하는 사업의 종류와 사업장의 상시근로자 수, 안전보건총괄책임자의 직무·권한, 그 밖에 필요한 사항은 대통령령으로 정한다.
영 제52조(안전보건총괄책임자 지정 대상사업) 법 제62조 제1항에 따른 안전보건총괄책임자(이하 "안전보건총괄책임자"라 한다)를 지정해야 하는 사업의 종류 및 사업장의 상시근로자 수는 관계수급인에게 고용된 근로자를 포함한 상시근로자가 100명(선박 및 보트 건조업, 1차 금속 제조업 및 토사석 광업의 경우에는 50명) 이상인 사업이나 관계수급인의 공사금액을 포함한 해당 공사의 총공사금액이 20억원 이상인 건설업으로 한다.

영 제53조(안전보건총괄책임자의 직무 등) ① 안전보건총괄책임자의 직무는 다음 각 호와 같다.
1. 법 제36조에 따른 위험성평가의 실시에 관한 사항
2. 법 제51조 및 제54조에 따른 작업의 중지
3. 법 제64조에 따른 도급 시 산업재해 예방조치
4. 법 제72조 제1항에 따른 산업안전보건관리비의 관계수급인 간의 사용에 관한 협의·조정 및 그 집행의 감독
5. 안전인증대상기계등과 자율안전확인대상기계등의 사용 여부 확인
② 안전보건총괄책임자에 대한 지원에 관하여는 제14조 제2항을 준용한다. 이 경우 "안전보건관리책임자"는 "안전보건총괄책임자"로, "법 제15조 제1항"은 "제1항"으로 본다.
③ 사업주는 안전보건총괄책임자를 선임했을 때에는 그 선임 사실 및 제1항 각 호의 직무의 수행내용을 증명할 수 있는 서류를 갖추어 두어야 한다.

정답 ④

17 도급인은 관계수급인 근로자가 도급인의 사업장에서 작업을 하는 경우에는 그 사업장의 안전보건관리책임자를 도급인의 근로자와 관계수급인 근로자의 산업재해를 예방하기 위한 업무를 총괄하여 관리하는 안전보건총괄책임자로 지정하여야 한다. 다음의 ㉠~㉢에 들어갈 사항으로 옳은 것은?

안전보건총괄책임자를 지정해야 하는 사업의 종류 및 사업장의 상시근로자 수는 관계수급인에게 고용된 근로자를 포함한 상시근로자가 ㉠명(선박 및 보트 건조업, 1차 금속 제조업 및 토사석 광업의 경우에는 ㉡명) 이상인 사업이나 관계수급인의 공사금액을 포함한 해당 공사의 총공사금액이 ㉢억원 이상인 건설업으로 한다.

	㉠	㉡	㉢
①	50	100	10
②	50	120	20
③	100	50	10
④	100	50	20
⑤	200	50	20

해설

근거조문 ▶ 산업안전보건법률 시행령 제52조

정답 ④

18 산업안전보건법령상 안전보건총괄책임자의 직무에 해당하지 않는 것은?

① 「산업안전보건법」 제36에 따른 위험성평가의 실시에 관한 사항
② 안전인증대상 기계·기구등과 자율안전확인대상 기계·기구등의 사용 여부 확인
③ 근로자의 건강장해의 원인 조사와 재발 방지를 위한 의학적 조치
④ 법 제64조에 따른 도급 시 산업재해 예방조치
⑤ 법 제72조 제1항에 따른 산업안전보건관리비의 관계수급인 간의 사용에 관한 협의·조정 및 그 집행의 감독

해설

근거조문 ▶ 산업안전보건법률 시행령 제53조

영 제53조(안전보건총괄책임자의 직무 등) ① 안전보건총괄책임자의 직무는 다음 각 호와 같다.
1. 법 제36조에 따른 위험성평가의 실시에 관한 사항
2. 법 제51조 및 제54조에 따른 작업의 중지
3. 법 제64조에 따른 도급 시 산업재해 예방조치
4. 법 제72조 제1항에 따른 산업안전보건관리비의 관계수급인 간의 사용에 관한 협의·조정 및 그 집행의 감독
5. 안전인증대상기계등과 자율안전확인대상기계등의 사용 여부 확인

정답 ③

19 산업안전보건법령상 안전·보건 관리체제에 관한 설명으로 옳지 않은 것은?

① 안전보건관리책임자는 안전관리자와 보건관리자를 지휘·감독한다.
② 안전보건관리책임자는 해당 사업에서 그 사업을 실질적으로 총괄 관리하는 사람이어야 한다.
③ 안전관리자는 산업재해에 관한 통계의 유지·관리·분석을 위한 보좌 및 조언·지도 등의 업무를 수행하여야 한다.
④ 고용노동부장관은 안전관리전문기관의 업무정지를 명하여야 하는 경우에 그 업무정지가 공익을 해칠 우려가 있다고 인정하면 업무정지처분을 갈음하여 2억원 이하의 과징금을 부과할 수 있다.
⑤ 상시 근로자수가 500명 이상인 식료품 제조업의 경우 안전관리자를 2명 이상 선임하여야 한다.

> 해설

> 근거조문 산업안전보건법률 제160조

제21조(안전관리전문기관 등) ① 안전관리전문기관 또는 보건관리전문기관이 되려는 자는 대통령령으로 정하는 인력·시설 및 장비 등의 요건을 갖추어 고용노동부장관의 지정을 받아야 한다.

② 고용노동부장관은 안전관리전문기관 또는 보건관리전문기관에 대하여 평가하고 그 결과를 공개할 수 있다. 이 경우 평가의 기준·방법 및 결과의 공개에 필요한 사항은 고용노동부령으로 정한다.

③ 안전관리전문기관 또는 보건관리전문기관의 지정 절차, 업무 수행에 관한 사항, 위탁받은 업무를 수행할 수 있는 지역, 그 밖에 필요한 사항은 고용노동부령으로 정한다.

④ 고용노동부장관은 안전관리전문기관 또는 보건관리전문기관이 다음 각 호의 어느 하나에 해당할 때에는 그 지정을 취소하거나 6개월 이내의 기간을 정하여 그 업무의 정지를 명할 수 있다. 다만, 제1호 또는 제2호에 해당할 때에는 그 지정을 취소하여야 한다.
  1. 거짓이나 그 밖의 부정한 방법으로 지정을 받은 경우
  2. 업무정지 기간 중에 업무를 수행한 경우
  3. 제1항에 따른 지정 요건을 충족하지 못한 경우
  4. 지정받은 사항을 위반하여 업무를 수행한 경우
  5. 그 밖에 대통령령으로 정하는 사유에 해당하는 경우

⑤ 제4항에 따라 지정이 취소된 자는 지정이 취소된 날부터 2년 이내에는 각각 해당 안전관리전문기관 또는 보건관리전문기관으로 지정받을 수 없다.

제74조(건설재해예방전문지도기관) ① 건설재해예방전문지도기관이 되려는 자는 대통령령으로 정하는 인력·시설 및 장비 등의 요건을 갖추어 고용노동부장관의 지정을 받아야 한다.

② 제1항에 따른 건설재해예방전문지도기관의 지정 절차, 그 밖에 필요한 사항은 대통령령으로 정한다.

③ 고용노동부장관은 건설재해예방전문지도기관에 대하여 평가하고 그 결과를 공개할 수 있다. 이 경우 평가의 기준·방법, 결과의 공개에 필요한 사항은 고용노동부령으로 정한다.

④ 건설재해예방전문지도기관에 관하여는 제21조 제4항 및 제5항을 준용한다. 이 경우 "안전관리전문기관 또는 보건관리전문기관"은 "건설재해예방전문지도기관"으로 본다.

제88조(안전인증기관) ① 고용노동부장관은 제84조에 따른 안전인증 업무 및 확인 업무를 위탁받아 수행할 기관을 안전인증기관으로 지정할 수 있다.

② 제1항에 따라 안전인증기관으로 지정받으려는 자는 대통령령으로 정하는 인력·시설 및 장비 등의 요건을 갖추어 고용노동부장관에게 신청하여야 한다.

③ 고용노동부장관은 제1항에 따라 지정받은 안전인증기관(이하 "안전인증기관"이라 한다)에 대하여 평가하고 그 결과를 공개할 수 있다. 이 경우 평가의 기준·방법 및 결과의 공개에 필요한 사항은 고용노동부령으로 정한다.

④ 안전인증기관의 지정 신청 절차, 그 밖에 필요한 사항은 고용노동부령으로 정한다.

⑤ 안전인증기관에 관하여는 제21조 제4항 및 제5항을 준용한다. 이 경우 "안전관리전문기관 또는 보건관리전문기관"은 "안전인증기관"으로 본다.

제96조(안전검사기관) ① 고용노동부장관은 안전검사 업무를 위탁받아 수행하는 기관을 안전검사기관으로 지정할 수 있다.

② 제1항에 따라 안전검사기관으로 지정받으려는 자는 대통령령으로 정하는 인력·시설 및 장비 등의 요건을 갖추어 고용노동부장관에게 신청하여야 한다.

③ 고용노동부장관은 제1항에 따라 지정받은 안전검사기관(이하 "안전검사기관"이라 한다)에 대하여 평가하고 그 결과를 공개할 수 있다. 이 경우 평가의 기준·방법 및 결과의 공개에 필요한 사항은 고용노동부령으로 정한다.

④ 안전검사기관의 지정 신청 절차, 그 밖에 필요한 사항은 고용노동부령으로 정한다.

⑤ 안전검사기관에 관하여는 제21조 제4항 및 제5항을 준용한다. 이 경우 "안전관리전문기관 또는 보건관리전문기관"은 "안전검사기관"으로 본다.

제126조(작업환경측정기관) ① 작업환경측정기관이 되려는 자는 대통령령으로 정하는 인력·시설 및 장비 등의 요건을 갖추어 고용노동부장관의 지정을 받아야 한다.

② 고용노동부장관은 작업환경측정기관의 측정·분석 결과에 대한 정확성과 정밀도를 확보하기 위하여 작업환경측정기관의 측정·분석능력을 확인하고, 작업환경측정기관을 지도하거나 교육할 수 있다. 이 경우 측정·분석능력의 확인, 작업환경측정기관에 대한 교육의 방법·절차, 그 밖에 필요한 사항은 고용노동부장관이 정하여 고시한다.

③ 고용노동부장관은 작업환경측정의 수준을 향상시키기 위하여 필요한 경우 작업환경측정기관을 평가하고 그 결과(제2항에 따른 측정·분석능력의 확인 결과를 포함한다)를 공개할 수 있다. 이 경우 평가기준·방법 및 결과의 공개, 그 밖에 필요한 사항은 고용노동부령으로 정한다.

④ 작업환경측정기관의 유형, 업무 범위 및 지정 절차, 그 밖에 필요한 사항은 고용노동부령으로 정한다.

⑤ 작업환경측정기관에 관하여는 제21조 제4항 및 제5항을 준용한다. 이 경우 "안전관리전문기관 또는 보건관리전문기관"은 "작업환경측정기관"으로 본다.

제135조(특수건강진단기관) ① 「의료법」 제3조에 따른 의료기관이 특수건강진단, 배치전건강진단 또는 수시건강진단을 수행하려는 경우에는 고용노동부장관으로부터 건강진단을 할 수 있는 기관(이하 "특수건강진단기관"이라 한다)으로 지정받아야 한다.

② 특수건강진단기관으로 지정받으려는 자는 대통령령으로 정하는 요건을 갖추어 고용노동부장관에게 신청하여야 한다.

③ 고용노동부장관은 제1항에 따른 특수건강진단기관의 진단·분석 결과에 대한 정확성과 정밀도를 확보하기 위하여 특수건강진단기관의 진단·분석능력을 확인하고, 특수건강진단기관을 지도하거나 교육할 수 있다. 이 경우 진단·분석능력의 확인, 특수건강진단기관에 대한 지도 및 교육의 방법, 절차, 그 밖에 필요한 사항은 고용노동부장관이 정하여 고시한다.

④ 고용노동부장관은 특수건강진단기관을 평가하고 그 결과(제3항에 따른 진단·분석능력의 확인 결과를 포함한다)를 공개할 수 있다. 이 경우 평가 기준·방법 및 결과의 공개, 그 밖에 필요한 사항은 고용노동부령으로 정한다.

⑤ 특수건강진단기관의 지정 신청 절차, 업무 수행에 관한 사항, 업무를 수행할 수 있는 지역, 그 밖에 필요한 사항은 고용노동부령으로 정한다.

⑥ 특수건강진단기관에 관하여는 제21조 제4항 및 제5항을 준용한다. 이 경우 "안전관리전문기관 또는 보건관리전문기관"은 "특수건강진단기관"으로 본다.

제160조(업무정지 처분을 대신하여 부과하는 과징금 처분) ① 고용노동부장관은 제21조 제4항(제74조 제4항, 제88조 제5항, 제96조 제5항, 제126조 제5항 및 제135조 제6항에 따라 준용되는 경우를 포함한다)에 따라 업무정지를 명하여야 하는 경우에 그 업무정지가 이용자에게 심한 불편을 주거나 공익을 해칠 우려가 있다고 인정되면 업무정지 처분을 대신하여 10억원 이하의 과징금을 부과할 수 있다.

② 고용노동부장관은 제1항에 따른 과징금을 징수하기 위하여 필요한 경우에는 다음 각 호의 사항을 적은 문서로 관할 세무관서의 장에게 과세 정보 제공을 요청할 수 있다.

　1. 납세자의 인적사항
　2. 사용 목적
　3. 과징금 부과기준이 되는 매출 금액
　4. 과징금 부과사유 및 부과기준

③ 고용노동부장관은 제1항에 따른 과징금 부과처분을 받은 자가 납부기한까지 과징금을 내지 아니하면 국세 체납처분의 예에 따라 이를 징수한다.

④ 제1항에 따라 과징금을 부과하는 위반행위의 종류 및 위반 정도 등에 따른 과징금의 금액, 그 밖에 필요한 사항은 대통령령으로 정한다.

산업안전보건법 시행령 [별표 3]

안전관리자를 두어야 하는 사업의 종류, 사업장의 상시근로자 수, 안전관리자의 수 및 선임방법(제16조 제1항 관련)

사업의 종류	사업장의 상시근로자 수	안전관리자의 수	안전관리자의 선임방법
1. 토사석 광업 2. 식료품 제조업, 음료 제조업 3. 목재 및 나무제품 제조; 가구제외 4. 펄프, 종이 및 종이제품 제조업 5. 코크스, 연탄 및 석유정제품 제조업 6. 화학물질 및 화학제품 제조업; 의약품 제외	상시근로자 50명 이상 500명 미만	1명 이상	별표 4 각 호의 어느 하나에 해당하는 사람(같은 표 제3호·제7호·제9호 및 제10호에 해당하는 사람은 제외한다)을 선임해야 한다.
7. 의료용 물질 및 의약품 제조업 8. 고무 및 플라스틱제품 제조업 9. 비금속 광물제품 제조업 10. 1차 금속 제조업 11. 금속가공제품 제조업; 기계 및 가구 제외 12. 전자부품, 컴퓨터, 영상, 음향 및 통신장비 제조업 13. 의료, 정밀, 광학기기 및 시계 제조업 14. 전기장비 제조업 15. 기타 기계 및 장비제조업 16. 자동차 및 트레일러 제조업 17. 기타 운송장비 제조업 18. 가구 제조업 19. 기타 제품 제조업 20. 서적, 잡지 및 기타 인쇄물 출판업 21. 해체, 선별 및 원료 재생업 22. 자동차 종합 수리업, 자동차 전문 수리업 23. 발전업	상시근로자 500명 이상	2명 이상	별표 4 각 호의 어느 하나에 해당하는 사람(같은 표 제7호·제9호 및 제10호에 해당하는 사람은 제외한다)을 선임하되, 같은 표 제1호·제2호(「국가기술자격법」에 따른 산업안전산업기사의 자격을 취득한 사람은 제외한다) 또는 제4호에 해당하는 사람이 1명 이상 포함되어야 한다.
24. 농업, 임업 및 어업 25. 제2호부터 제19호까지의 사업을 제외한 제조업 26. 전기, 가스, 증기 및 공기조절 공급업(발전업은 제외한다) 27. 수도, 하수 및 폐기물 처리, 원료 재생업(제21호에 해당하는 사업은 제외한다) 28. 운수 및 창고업 29. 도매 및 소매업	상시근로자 50명 이상 1천명 미만. 다만, 제34호의 부동산업(부동산관리업은 제외한다)과 제37호의 사진처리업의 경우에는 상시근로자 100명 이상 1천명 미만으로 한다.	1명 이상	별표 4 각 호의 어느 하나에 해당하는 사람(같은 표 제3호·제9호 및 제10호에 해당하는 사람은 제외한다. 다만, 제24호·제26호·제27호 및 제29호부터 제43호까지의 사업의 경우 별표 4 제3호에 해당하는 사람에 대해서는 그렇지 않다)을 선임해야 한다.

30. 숙박 및 음식점업 31. 영상·오디오 기록물 제작 및 배급업 32. 방송업 33. 우편 및 통신업 34. 부동산업 35. 임대업; 부동산 제외 36. 연구개발업 37. 사진처리업 38. 사업시설 관리 및 조경 서비스업 39. 청소년 수련시설 운영업 40. 보건업 41. 예술, 스포츠 및 여가관련 서비스업 42. 개인 및 소비용품수리업(제22호에 해당하는 사업은 제외한다) 43. 기타 개인 서비스업 44. 공공행정(청소, 시설관리, 조리 등 현업업무에 종사하는 사람으로서 고용노동부장관이 정하여 고시하는 사람으로 한정한다) 45. 교육서비스업 중 초등·중등·고등 교육기관, 특수학교·외국인학교 및 대안학교(청소, 시설관리, 조리 등 현업업무에 종사하는 사람으로서 고용노동부장관이 정하여 고시하는 사람으로 한정한다)	상시근로자 1천명 이상	2명 이상	별표 4 각 호의 어느 하나에 해당하는 사람(같은 표 제7호에 해당하는 사람은 제외한다)을 선임하되, 같은 표 제1호·제2호·제4호 또는 제5호에 해당하는 사람이 1명 이상 포함되어야 한다.
46. 건설업	공사금액 50억원 이상(관계수급인은 100억원 이상) 120억원 미만(「건설산업기본법 시행령」 별표 1의 종합공사를 시공하는 업종의 건설업종란 제1호에 따른 토목공사업의 경우에는 150억원 미만)	1명 이상	별표 4 제1호부터 제7호까지 또는 제10호에 해당하는 사람을 선임해야 한다.
	공사금액 120억원 이상(「건설산업기본법 시행령」 별표 1의 종합공사를 시공하는 업종의 건설업종란 제1호에 따른 토목공사업의 경우에는 150억원 이상) 800억원 미만		

공사금액 800억원 이상 1,500억원 미만	2명 이상. 다만, 전체 공사기간을 100으로 할 때 공사 시작에서 15에 해당하는 기간과 공사 종료 전의 15에 해당하는 기간(이하 "전체 공사기간 중 전·후 15에 해당하는 기간"이라 한다) 동안은 1명 이상으로 한다.	별표 4 제1호부터 제7호까지 또는 제10호에 해당하는 사람을 선임하되, 같은 표 제1호부터 제3호까지의 어느 하나에 해당하는 사람이 1명 이상 포함되어야 한다.
공사금액 1,500억원 이상 2,200억원 미만	3명 이상. 다만, 전체 공사기간 중 전·후 15에 해당하는 기간은 2명 이상으로 한다.	별표 4 제1호부터 제7호까지의 어느 하나에 해당하는 사람을 선임하되, 같은 표 제1호 또는 「국가기술자격법」에 따른 건설안전기술사(건설안전기사 또는 산업안전기사의 자격을 취득한 후 7년 이상 건설안전 업무를 수행한 사람이거나 건설안전산업기사 또는 산업안전산업기사의 자격을 취득한 후 10년 이상 건설안전 업무를 수행한 사람을 포함한다)자격을 취득한 사람(이하 "산업안전지도사등"이라 한다)이 1명 이상 포함되어야 한다.
공사금액 2,200억원 이상 3천억원 미만	4명 이상. 다만, 전체 공사기간 중 전·후 15에 해당하는 기간은 2명 이상으로 한다.	
공사금액 3천억원 이상 3,900억원 미만	5명 이상. 다만, 전체 공사기간 중 전·후 15에 해당하는 기간은 3명 이상으로 한다.	별표 4 제1호부터 제7호까지의 어느 하나에 해당하는 사람을 선임하되, 산업안전지도사등이 2명 이상 포함되어야 한다. 다만, 전체 공사기간 중 전·후 15에 해당하는 기간에는 산업안전지도사등이 1명 이상 포함되어야 한다.
공사금액 3,900억원 이상 4,900억원 미만	6명 이상. 다만, 전체 공사기간 중 전·후 15에 해당하는 기간은 3명 이상으로 한다.	

공사금액	안전관리자 수	자격
공사금액 4,900억원 이상 6천억원 미만	7명 이상. 다만, 전체 공사기간 중 전·후 15에 해당하는 기간은 4명 이상으로 한다.	별표 4 제1호부터 제7호까지의 어느 하나에 해당하는 사람을 선임하되, 산업안전지도사등이 2명 이상 포함되어야 한다. 다만, 전체 공사기간 중 전·후 15에 해당하는 기간에는 산업안전지도사 등이 2명 이상 포함되어야 한다.
공사금액 6천억원 이상 7,200억원 미만	8명 이상. 다만, 전체 공사기간 중 전·후 15에 해당하는 기간은 4명 이상으로 한다.	
공사금액 7,200억원 이상 8,500억원 미만	9명 이상. 다만, 전체 공사기간 중 전·후 15에 해당하는 기간은 5명 이상으로 한다.	별표 4 제1호부터 제7호까지의 어느 하나에 해당하는 사람을 선임하되, 산업안전지도사등이 3명 이상 포함되어야 한다. 다만, 전체 공사기간 중 전·후 15에 해당하는 기간에는 산업안전지도사 등이 3명 이상 포함되어야 한다.
공사금액 8,500억원 이상 1조원 미만	10명 이상. 다만, 전체 공사기간 중 전·후 15에 해당하는 기간은 5명 이상으로 한다.	
1조원 이상	11명 이상[매 2천억원(2조원 이상부터는 매 3천억원)마다 1명씩 추가한다]. 다만, 전체 공사기간 중 전·후 15에 해당하는 기간은 선임 대상 안전관리자 수의 2분의 1(소수점 이하는 올림한다) 이상으로 한다.	

비고
1. 철거공사가 포함된 건설공사의 경우 철거공사만 이루어지는 기간은 전체 공사기간에는 산입되나 전체 공사기간 중 전·후 15에 해당하는 기간에는 산입되지 않는다. 이 경우 전체 공사기간 중 전·후 15에 해당하는 기간은 철거공사만 이루어지는 기간을 제외한 공사기간을 기준으로 산정한다.
2. 철거공사만 이루어지는 기간에는 공사금액별로 선임해야 하는 최소 안전관리자 수 이상으로 안전관리자를 선임해야 한다.

정답 ④

20 상시근로자 1,000명 이상인 경우 안전관리자 선임을 2명 이상 해야 하는 사업의 종류에 해당하는 것은?

① 식료품 제조업
② 1차 금속 제조업
③ 농업, 임업 및 어업
④ 자동차 및 트레일러 제조업
⑤ 발전업

해설

근거조문 영 별표3

사업의 종류
500명 이상일 경우 안전관리자 2명 이상 선임
1. 토사석 광업 2. 식료품 제조업, 음료 제조업 3. 목재 및 나무제품 제조; 가구제외 4. 펄프, 종이 및 종이제품 제조업 5. 코크스, 연탄 및 석유정제품 제조업 6. 화학물질 및 화학제품 제조업; 의약품 제외 7. 의료용 물질 및 의약품 제조업 8. 고무 및 플라스틱제품 제조업 9. 비금속 광물제품 제조업 10. 1차 금속 제조업 11. 금속가공제품 제조업; 기계 및 가구 제외 12. 전자부품, 컴퓨터, 영상, 음향 및 통신장비 제조업 13. 의료, 정밀, 광학기기 및 시계 제조업 14. 전기장비 제조업 15. 기타 기계 및 장비제조업 16. 자동차 및 트레일러 제조업 17. 기타 운송장비 제조업 18. 가구 제조업 19. 기타 제품 제조업 20. 서적, 잡지 및 기타 인쇄물 출판업 21. 해체, 선별 및 원료 재생업 22. 자동차 종합 수리업, 자동차 전문 수리업 23. 발전업
1,000명 이상일 경우 2명 이상의 안전관리자
24. 농업, 임업 및 어업 25. 제2호부터 제19호까지의 사업을 제외한 제조업 26. 전기, 가스, 증기 및 공기조절 공급업(발전업은 제외한다)

27. 수도, 하수 및 폐기물 처리, 원료 재생업(제21호에 해당하는 사업은 제외한다)
28. 운수 및 창고업
29. 도매 및 소매업
30. 숙박 및 음식점업
31. 영상·오디오 기록물 제작 및 배급업
32. 방송업
33. 우편 및 통신업
34. 부동산업
35. 임대업; 부동산 제외
36. 연구개발업
37. 사진처리업
38. 사업시설 관리 및 조경 서비스업
39. 청소년 수련시설 운영업
40. 보건업
41. 예술, 스포츠 및 여가관련 서비스업
42. 개인 및 소비용품수리업(제22호에 해당하는 사업은 제외한다)
43. 기타 개인 서비스업
44. 공공행정(청소, 시설관리, 조리 등 현업업무에 종사하는 사람으로서 고용노동부장관이 정하여 고시하는 사람으로 한정한다)
45. 교육서비스업 중 초등·중등·고등 교육기관, 특수학교·외국인학교 및 대안학교(청소, 시설관리, 조리 등 현업업무에 종사하는 사람으로서 고용노동부장관이 정하여 고시하는 사람으로 한정한다)

정답 ③

21 산업안전보건법령상 안전관리자가 수행하여야 할 업무가 아닌 것은?

① 사업장 순회점검·지도 및 조치의 건의
② 산업재해 발생의 원인 조사·분석 및 재발 방지를 위한 기술적 보좌 및 조언·지도
③ 작업장 내에서 사용되는 전체 환기장치 및 국소 배기장치 등에 관한 설비의 점검과 작업방법의 공학적 개선에 관한 보좌 및 조언·지도
④ 산업재해에 관한 통계의 유지·관리·분석을 위한 보좌 및 조언·지도
⑤ 업무수행 내용의 기록·유지

> 해설

근거조문 법률 제17조, 영 제16조 이하

제17조(안전관리자) ① 사업주는 사업장에 제15조 제1항 각 호의 사항 중 안전에 관한 기술적인 사항에 관하여 사업주 또는 안전보건관리책임자를 보좌하고 관리감독자에게 지도·조언하는 업무를 수행하는 사람(이하 "안전관리자"라 한다)을 두어야 한다.
② 안전관리자를 두어야 하는 사업의 종류와 사업장의 상시근로자 수, 안전관리자의 수·자격·업무·권한·선임방법, 그 밖에 필요한 사항은 대통령령으로 정한다.
③ 고용노동부장관은 산업재해 예방을 위하여 필요한 경우로서 고용노동부령으로 정하는 사유에 해당하는 경우에는 사업주에게 안전관리자를 제2항에 따라 대통령령으로 정하는 수 이상으로 늘리거나 교체할 것을 명할 수 있다.
④ 대통령령으로 정하는 사업의 종류 및 사업장의 상시근로자 수에 해당하는 사업장의 사업주는 제21조에 따라 지정받은 안전관리 업무를 전문적으로 수행하는 기관(이하 "안전관리전문기관"이라 한다)에 안전관리자의 업무를 위탁할 수 있다.

★ **제16조(안전관리자의 선임 등)** ① 법 제17조 제1항에 따라 안전관리자를 두어야 하는 사업의 종류와 사업장의 상시근로자 수, 안전관리자의 수 및 선임방법은 별표 3과 같다.
② 제1항에 따른 사업 중 상시근로자 300명 이상을 사용하는 사업장[건설업의 경우에는 공사금액이 120억원(「건설산업기본법 시행령」 별표 1의 종합공사를 시공하는 업종의 건설업종란 제1호에 따른 토목공사업의 경우에는 150억원) 이상인 사업장]의 안전관리자는 해당 사업장에서 제18조 제1항 각 호에 따른 **업무만을 전담**해야 한다.
③ 제1항 및 제2항을 적용할 경우 제52조에 따른 사업으로서 도급인의 사업장에서 이루어지는 도급사업의 공사금액 또는 관계수급인의 상시근로자는 각각 해당 사업의 공사금액 또는 상시근로자로 본다. 다만, 별표 3의 기준에 해당하는 도급사업의 공사금액 또는 관계수급인의 상시근로자의 경우에는 그렇지 않다.
④ 제1항에도 불구하고 **같은 사업주가 경영하는 둘 이상의 사업장**이 다음 각 호의 어느 하나에 해당하는 경우에는 그 둘 이상의 사업장에 1명의 안전관리자를 공동으로 둘 수 있다. 이 경우 **해당 사업장의 상시근로자 수의 합계는 300명 이내**[건설업의 경우에는 공사금액의 합계가 120억원(「건설산업기본법 시행령」 별표 1의 종합공사를 시공하는 업종의 건설업종란 제1호에 따른 토목공사업의 경우에는 150억원) 이내]이어야 한다.
 1. 같은 시·군·구(자치구를 말한다) 지역에 소재하는 경우
 2. 사업장 간의 경계를 기준으로 15킬로미터 이내에 소재하는 경우
⑤ 제1항부터 제3항까지의 규정에도 불구하고 도급인의 사업장에서 이루어지는 도급사업에서 도급인이 고용노동부령으로 정하는 바에 따라 그 사업의 관계수급인 근로자에 대한 안전관리를 전담하는 안전관리자를 선임한 경우에는 그 사업의 관계수급인은 해당 도급사업에 대한 안전관리자를 선임하지 않을 수 있다.
⑥ **사업주는 안전관리자를 선임**하거나 법 제17조 제4항에 따라 안전관리자의 업무를 안전관리전문기관에 **위탁**한 경우에는 고용노동부령으로 정하는 바에 따라 선임하거나 위탁한 날부터 **14일 이내**에 고용노동부장관에게 그 사실을 증명할 수 있는 서류를 제출해야 한다. 법 제17조 제3항에 따라 안전관리자를 늘리거나 교체한 경우에도 또한 같다.

제17조(안전관리자의 자격) 안전관리자의 자격은 별표 4와 같다.

★ **제18조(안전관리자의 업무 등)** ① 안전관리자의 업무는 다음 각 호와 같다.
 1. 법 제24조 제1항에 따른 산업안전보건위원회(이하 "산업안전보건위원회"라 한다) 또는 법 제75조 제1항에 따른 안전 및 보건에 관한 노사협의체(이하 "노사협의체"라 한다)에서 심의·의결한 업무와 해당 사업장의 법 제25조 제1항에 따른 안전보건관리규정(이하 "안전보건관리규정"이라 한다) 및 취업규칙에서 정한 업무
 2. 법 제36조에 따른 위험성평가에 관한 보좌 및 지도·조언

3. 법 제84조 제1항에 따른 안전인증대상기계등(이하 "안전인증대상기계등"이라 한다)과 법 제89조 제1항 각 호 외의 부분 본문에 따른 자율안전확인대상기계등(이하 "자율안전확인대상기계등"이라 한다) 구입 시 적격품의 선정에 관한 보좌 및 지도·조언
4. 해당 사업장 안전교육계획의 수립 및 안전교육 실시에 관한 보좌 및 지도·조언
5. 사업장 순회점검, 지도 및 조치 **건의**
6. 산업재해 발생의 원인 조사·분석 및 재발 방지를 위한 기술적 보좌 및 지도·조언
7. 산업재해에 관한 통계의 유지·관리·분석을 위한 보좌 및 지도·조언
8. 법 또는 법에 따른 명령으로 정한 안전에 관한 사항의 이행에 관한 보좌 및 지도·조언
9. 업무 수행 내용의 기록·유지
10. 그 밖에 안전에 관한 사항으로서 고용노동부장관이 정하는 사항

② 사업주가 안전관리자를 배치할 때에는 연장근로·야간근로 또는 휴일근로 등 해당 사업장의 작업 형태를 고려해야 한다.
③ 사업주는 안전관리 업무의 원활한 수행을 위하여 외부전문가의 평가·지도를 받을 수 있다.
④ 안전관리자는 제1항 각 호에 따른 업무를 수행할 때에는 보건관리자와 협력해야 한다.
⑤ 안전관리자에 대한 지원에 관하여는 제14조 제2항을 준용한다. 이 경우 "안전보건관리책임자"는 "안전관리자"로, "법 제15조 제1항"은 "제1항"으로 본다.

제19조(안전관리자 업무의 위탁 등) ① 법 제17조 제4항에서 "대통령령으로 정하는 사업의 종류 및 사업장의 상시근로자 수에 해당하는 사업장"이란 **건설업을 제외**한 사업으로서 상시근로자 300명 미만을 사용하는 사업장을 말한다.
② 사업주가 법 제17조 제4항 및 이 조 제1항에 따라 안전관리자의 업무를 안전관리전문기관에 위탁한 경우에는 그 안전관리전문기관을 안전관리자로 본다.

제20조(보건관리자의 선임 등) ① 법 제18조 제1항에 따라 보건관리자를 두어야 하는 사업의 종류와 사업장의 상시근로자 수, 보건관리자의 수 및 선임방법은 별표 5와 같다.
② 제1항에 따른 사업과 사업장의 보건관리자는 해당 사업장에서 제22조 제1항 각 호에 따른 업무만을 전담해야 한다. 다만, 상시근로자 300명 미만을 사용하는 사업장에서는 보건관리자가 제22조 제1항 각 호에 따른 업무에 지장이 없는 범위에서 다른 업무를 겸할 수 있다.
③ 보건관리자의 선임 등에 관하여는 제16조 제3항부터 제6항까지의 규정을 준용한다. 이 경우 "별표 3"은 "별표 5"로, "안전관리자"는 "보건관리자"로, "안전관리"는 "보건관리"로, "법 제17조 제4항"은 "법 제18조 제4항"으로, "안전관리전문기관"은 "보건관리전문기관"으로 본다.

제21조(보건관리자의 자격) 보건관리자의 자격은 별표 6과 같다.

★ **제22조(보건관리자의 업무 등)** ① 보건관리자의 업무는 다음 각 호와 같다.
1. 산업안전보건위원회 또는 노사협의체에서 심의·의결한 업무와 안전보건관리규정 및 취업규칙에서 정한 업무
2. 안전인증대상기계등과 자율안전확인대상기계등 중 보건과 관련된 보호구(保護具) 구입 시 적격품 선정에 관한 보좌 및 지도·조언
3. 법 제36조에 따른 위험성평가에 관한 보좌 및 지도·조언
4. 법 제110조에 따라 작성된 물질안전보건자료의 게시 또는 비치에 관한 보좌 및 지도·조언
5. 제31조 제1항에 따른 산업보건의의 직무(보건관리자가 별표 6 제2호에 해당하는 사람인 경우로 한정한다)
6. 해당 사업장 보건교육계획의 수립 및 보건교육 실시에 관한 보좌 및 지도·조언
7. 해당 사업장의 근로자를 보호하기 위한 다음 각 목의 조치에 해당하는 의료행위(보건관리자가 별표 6 제2호 또는 제3호에 해당하는 경우로 한정한다)
   가. 자주 발생하는 가벼운 부상에 대한 치료
   나. 응급처치가 필요한 사람에 대한 처치

다. 부상·질병의 악화를 방지하기 위한 처치
라. 건강진단 결과 발견된 질병자의 요양 지도 및 관리
마. 가목부터 라목까지의 의료행위에 따르는 의약품의 투여
8. 작업장 내에서 사용되는 전체 환기장치 및 국소 배기장치 등에 관한 설비의 점검과 작업방법의 공학적 개선에 관한 보좌 및 지도·조언
9. 사업장 순회점검, 지도 및 조치 건의
10. 산업재해 발생의 원인 조사·분석 및 재발 방지를 위한 기술적 보좌 및 지도·조언
11. 산업재해에 관한 통계의 유지·관리·분석을 위한 보좌 및 지도·조언
12. 법 또는 법에 따른 명령으로 정한 보건에 관한 사항의 이행에 관한 보좌 및 지도·조언
13. 업무 수행 내용의 기록·유지
14. 그 밖에 보건과 관련된 작업관리 및 작업환경관리에 관한 사항으로서 고용노동부장관이 정하는 사항
② 보건관리자는 제1항 각 호에 따른 업무를 수행할 때에는 안전관리자와 협력해야 한다.
③ 사업주는 보건관리자가 제1항에 따른 업무를 원활하게 수행할 수 있도록 권한·시설·장비·예산, 그 밖의 업무 수행에 필요한 지원을 해야 한다. 이 경우 보건관리자가 별표 6 제2호 또는 제3호에 해당하는 경우에는 고용노동부령으로 정하는 시설 및 장비를 지원해야 한다.
④ 보건관리자의 배치 및 평가·지도에 관하여는 제18조 제2항 및 제3항을 준용한다. 이 경우 "안전관리자"는 "보건관리자"로, "안전관리"는 "보건관리"로 본다.

제23조(보건관리자 업무의 위탁 등) ① 법 제18조 제4항에 따라 보건관리자의 업무를 위탁할 수 있는 보건관리전문기관은 지역별 보건관리전문기관과 업종별·유해인자별 보건관리전문기관으로 구분한다.
② 법 제18조 제4항에서 "대통령령으로 정하는 사업의 종류 및 사업장의 상시근로자 수에 해당하는 사업장"이란 다음 각 호의 어느 하나에 해당하는 사업장을 말한다.
1. 건설업을 제외한 사업(업종별·유해인자별 보건관리전문기관의 경우에는 고용노동부령으로 정하는 사업을 말한다)으로서 상시근로자 300명 미만을 사용하는 사업장
2. 외딴곳으로서 고용노동부장관이 정하는 지역에 있는 사업장
③ 보건관리자 업무의 위탁에 관하여는 제19조 제2항을 준용한다. 이 경우 "법 제17조 제4항 및 이 조 제1항"은 "법 제18조 제4항 및 이 조 제2항"으로, "안전관리자"는 "보건관리자"로, "안전관리전문기관"은 "보건관리전문기관"으로 본다.

정답 ③

22

다음의 경우 산업안전보건법령상 사업장에 선임하여야 할 안전·보건관리자에 관한 설명으로 옳지 않은 것은?

> 상시근로자 400명을 고용하여 1차금속 제조업을 영위하는 A사는 같은 업종의 B사와 C사를 사내 하도급업체로 두고 있으며, B사와 C사는 각각 상시근로자 100명씩을 고용하여 사업을 운영하고 있다.

① 도급인 A와 수급인 B, 수급인 C는 각각 안전관리자 1명씩 총 3명의 안전관리자를 선임하는 것이 원칙이다.
② 도급인 A가 자신의 근로자수 400명에 대한 안전관리자 1명과 수급인 B·C의 근로자수 200명에 대한 안전관리자 1명을 추가로 선임하였다면 수급인 B·C는 별도의 안전관리자를 선임하지 않아도 된다.
③ 도급인 A와 수급인 B, 수급인 C는 각각 보건관리자 1명씩 총 3명의 보건관리자를 선임하는 것이 원칙이다.
④ 도급인 A가 자신의 근로자수 400명에 대한 보건관리자 1명과 수급인 B·C의 근로자수 200명에 대한 보건관리자 1명을 추가로 선임하였다 하더라도 수급인 B·C는 별도의 보건관리자를 선임하여야 한다.
⑤ 위 ①항의 경우 도급인 A와 수급인 B·C가 안전관리자를 선임할 때 건설안전산업기사 자격을 가진 사람이 해당된다.

해설

근거조문 법률 제17조, 영 제16조 이하

영 제16조(안전관리자의 선임 등) ① 법 제17조 제1항에 따라 안전관리자를 두어야 하는 사업의 종류와 사업장의 상시근로자 수, 안전관리자의 수 및 선임방법은 별표 3과 같다.
② 제1항에 따른 사업 중 상시근로자 300명 이상을 사용하는 사업장[건설업의 경우에는 공사금액이 120억원(「건설산업기본법 시행령」 별표 1의 종합공사를 시공하는 업종의 건설업종란 제1호에 따른 토목공사업의 경우에는 150억원) 이상인 사업장]의 안전관리자는 해당 사업장에서 제18조 제1항 각 호에 따른 업무만을 전담해야 한다.
③ 제1항 및 제2항을 적용할 경우 제52조에 따른 사업으로서 도급인의 사업장에서 이루어지는 도급사업의 공사금액 또는 관계수급인의 상시근로자는 각각 해당 사업의 공사금액 또는 상시근로자로 본다. 다만, 별표 3의 기준에 해당하는 도급사업의 공사금액 또는 관계수급인의 상시근로자의 경우에는 그렇지 않다.
④ 제1항에도 불구하고 같은 사업주가 경영하는 둘 이상의 사업장이 다음 각 호의 어느 하나에 해당하는 경우에는 그 둘 이상의 사업장에 1명의 안전관리자를 공동으로 둘 수 있다. 이 경우 해당 사업장의 상시근로자 수의 합계는 300명 이내[건설업의 경우에는 공사금액의 합계가 120억원(「건설산업기본법 시행령」 별표 1의 종합공사를 시공하는 업종의 건설업종란 제1호에 따른 토목공사업의 경우에는 150억원) 이내]이어야 한다.
  1. 같은 시·군·구(자치구를 말한다) 지역에 소재하는 경우
  2. 사업장 간의 경계를 기준으로 15킬로미터 이내에 소재하는 경우
⑤ 제1항부터 제3항까지의 규정에도 불구하고 도급인의 사업장에서 이루어지는 도급사업에서 도급인이 고용노동부령으로 정하는 바에 따라 그 사업의 관계수급인 근로자에 대한 안전관리를 전담하는 안전관리자를 선임한 경우에는 그 사업의 관계수급인은 해당 도급사업에 대한 안전관리자를 선임하지 않을 수 있다.
⑥ 사업주는 안전관리자를 선임하거나 법 제17조 제4항에 따라 안전관리자의 업무를 안전관리전문기관에 위탁한 경우에는 고용노동부령으로 정하는 바에 따라 선임하거나 위탁한 날부터 14일 이내에 고용노동부장관에게 그 사실을 증명할 수 있는 서류를 제출해야 한다. 법 제17조 제3항에 따라 안전관리자를 늘리거나 교체한 경우에도 또한 같다.

영 제20조(보건관리자의 선임 등) ① 법 제18조 제1항에 따라 보건관리자를 두어야 하는 사업의 종류와 사업장의 상시근로자 수, 보건관리자의 수 및 선임방법은 별표 5와 같다.

② 제1항에 따른 사업과 사업장의 보건관리자는 해당 사업장에서 제22조 제1항 각 호에 따른 업무만을 전담해야 한다. 다만, 상시근로자 300명 미만을 사용하는 사업장에서는 보건관리자가 제22조 제1항 각 호에 따른 업무에 지장이 없는 범위에서 다른 업무를 겸할 수 있다.

③ 보건관리자의 선임 등에 관하여는 제16조 제3항부터 제6항까지의 규정을 준용한다. 이 경우 "별표 3"은 "별표 5"로, "안전관리자"는 "보건관리자"로, "안전관리"는 "보건관리"로, "법 제17조 제4항"은 "법 제18조 제4항"으로, "안전관리전문기관"은 "보건관리전문기관"으로 본다.

산업안전보건법 시행령 [별표 4]

안전관리자의 자격(제17조 관련)

안전관리자는 다음 각 호의 어느 하나에 해당하는 사람으로 한다.

1. 법 제143조 제1항에 따른 산업안전지도사 자격을 가진 사람
2. 「국가기술자격법」에 따른 산업안전산업기사 이상의 자격을 취득한 사람
3. 「국가기술자격법」에 따른 건설안전산업기사 이상의 자격을 취득한 사람
4. 「고등교육법」에 따른 4년제 대학 이상의 학교에서 산업안전 관련 학위를 취득한 사람 또는 이와 같은 수준 이상의 학력을 가진 사람
5. 「고등교육법」에 따른 전문대학 또는 이와 같은 수준 이상의 학교에서 산업안전 관련 학위를 취득한 사람
6. 「고등교육법」에 따른 이공계 전문대학 또는 이와 같은 수준 이상의 학교에서 학위를 취득하고, 해당 사업의 관리감독자로서의 업무(건설업의 경우는 시공실무경력)를 3년(4년제 이공계 대학 학위 취득자는 1년) 이상 담당한 후 고용노동부장관이 지정하는 기관이 실시하는 교육(1998년 12월 31일까지의 교육만 해당한다)을 받고 정해진 시험에 합격한 사람. 다만, 관리감독자로 종사한 사업과 같은 업종(한국표준산업분류에 따른 대분류를 기준으로 한다)의 사업장이면서, 건설업의 경우를 제외하고는 상시근로자 300명 미만인 사업장에서만 안전관리자가 될 수 있다.
7. 「초·중등교육법」에 따른 공업계 고등학교 또는 이와 같은 수준 이상의 학교를 졸업하고, 해당 사업의 관리감독자로서의 업무(건설업의 경우는 시공실무경력)를 5년 이상 담당한 후 고용노동부장관이 지정하는 기관이 실시하는 교육(1998년 12월 31일까지의 교육만 해당한다)을 받고 정해진 시험에 합격한 사람. 다만, 관리감독자로 종사한 사업과 같은 종류인 업종(한국표준산업분류에 따른 대분류를 기준으로 한다)의 사업장이면서, 건설업의 경우를 제외하고는 별표 3 제28호 또는 제33호의 사업을 하는 사업장(상시근로자 50명 이상 1천명 미만인 경우만 해당한다)에서만 안전관리자가 될 수 있다.
8. 다음 각 목의 어느 하나에 해당하는 사람. 다만, 해당 법령을 적용받은 사업에서만 선임될 수 있다.
   가. 「고압가스 안전관리법」 제4조 및 같은 법 시행령 제3조 제1항에 따른 허가를 받은 사업자 중 고압가스를 제조·저장 또는 판매하는 사업에서 같은 법 제15조 및 같은 법 시행령 제12조에 따라 선임하는 안전관리 책임자
   나. 「액화석유가스의 안전관리 및 사업법」 제5조 및 같은 법 시행령 제3조에 따른 허가를 받은 사업자 중 액화석유가스 충전사업·액화석유가스 집단공급사업 또는 액화석유가스 판매사업에서 같은 법 제34조 및 같은 법 시행령 제15조에 따라 선임하는 안전관리책임자
   다. 「도시가스사업법」 제29조 및 같은 법 시행령 제15조에 따라 선임하는 안전관리 책임자
   라. 「교통안전법」 제53조에 따라 교통안전관리자의 자격을 취득한 후 해당 분야에 채용된 교통안전관리자

마. 「총포·도검·화약류 등의 안전관리에 관한 법률」 제2조 제3항에 따른 화약류를 제조·판매 또는 저장하는 사업에서 같은 법 제27조 및 같은 법 시행령 제54조·제55조에 따라 선임하는 화약류제조보안책임자 또는 화약류관리보안책임자
바. 「전기사업법」 제73조에 따라 전기사업자가 선임하는 전기안전관리자
9. 제16조 제2항에 따라 전담 안전관리자를 두어야 하는 사업장(건설업은 제외한다)에서 안전 관련 업무를 10년 이상 담당한 사람
10. 「건설산업기본법」 제8조에 따른 종합공사를 시공하는 업종의 건설현장에서 안전보건관리책임자로 10년 이상 재직한 사람

■ 산업안전보건법 시행령 [별표 5] <개정 2020. 9. 8.>

**보건관리자를 두어야 하는 사업의 종류,
사업장의 상시근로자 수, 보건관리자의 수 및 선임방법(제20조 제1항 관련)**

사업의 종류	사업장의 상시근로자 수	보건관리자의 수	보건관리자의 선임방법
1. 광업(광업 지원 서비스업은 제외한다) 2. 섬유제품 염색, 정리 및 마무리 가공업 3. 모피제품 제조업 4. 그 외 기타 의복액세서리 제조업(모피 액세서리에 한정한다) 5. 모피 및 가죽 제조업(원피가공 및 가죽 제조업은 제외한다) 6. 신발 및 신발부분품 제조업 7. 코크스, 연탄 및 석유정제품 제조업 8. 화학물질 및 화학제품 제조업; 의약품 제외 9. 의료용 물질 및 의약품 제조업 10. 고무 및 플라스틱제품 제조업 11. 비금속 광물제품 제조업 12. 1차 금속 제조업 13. 금속가공제품 제조업; 기계 및 가구 제외 14. 기타 기계 및 장비 제조업 15. 전자부품, 컴퓨터, 영상, 음향 및 통신장비 제조업 16. 전기장비 제조업 17. 자동차 및 트레일러 제조업 18. 기타 운송장비 제조업 19. 가구 제조업 20. 해체, 선별 및 원료 재생업 21. 자동차 종합 수리업, 자동차 전문 수리업	상시근로자 50명 이상 500명 미만	1명 이상	별표 6 각 호의 어느 하나에 해당하는 사람을 선임해야 한다.
	상시근로자 500명 이상 2천명 미만	2명 이상	별표 6 각 호의 어느 하나에 해당하는 사람을 선임해야 한다.
	상시근로자 2천명 이상	2명 이상	별표 6 각 호의 어느 하나에 해당하는 사람을 선임하되, 같은 표 제2호 또는 제3호에 해당하는 사람이 1명 이상 포함되어야 한다.

22. 제88조 각 호의 어느 하나에 해당하는 유해물질을 제조하는 사업과 그 유해물질을 사용하는 사업 중 고용노동부장관이 특히 보건관리를 할 필요가 있다고 인정하여 고시하는 사업			
23. 제2호부터 제22호까지의 사업을 제외한 제조업	상시근로자 50명 이상 1천명 미만	1명 이상	별표 6 각 호의 어느 하나에 해당하는 사람을 선임해야 한다.
	상시근로자 1천명 이상 3천명 미만	2명 이상	별표 6 각 호의 어느 하나에 해당하는 사람을 선임해야 한다.
	상시근로자 3천명 이상	2명 이상	별표 6 각 호의 어느 하나에 해당하는 사람을 선임하되, 같은 표 제2호 또는 제3호에 해당하는 사람이 1명 이상 포함되어야 한다.
24. 농업, 임업 및 어업 25. 전기, 가스, 증기 및 공기조절공급업 26. 수도, 하수 및 폐기물 처리, 원료 재생업(제20호에 해당하는 사업은 제외한다) 27. 운수 및 창고업 28. 도매 및 소매업 29. 숙박 및 음식점업 30. 서적, 잡지 및 기타 인쇄물 출판업 31. 방송업 32. 우편 및 통신업 33. 부동산업 34. 연구개발업 35. 사진 처리업 36. 사업시설 관리 및 조경 서비스업 37. 공공행정(청소, 시설관리, 조리 등 현업업무에 종사하는 사람으로서 고용노동부장관이 정하여 고시하는 사람으로 한정한다) 38. 교육서비스업 중 초등·중등·고등 교육기관, 특수학교·외국인학교 및 대안학교(청소, 시설관리, 조리 등 현업업무에 종사하는 사람으로서 고용노동부장관이 정하여 고시하는 사람으로 한정한다)	상시근로자 50명 이상 5천명 미만. 다만, 제35호의 경우에는 상시근로자 100명 이상 5천명 미만으로 한다.	1명 이상	별표 6 각 호의 어느 하나에 해당하는 사람을 선임해야 한다.
	상시 근로자 5천명 이상	2명 이상	별표 6 각 호의 어느 하나에 해당하는 사람을 선임하되, 같은 표 제2호 또는 제3호에 해당하는 사람이 1명 이상 포함되어야 한다.

39. 청소년 수련시설 운영업 40. 보건업 41. 골프장 운영업 42. 개인 및 소비용품수리업(제21호에 해당하는 사업은 제외한다) 43. 세탁업			
44. 건설업	공사금액 800억원 이상(「건설산업기본법 시행령」 별표 1의 종합공사를 시공하는 업종의 건설업종란 제1호에 따른 토목공사업에 속하는 공사의 경우에는 1천억 이상) 또는 상시근로자 600명 이상	1명 이상[공사금액 800억원(「건설산업기본법 시행령」 별표 1의 종합공사를 시공하는 업종의 건설업종란 제1호에 따른 토목공사업은 1천억원)을 기준으로 1,400억원이 증가할 때마다 또는 상시 근로자 600명을 기준으로 600명이 추가될 때마다 1명씩 추가한다]	별표 6 각 호의 어느 하나에 해당하는 사람을 선임해야 한다.

정답 ④

23 산업안전보건기준에 관한 규칙상 폭발·화재 및 위험물누출에 의한 위험방지에 관한 설명으로 옳은 것만을 모두 고른 것은?

> ㄱ. 사업주는 금속의 용접·용단 또는 가열에 사용되는 가스등의 용기를 취급하는 경우에는 용기의 온도를 섭씨 40도 이하로 유지해야 한다.
> ㄴ. 사업주는 위험물질을 제조하거나 취급하는 경우 적절한 방호조치를 하지 않고 급성 독성 물질을 누출시키는 등으로 인체에 접촉시키는 행위를 해서는 아니 된다.
> ㄷ. 사업주는 고열의 금속찌꺼기를 물로 처리하는 피트에 대하여 수증기 폭발을 방지하기 위해 작업용수 또는 빗물 등이 내부로 새어드는 것을 방지할 수 있는 격벽 등의 설비를 주위에 설치하여야 한다.
> ㄹ. 폭발·화재 및 위험물누출에 의한 위험방지를 하여야 할 조치의 내용은 사업장 규모별로 다르게 규정되어 있다.

① ㄱ, ㄴ
② ㄱ, ㄷ
③ ㄱ, ㄹ
④ ㄴ, ㄷ
⑤ ㄷ, ㄹ

> 해설

> 근거조문 안전보건규칙 제234조, 제248조

제234조(가스등의 용기) 사업주는 금속의 용접·용단 또는 가열에 사용되는 가스등의 용기를 취급하는 경우에 다음 각 호의 사항을 준수하여야 한다.
1. 다음 각 목의 어느 하나에 해당하는 장소에서 사용하거나 해당 장소에 설치·저장 또는 방치하지 않도록 할 것
   가. 통풍이나 환기가 불충분한 장소
   나. 화기를 사용하는 장소 및 그 부근
   다. 위험물 또는 제236조에 따른 인화성 액체를 취급하는 장소 및 그 부근
2. 용기의 온도를 섭씨 40도 이하로 유지할 것
3. 전도의 위험이 없도록 할 것
4. 충격을 가하지 않도록 할 것
5. 운반하는 경우에는 캡을 씌울 것
6. 사용하는 경우에는 용기의 마개에 부착되어 있는 유류 및 먼지를 제거할 것
7. 밸브의 개폐는 서서히 할 것
8. 사용 전 또는 사용 중인 용기와 그 밖의 용기를 명확히 구별하여 보관할 것
9. 용해아세틸렌의 용기는 세워 둘 것
10. 용기의 부식·마모 또는 변형상태를 점검한 후 사용할 것

제248조(용융고열물 취급 피트의 수증기 폭발방지) 사업주는 용융(鎔融)한 고열의 광물(이하 "용융고열물"이라 한다)을 취급하는 피트(고열의 금속찌꺼기를 물로 처리하는 것은 제외한다)에 대하여 수증기 폭발을 방지하기 위하여 다음 각 호의 조치를 하여야 한다.
1. 지하수가 내부로 새어드는 것을 방지할 수 있는 구조로 할 것. 다만, 내부에 고인 지하수를 배출할 수 있는 설비를 설치한 경우에는 그러하지 아니하다.
2. 작업용수 또는 빗물 등이 내부로 새어드는 것을 방지할 수 있는 격벽 등의 설비를 주위에 설치할 것

■ 산업안전보건기준에 관한 규칙 [별표 1] <개정 2019. 12. 26.>

위험물질의 종류(제16조·제17조 및 제225조 관련)

1. 폭발성 물질 및 유기과산화물
   가. 질산에스테르류
   나. 니트로화합물
   다. 니트로소화합물
   라. 아조화합물
   마. 디아조화합물
   바. 하이드라진 유도체
   사. 유기과산화물
   아. 그 밖에 가목부터 사목까지의 물질과 같은 정도의 폭발 위험이 있는 물질
   자. 가목부터 아목까지의 물질을 함유한 물질

2. 물반응성 물질 및 인화성 고체
   가. 리튬
   나. 칼륨·나트륨
   다. 황
   라. 황린
   마. 황화인·적린
   바. 셀룰로이드류
   사. 알킬알루미늄·알킬리튬
   아. 마그네슘 분말
   자. 금속 분말(마그네슘 분말은 제외한다)
   차. 알칼리금속(리튬·칼륨 및 나트륨은 제외한다)
   카. 유기 금속화합물(알킬알루미늄 및 알킬리튬은 제외한다)
   타. 금속의 수소화물
   파. 금속의 인화물
   하. 칼슘 탄화물, 알루미늄 탄화물
   거. 그 밖에 가목부터 하목까지의 물질과 같은 정도의 발화성 또는 인화성이 있는 물질
   너. 가목부터 거목까지의 물질을 함유한 물질

3. 산화성 액체 및 산화성 고체
   가. 차아염소산 및 그 염류
   나. 아염소산 및 그 염류
   다. 염소산 및 그 염류
   라. 과염소산 및 그 염류
   마. 브롬산 및 그 염류
   바. 요오드산 및 그 염류
   사. 과산화수소 및 무기 과산화물
   아. 질산 및 그 염류
   자. 과망간산 및 그 염류
   차. 중크롬산 및 그 염류
   카. 그 밖에 가목부터 차목까지의 물질과 같은 정도의 산화성이 있는 물질
   타. 가목부터 카목까지의 물질을 함유한 물질

4. 인화성 액체
   가. 에틸에테르, 가솔린, 아세트알데히드, 산화프로필렌, 그 밖에 인화점이 섭씨 23도 미만이고 초기끓는점이 섭씨 35도 이하인 물질
   나. 노르말헥산, 아세톤, 메틸에틸케톤, 메틸알코올, 에틸알코올, 이황화탄소, 그 밖에 인화점이 섭씨 23도 미만이고 초기 끓는점이 섭씨 35도를 초과하는 물질
   다. 크실렌, 아세트산아밀, 등유, 경유, 테레핀유, 이소아밀알코올, 아세트산, 하이드라진, 그 밖에 인화점이 섭씨 23도 이상 섭씨 60도 이하인 물질

5. 인화성 가스
   가. 수소
   나. 아세틸렌
   다. 에틸렌

라. 메탄
마. 에탄
바. 프로판
사. 부탄
아. 영 별표 13에 따른 인화성 가스

6. 부식성 물질
   가. 부식성 산류
      (1) 농도가 20퍼센트 이상인 염산, 황산, 질산, 그 밖에 이와 같은 정도 이상의 부식성을 가지는 물질
      (2) 농도가 60퍼센트 이상인 인산, 아세트산, 불산, 그 밖에 이와 같은 정도 이상의 부식성을 가지는 물질
   나. 부식성 염기류
      농도가 40퍼센트 이상인 수산화나트륨, 수산화칼륨, 그 밖에 이와 같은 정도 이상의 부식성을 가지는 염기류

7. 급성 독성 물질
   가. 쥐에 대한 경구투입실험에 의하여 실험동물의 50퍼센트를 사망시킬 수 있는 물질의 양, 즉 LD50(경구, 쥐)이 킬로그램당 300밀리그램-(체중) 이하인 화학물질
   나. 쥐 또는 토끼에 대한 경피흡수실험에 의하여 실험동물의 50퍼센트를 사망시킬 수 있는 물질의 양, 즉 LD50(경피, 토끼 또는 쥐)이 킬로그램당 1000밀리그램 -(체중) 이하인 화학물질
   다. 쥐에 대한 4시간 동안의 흡입실험에 의하여 실험동물의 50퍼센트를 사망시킬 수 있는 물질의 농도, 즉 가스 LC50(쥐, 4시간 흡입)이 2500ppm 이하인 화학물질, 증기 LC50(쥐, 4시간 흡입)이 10mg/ℓ 이하인 화학물질, 분진 또는 미스트 1mg/ℓ 이하인 화학물질

정답 ①

24 산업안전보건기준에 관한 규칙상 소음에 의한 건강장해예방조치를 규정한 내용으로 옳지 않은 것은?

① "소음작업"이란 1일 8시간 작업을 기준으로 85데시벨 이상의 소음이 발생하는 작업을 말한다.
② 100데시벨 이상의 소음이 1일 2시간 이상 발생하는 작업은 "강렬한 소음작업"이다.
③ 소음이 1초 이상의 간격으로 발생하는 작업으로서 120데시벨을 초과하는 소음이 1일 1만회 이상 발생하는 작업은 "충격소음작업"이다.
④ 사업주는 근로자가 소음작업, 강렬한 소음작업 또는 충격소음작업에 종사하는 경우 청력보호구를 지급하고 착용하도록 하여야 한다.
⑤ 소음의 작업환경측정 결과 소음수준이 85데시벨을 초과하는 사업장의 사업주는 청력보존 프로그램을 수립하여 시행하여야 한다.

> **해설**

근거조문 안전보건규칙 제512조, 제517조

제512조(정의) 이 장에서 사용하는 용어의 뜻은 다음과 같다.
1. "소음작업"이란 1일 8시간 작업을 기준으로 85데시벨 이상의 소음이 발생하는 작업을 말한다.
2. "강렬한 소음작업"이란 다음 각목의 어느 하나에 해당하는 작업을 말한다.
    가. 90데시벨 이상의 소음이 1일 8시간 이상 발생하는 작업
    나. 95데시벨 이상의 소음이 1일 4시간 이상 발생하는 작업
    다. 100데시벨 이상의 소음이 1일 2시간 이상 발생하는 작업
    라. 105데시벨 이상의 소음이 1일 1시간 이상 발생하는 작업
    마. 110데시벨 이상의 소음이 1일 30분 이상 발생하는 작업
    바. 115데시벨 이상의 소음이 1일 15분 이상 발생하는 작업
3. "충격소음작업"이란 소음이 1초 이상의 간격으로 발생하는 작업으로서 다음 각 목의 어느 하나에 해당하는 작업을 말한다.
    가. 120데시벨을 초과하는 소음이 1일 1만회 이상 발생하는 작업
    나. 130데시벨을 초과하는 소음이 1일 1천회 이상 발생하는 작업
    다. 140데시벨을 초과하는 소음이 1일 1백회 이상 발생하는 작업
4. "진동작업"이란 다음 각 목의 어느 하나에 해당하는 기계·기구를 사용하는 작업을 말한다.
    가. 착암기(鑿巖機)
    나. 동력을 이용한 해머
    다. 체인톱
    라. 엔진 커터(engine cutter)
    마. 동력을 이용한 연삭기
    바. 임팩트 렌치(impact wrench)
    사. 그 밖에 진동으로 인하여 건강장해를 유발할 수 있는 기계·기구
5. "청력보존 프로그램"이란 소음노출 평가, 소음노출 기준 초과에 따른 공학적 대책, 청력보호구의 지급과 착용, 소음의 유해성과 예방에 관한 교육, 정기적 청력검사, 기록·관리 사항 등이 포함된 소음성 난청을 예방·관리하기 위한 종합적인 계획을 말한다.

제517조(청력보존 프로그램 시행 등) 사업주는 다음 각 호의 어느 하나에 해당하는 경우에 청력보존 프로그램을 수립하여 시행하여야 한다. <개정 2019. 12. 26.>
1. 법 제125조에 따른 소음의 작업환경 측정 결과 소음수준이 90데시벨을 초과하는 사업장
2. 소음으로 인하여 근로자에게 건강장해가 발생한 사업장

정답 ⑤

25 산업안전보건기준에 관한 규칙상 근골격계부담작업으로 인한 건강장해 예방에 관한 설명으로 옳지 않은 것은?

① 사업주는 유해요인 조사를 하는 경우에 근로자와의 면담, 증상 설문조사, 인간공학적 측면을 고려한 조사 등 적절한 방법으로 하여야 한다.
② 사업주는 근골격계부담작업을 하는 경우에 근골격계질환 발생 시의 대처요령에 대해 근로자에게 알려야 한다.
③ 사업주는 근골격계질환 예방관리 프로그램을 작성·시행할 경우에 근로자대표의 동의를 받아야 한다.
④ 사업주는 유해요인 조사에 근로자대표 또는 해당 작업 근로자를 참여시켜야 한다.
⑤ 사업주는 근로자가 5킬로그램 이상의 중량물을 들어올리는 작업을 하는 경우에 주로 취급하는 물품에 대하여 근로자가 쉽게 알 수 있도록 물품의 중량과 무게중심에 대하여 작업장 주변에 안내 표시를 하여야 한다.

해설

근거조문 안전보건규칙 제656조 이하

제12장 근골격계부담작업으로 인한 건강장해의 예방
제1절 통칙
제656조(정의) 이 장에서 사용하는 용어의 뜻은 다음과 같다.
1. "근골격계부담작업"이란 법 제39조 제1항 제5호에 따른 작업으로서 작업량·작업속도·작업강도 및 작업장 구조 등에 따라 고용노동부장관이 정하여 고시하는 작업을 말한다.
2. "근골격계질환"이란 반복적인 동작, 부적절한 작업자세, 무리한 힘의 사용, 날카로운 면과의 신체접촉, 진동 및 온도 등의 요인에 의하여 발생하는 건강장해로서 목, 어깨, 허리, 팔·다리의 신경·근육 및 그 주변 신체조직 등에 나타나는 질환을 말한다.
3. "근골격계질환 예방관리 프로그램"이란 유해요인 조사, 작업환경 개선, 의학적 관리, 교육·훈련, 평가에 관한 사항 등이 포함된 근골격계질환을 예방관리하기 위한 종합적인 계획을 말한다.

제2절 유해요인 조사 및 개선 등
제657조(유해요인 조사) ① 사업주는 근로자가 근골격계부담작업을 하는 경우에 3년마다 다음 각 호의 사항에 대한 유해요인조사를 하여야 한다. 다만, 신설되는 사업장의 경우에는 신설일부터 1년 이내에 최초의 유해요인 조사를 하여야 한다.
1. 설비·작업공정·작업량·작업속도 등 작업장 상황
2. 작업시간·작업자세·작업방법 등 작업조건
3. 작업과 관련된 근골격계질환 징후와 증상 유무 등
② 사업주는 다음 각 호의 어느 하나에 해당하는 사유가 발생하였을 경우에 제1항에도 불구하고 지체 없이 유해요인 조사를 하여야 한다. 다만, 제1호의 경우는 근골격계부담작업이 아닌 작업에서 발생한 경우를 포함한다.
1. 법에 따른 임시건강진단 등에서 근골격계질환자가 발생하였거나 근로자가 근골격계질환으로 「산업재해보상보험법 시행령」 별표 3 제2호 가목·마목 및 제12호 라목에 따라 업무상 질병으로 인정받은 경우
2. 근골격계부담작업에 해당하는 새로운 작업·설비를 도입한 경우
3. 근골격계부담작업에 해당하는 업무의 양과 작업공정 등 작업환경을 변경한 경우
③ 사업주는 유해요인 조사에 근로자 대표 또는 해당 작업 근로자를 참여시켜야 한다.

제658조(유해요인 조사 방법 등) 사업주는 유해요인 조사를 하는 경우에 근로자와의 면담, 증상 설문조사, 인간공학적 측면을 고려한 조사 등 적절한 방법으로 하여야 한다. 이 경우 제657조 제2항 제1호에 해당하는 경우에는 고용노동부장관이 정하여 고시하는 방법에 따라야 한다.

제659조(작업환경 개선) 사업주는 유해요인 조사 결과 근골격계질환이 발생할 우려가 있는 경우에 인간공학적으로 설계된 인력작업 보조설비 및 편의설비를 설치하는 등 작업환경 개선에 필요한 조치를 하여야 한다.

제660조(통지 및 사후조치) ① 근로자는 근골격계부담작업으로 인하여 운동범위의 축소, 쥐는 힘의 저하, 기능의 손실 등의 징후가 나타나는 경우 그 사실을 사업주에게 통지할 수 있다.

② 사업주는 근골격계부담작업으로 인하여 제1항에 따른 징후가 나타난 근로자에 대하여 의학적 조치를 하고 필요한 경우에는 제659조에 따른 작업환경 개선 등 적절한 조치를 하여야 한다.

제661조(유해성 등의 주지) ① 사업주는 근로자가 근골격계부담작업을 하는 경우에 다음 각 호의 사항을 근로자에게 알려야 한다.
  1. 근골격계부담작업의 유해요인
  2. 근골격계질환의 징후와 증상
  3. 근골격계질환 발생 시의 대처요령
  4. 올바른 작업자세와 작업도구, 작업시설의 올바른 사용방법
  5. 그 밖에 근골격계질환 예방에 필요한 사항

② 사업주는 제657조 제1항과 제2항에 따른 유해요인 조사 및 그 결과, 제658조에 따른 조사방법 등을 해당 근로자에게 알려야 한다.

③ 사업주는 근로자대표의 요구가 있으면 설명회를 개최하여 제657조 제2항 제1호에 따른 유해요인 조사 결과를 해당 근로자와 같은 방법으로 작업하는 근로자에게 알려야 한다.

★제662조(근골격계질환 예방관리 프로그램 시행) ① 사업주는 다음 각 호의 어느 하나에 해당하는 경우에 근골격계질환 예방관리 프로그램을 수립하여 시행하여야 한다.
  1. 근골격계질환으로 「산업재해보상보험법 시행령」 별표 3 제2호 가목·마목 및 제12호 라목에 따라 업무상 질병으로 인정받은 근로자가 연간 10명 이상 발생한 사업장 또는 5명 이상 발생한 사업장으로서 발생 비율이 그 사업장 근로자 수의 10퍼센트 이상인 경우
  2. 근골격계질환 예방과 관련하여 노사 간 이견(異見)이 지속되는 사업장으로서 고용노동부장관이 필요하다고 인정하여 근골격계질환 예방관리 프로그램을 수립하여 시행할 것을 명령한 경우

② 사업주는 근골격계질환 예방관리 프로그램을 작성·시행할 경우에 노사협의를 거쳐야 한다.

③ 사업주는 근골격계질환 예방관리 프로그램을 작성·시행할 경우에 인간공학·산업의학·산업위생·산업간호 등 분야별 전문가로부터 필요한 지도·조언을 받을 수 있다.

제3절 중량물을 들어올리는 작업에 관한 특별 조치

제663조(중량물의 제한) 사업주는 근로자가 인력으로 들어올리는 작업을 하는 경우에 과도한 무게로 인하여 근로자의 목·허리 등 근골격계에 무리한 부담을 주지 않도록 최대한 노력하여야 한다.

제664조(작업조건) 사업주는 근로자가 취급하는 물품의 중량·취급빈도·운반거리·운반속도 등 인체에 부담을 주는 작업의 조건에 따라 작업시간과 휴식시간 등을 적정하게 배분하여야 한다.

제665조(중량의 표시 등) 사업주는 근로자가 5킬로그램 이상의 중량물을 들어올리는 작업을 하는 경우에 다음 각 호의 조치를 하여야 한다.
  1. 주로 취급하는 물품에 대하여 근로자가 쉽게 알 수 있도록 물품의 중량과 무게중심에 대하여 작업장 주변에 안내표시를 할 것
  2. 취급하기 곤란한 물품은 손잡이를 붙이거나 갈고리, 진공빨판 등 적절한 보조도구를 활용할 것

제666조(작업자세 등) 사업주는 근로자가 중량물을 들어올리는 작업을 하는 경우에 무게중심을 낮추거나 대상물에 몸을 밀착하도록 하는 등 신체의 부담을 줄일 수 있는 자세에 대하여 알려야 한다.

정답 ③

2회 산업안전보건법령 진도별 모의고사

01 산업안전보건법령상 명예산업안전감독관에 대한 설명으로 옳지 않은 것은?

① 고용노동부장관은 산업안전보건위원회 설치 대상 사업의 근로자 중에서 근로자대표가 사업주의 의견을 들어 추천하는 사람을 명예산업안전감독관으로 위촉할 수 있다.
② 위 ①항의 명예산업안전감독관은 법령 및 산업재해 예방정책의 개선을 건의할 수 있다.
③ 명예산업안전감독관의 임기는 2년으로 하되, 연임할 수 있다.
④ 고용노동부장관은 명예산업안전감독관의 활동을 지원하기 위하여 수당 등을 지급할 수 있다.
⑤ 고용노동부장관은 근로자대표가 사업주의 의견을 들어 위촉된 명예산업안전감독관의 해촉을 요청한 경우 그를 해촉할 수 있다.

근거조문 법률 제23조, 영 제32조

02 갑(甲)은 전국 규모의 사업주단체에 소속된 임직원으로서 해당 단체가 추천하여 법령에 따라 위촉된 명예감독관이다. 산업안전보건법령상 갑(甲)의 업무가 아닌 것을 모두 고른 것은?

ㄱ. 법령 및 산업재해 예방정책 개선 건의
ㄴ. 안전·보건 의식을 북돋우기 위한 활동과 무재해운동 등에 대한 참여와 지원
ㄷ. 사업장에서 하는 자체점검 참여 및 근로감독관이 하는 사업장 감독 참여
ㄹ. 법령을 위반한 사실이 있는 경우 사업주에 대한 개선 요청 및 감독기관에의 신고
ㅁ. 산업재해 발생의 급박한 위험이 있는 경우 사업주에 대한 작업중지 요청

① ㄱ, ㄴ, ㄷ
② ㄱ, ㄴ, ㅁ
③ ㄱ, ㄷ, ㄹ
④ ㄴ, ㄹ, ㅁ
⑤ ㄷ, ㄹ, ㅁ

근거조문 법률 제23조, 영 제32조

03 산업안전보건법령에서 규정하고 있는 명예산업안전감독관의 업무가 아닌 것은?

① 사업장에서 하는 자체점검 참여 및 근로감독관이 하는 사업장 감독 참여
② 법령을 위반한 사실이 있는 경우 사업주에 대한 개선 요청 및 감독기관에의 신고
③ 산업재해 발생의 급박한 위험이 있는 경우 사업주에 대한 작업중지 요청
④ 사업장 순회점검·지도 및 조치의 건의
⑤ 직업성 질환의 증상이 있거나 질병에 걸린 근로자가 여러 명 발생한 경우 사업주에 대한 임시건강진단 실시 요청

근거조문 법률 제23조, 영 제32조

04 산업안전보건법령상 안전보건관리담당자의 업무에 해당하지 않는 것은?

① 법 제29조에 따른 안전보건교육 실시에 관한 보좌 및 지도·조언
② 법 제125조에 따른 작업환경측정 및 개선에 관한 보좌 및 지도·조언
③ 산업재해 발생의 원인 조사, 산업재해 통계의 기록 및 유지를 위한 보좌 및 지도·조언
④ 사업장 순회점검, 지도 및 조치 건의
⑤ 산업 안전·보건과 관련된 안전장치 및 보호구 구입 시 적격품 선정에 관한 보좌 및 지도·조언

근거조문 법률 제19조, 영 제23조 이하

05 사업주가 상시근로자 20명 이상 50명 미만인 사업장에 안전보건관리담당자를 1명 이상 선임해야 하는 사업에 해당하지 않는 것은?

① 하수, 폐수 및 분뇨 처리업
② 폐기물 수집, 운반, 처리 및 원료 재생업
③ 임업
④ 환경 정화 및 복원업
⑤ 농업

근거조문 영 제24조

06 안전관리담당자 선임에 관한 사항이다. 다음 ( ) 안에 들어갈 숫자로 옳은 것은?

> 다음 각 호의 어느 하나에 해당하는 사업의 사업주는 법 제19조 제1항에 따라 상시근로자 (㉠)명 이상 (㉡)명 미만인 사업장에 안전보건관리담당자를 1명 이상 선임해야 한다.
> 1. 제조업
> 2. 임업
> 3. 하수, 폐수 및 분뇨 처리업
> 4. 폐기물 수집, 운반, 처리 및 원료 재생업
> 5. 환경 정화 및 복원업

	㉠	㉡
①	5	10
②	10	20
③	20	40
④	20	50
⑤	50	100

근거조문 영 제24조

---

07 산업안전보건법령상 산업안전보건위원회의 심의·의결을 거쳐야 하는 사항에 해당하지 않는 것은?

① 유해하거나 위험한 기계·기구와 그 밖의 설비를 도입한 경우 안전·보건조치에 관한 사항
② 안전·보건과 관련된 안전장치 구입 시의 적격품 여부 확인에 관한 사항
③ 산업재해에 관한 통계의 기록 및 유지에 관한 사항
④ 산업재해 예방계획의 수립에 관한 사항
⑤ 근로자의 안전·보건교육에 관한 사항

근거조문 법률 제24조, 영 제34조 이하

08 산업안전보건법령상 산업안전보건위원회에 관한 설명으로 옳지 않은 것은?

① 사업주는 산업안전·보건에 관한 중요 사항을 심의·의결하기 위하여 근로자와 사용자가 같은 수로 구성되는 산업안전보건위원회를 설치·운영하여야 한다.
② 사업주는 유해하거나 위험한 기계·기구와 그 밖의 설비를 도입한 경우 안전·보건조치에 관한 사항에 대하여는 산업안전보건위원회의 심의·의결을 거쳐야 한다.
③ 산업안전보건위원회의 위원장은 위원 중에서 호선(互選)한다. 이 경우 근로자위원과 사용자위원 중 각 1명을 공동위원장으로 선출할 수 있다.
④ 사업주는 안전보건관리규정을 작성하거나 변경할 때에는 산업안전보건위원회의 심의·의결을 거쳐야 한다. 다만, 산업안전보건위원회가 설치되어 있지 아니한 사업장의 경우에는 근로자대표의 동의를 받아야 한다.
⑤ 산업안전보건위원회를 구성하여야 할 사업의 종류 및 사업장의 상시근로자 수, 산업안전보건위원회의 구성·운영 및 의결되지 아니한 경우의 처리방법, 그 밖에 필요한 사항은 고용노동부령으로 정한다.

근거조문 법률 제24조, 영 제34조 이하

09 산업안전보건법령상 산업안전보건위원회를 설치·운영하여야 하는 사업에 해당하는 것은?

① 상시 근로자 50명인 2차 금속 제조업
② 상시 근로자 100명인 비금속 광물제품 제조업
③ 상시 근로자 50명인 전투용 차량 제조업
④ 상시 근로자 100명인 사무용 기계 및 장비 제조업
⑤ 상시 근로자 50명인 의약품 제조업

근거조문 법률 제24조, 영 제34조 이하

10 산업안전보건법령상 산업안전보건위원회에 대한 설명으로 옳지 않은 것은?

① 산업안전보건위원회의 위원장은 위원 중에서 호선(互選)하며, 이 경우 근로자위원과 사용자위원 중 각 1명을 공동위원장으로 선출할 수 있다.
② 명예산업안전감독관이 위촉되어 있는 사업장의 경우 근로자대표가 지명하는 1명 이상의 명예산업안전감독관은 사용자 위원이다.
③ 위 ②항의 경우 근로자의 과반수로 조직된 노동조합이 없는 경우에는 근로자의 과반수를 대표하는 사람을 말한다.
④ 유해·위험사업의 대표자가 사용자위원을 지명하는 경우 상시근로자 50명 이상 100명 미만을 사용하는 사업장에서는 해당 사업장의 해당부서의 장을 제외하고 구성할 수 있다.
⑤ 산업안전보건위원회의 회의는 근로자위원 및 사용자위원 각 과반수의 출석으로 시작하고 출석위원 과반수의 찬성으로 의결한다.

근거조문 법률 제24조, 영 제34조 이하

---

11 다음 중 산업안전보건위원회에 관한 설명으로 옳지 않은 것은?

① 전문, 과학 및 기술 서비스업(연구개발업은 제외한다)의 경우 상시 근로자 300명 이상일 때 산업안전보건위원회를 구성해야 한다.
② 세제, 화장품 및 광택제 제조업과 화학섬유 제조업의 경우 상시 근로자 50명 이상일 때 산업안전보건위원회를 구성해야 한다.
③ 산업안전보건위원회의 회의는 정기회의와 임시회의로 구분하되, 정기회의는 반기마다 산업안전보건위원회의 위원장이 소집하며, 임시회의는 위원장이 필요하다고 인정할 때에 소집한다.
④ 산업안전보건위원회의 위원장은 산업안전보건위원회에서 심의·의결된 내용 등 회의 결과와 중재 결정된 내용 등을 사내방송이나 사내보(社內報), 게시 또는 자체 정례조회, 그 밖의 적절한 방법으로 근로자에게 신속히 알려야 한다.
⑤ 중대재해의 원인 조사 및 재발 방지대책 수립에 관한 사항은 산업안전보건위원회의 심의·의결 사항이다.

근거조문 법률 제24조, 영 제34조 이하

산업안전보건위원회 정기회의	작업환경측정
분기마다	반기마다

12 다음 중 산업안전보건법령상 안전보건관리규정에 관한 설명으로 옳지 않은 것은?

① 안전보건관리규정은 해당 사업장에 적용되는 단체협약 및 취업규칙에 반할 수 없다.
② 사업주는 안전보건관리규정을 작성하거나 변경할 때에는 산업안전보건위원회의 심의·의결을 거쳐야 한다. 다만, 산업안전보건위원회가 설치되어 있지 아니한 사업장의 경우에는 근로자대표의 동의를 받아야 한다.
③ 사업주는 안전보건관리규정을 작성해야 할 사유가 발생한 날부터 30일 이내에 안전보건관리규정을 작성해야 한다. 이를 변경할 사유가 발생한 경우에도 또한 같다.
④ 안전보건관리규정은 소방·가스·전기·교통분야 등 다른 법령에서 정하는 안전관리에 관한 규정과 별도로 작성하여야 한다.
⑤ 안전보건관리규정에 관하여 이 법에서 규정한 것을 제외하고는 그 성질에 반하지 아니하는 범위에서 「근로기준법」 중 취업규칙에 관한 규정을 준용한다.

> 근거조문 ▶ 법률 제25조, 시행규칙 제25조 이하

13 산업안전보건법령상 안전보건관리규정에 관한 설명으로 옳은 것은?

① '안전보건교육에 관한 사항'은 안전보건관리규정에 포함되지 않는다.
② 상시근로자 수가 100명인 금융업의 경우 안전보건관리규정을 작성해야 한다.
③ 사업주가 안전보건관리규정을 작성할 때에는 소방·가스·전기·교통 분야 등의 다른 법령에서 정하는 안전관리에 관한 규정과 분리하여 작성할 수 있다.
④ 산업안전보건위원회가 설치되어 있지 아니한 사업장의 사업주가 안전보건관리규정을 변경할 경우 근로자대표의 동의를 받지 않아도 된다.
⑤ 사업주는 안전보건관리규정을 작성해야 할 사유가 발생한 날부터 30일 이내에 이를 작성해야 한다.

> 근거조문 ▶ 법률 제25조, 시행규칙 제25조 이하

14 안전보건관리규정의 세부내용에 관한 설명으로 옳지 않은 것은?

① 총칙-하도급 사업장에 대한 안전·보건관리에 관한 사항
② 안전·보건 관리조직과 그 직무-사업주 및 근로자의 재해 예방책임 및 의무 등에 관한 사항
③ 작업장 안전관리-위험물질의 보관 및 출입 제한에 관한 사항
④ 작업장 보건관리-유해물질의 취급에 관한 사항
⑤ 작업장 보건관리-보호구의 지급 등에 관한 사항

> 근거조문 ▶ 시행규칙 별표3

15 산업안전보건법령상 관리감독자의 지위에 있는 근로자 A에 대하여 근로자정기교육시간을 면제할 수 있는 경우를 모두 고른 것은?

> ㄱ. A가 직무교육기관에서 실시한 전문화교육을 이수한 경우
> ㄴ. A가 직무교육기관에서 실시한 인터넷 원격교육을 이수한 경우
> ㄷ. A가 직무교육기관에서 실시한 안전보건관리담당자 양성교육을 이수한 경우
> ㄹ. A가 검사원 성능검사 교육을 이수한 경우

① ㄱ
② ㄱ, ㄴ
③ ㄱ, ㄷ
④ ㄴ, ㄷ, ㄹ
⑤ ㄱ, ㄴ, ㄹ

근거조문 시행규칙 제26조, 제27조

---

16 산업안전보건법령상 안전보건관리책임자 등에 대한 직무교육에 관한 설명으로 옳지 않은 것은?

① 법령에 따른 안전보건관리책임자에 해당하는 사람이 해당 직위에 위촉된 경우에는 위촉된 후 3개월 이내에 직무를 수행하는 데 필요한 신규교육을 받아야 한다.
② 법령에 따른 보건관리자가 의사인 경우에는 채용된 후 1년 이내에 직무를 수행하는 데 필요한 신규교육을 받아야 한다.
③ 법령에 따른 안전보건총괄책임자에 해당하는 사람은 선임된 후 매 2년이 되는 날을 기준으로 전후 3개월 사이에 고용노동부장관이 실시하는 안전·보건에 관한 보수교육을 받아야 한다.
④ 직무교육기관의 장은 직무교육을 실시하기 15일 전까지 교육 일시 및 장소 등을 직무교육 대상자에게 알려야 한다.
⑤ 직무교육을 이수한 사람이 다른 사업장으로 전직하여 신규로 선임되어 선임신고를 하는 경우에는 전직 전에 받은 교육이수증명서를 제출하면 해당 교육을 이수한 것으로 본다.

근거조문 시행규칙 제29조, 제35조

17 산업안전보건법령상 고용노동부장관이 실시하는 안전·보건에 관한 직무교육을 받아야 할 대상자를 모두 고른 것은?

> ㄱ. 안전보건관리책임자
> ㄴ. 명예산업안전감독관
> ㄷ. 안전관리자
> ㄹ. 관리감독자
> ㅁ. 지정받은 안전검사기관에서 검사업무를 수행하는 사람

① ㄱ, ㄴ
② ㄴ, ㄷ
③ ㄱ, ㄴ, ㄷ
④ ㄱ, ㄷ, ㅁ
⑤ ㄱ, ㄷ, ㄹ, ㅁ

근거조문 ▶ 시행규칙 제29조

18 산업안전보건법령상 직무교육에 관한 설명으로 옳은 것은? (단, 전직하여 신규로 선임된 경우는 고려하지 않음)

① 직무교육기관의 장은 직무교육을 실시하기 30일 전까지 교육 일시 및 장소 등을 직무 교육 대상자에게 알려야 한다.
② 보건관리자로 의사가 선임된 경우 선임된 후 3개월 이내에 직무를 수행하는 데 필요한 신규교육을 받아야 한다.
③ 재해예방 전문지도기관에서 지도업무를 수행하는 사람은 해당 직위에 선임된 후 3개월 이내에 직무를 수행하는 데 필요한 신규교육을 받아야 한다.
④ 안전보건관리책임자는 신규교육을 이수한 후 매 3년이 되는 날을 기준으로 전후 2개월 사이에 안전·보건에 관한 보수교육을 받아야 한다.
⑤ 안전관리자로 선임된 자는 해당 직위에 선임된 후 6개월 이내에 직무를 수행하는 데 필요한 신규교육을 받아야 한다.

근거조문 ▶ 시행규칙 제29조

19 산업안전보건법령상 사업주가 근로자에 대하여 실시하는 안전·보건교육의 교육대상, 교육과정 및 교육시간의 조합으로 옳은 것은? (단기, 간헐적 작업은 제외)

① 일용근로자를 제외한 근로자에 대한 작업내용변경 시의 교육 - 8시간 이상
② 밀폐공간에서의 작업에 종사하는 일용근로자를 제외한 근로자에 대한 특별 안전·보건교육 - 16시간 이상
③ 건설 일용근로자에 대한 건설업 기초안전·보건교육 - 2시간
④ 관리감독자의 지위에 있는 사람에 대한 정기교육 - 연간 12시간 이상
⑤ 판매업무에 직접 종사하는 근로자에 대한 정기교육 - 매분기 6시간 이상

근거조문 시행규칙 별표4, 별표5

20 산업안전보건법령상 안전보건교육 교육과정별 교육시간에 관한 설명으로 옳지 않은 것은?

① 일용근로자를 제외한 근로자의 채용 시 교육시간-8시간 이상
② 타워크레인 신호작업에 종사하는 일용근로자의 특별교육시간-8시간 이상
③ 특수형태근로종사자에 대한 안전보건교육 중 특별교육-단기간 작업 또는 간헐적 작업인 경우에는 2시간 이상
④ 안전보건관리담당자의 보수교육-8시간 이상
⑤ 검사원 성능검사 교육-18시간 이상

근거조문 시행규칙 별표4

21 산업안전보건법령상 안전보건관리책임자 등에 대한 직무교육에 관한 설명으로 옳은 것은?

① 보건관리자가 의사인 경우는 선임된 후 1년 이내에 직무를 수행하는 데 필요한 신규교육을 받아야 한다.
② 안전보건관리책임자로 선임된 자는 6개월 이내에 직무를 수행하는 데 필요한 신규교육을 받아야 한다.
③ 안전관리자로 선임된 자는 신규교육을 이수한 후 매 2년이 되는 날을 기준으로 전후 6개월 사이에 고용노동부장관이 실시하는 안전·보건에 관한 보수교육을 받아야 한다.
④ 기업활동 규제완화에 관한 특별조치법에 따라 안전관리자로 채용된 것으로 보는 사람은 신규교육이 면제된다.
⑤ 직무교육기관의 장은 직무교육을 실시하기 10일 전까지 교육 일시 및 장소 등을 직무교육 대상자에게 알려야 한다.

근거조문 시행규칙 제29조

22

산업안전보건기준에 관한 규칙상 석면해체·제거작업 및 유지·관리 등의 조치기준으로 옳지 않은 것은?

① 사업주는 석면해체·제거작업에 근로자를 종사하도록 하는 경우에는 1급 방진 마스크를 지급하여 착용하도록 하여야 한다.
② 사업주는 분말 상태의 석면을 혼합하거나 용기에 넣거나 꺼내는 작업, 절단·천공 또는 연마하는 작업 등 석면분진이 흩날리는 작업에 근로자를 종사하도록 하는 경우에 석면의 부스러기 등을 넣어두기 위하여 해당 장소에 뚜껑이 있는 용기를 갖추어 두어야 한다.
③ 사업주는 석면 취급작업을 마친 근로자의 오염된 작업복은 석면 전용의 탈의실에서만 벗도록 하여야 한다.
④ 사업주는 석면해체·제거작업장과 연결되거나 인접한 장소에 탈의실·샤워실 및 작업복 갱의실 등의 위생설비를 설치하고 필요한 용품 및 용구를 갖추어 두어야 한다.
⑤ 사업주는 석면해체·제거작업에서 발생된 석면을 함유한 잔재물은 습식으로 청소하거나 고성능필터가 장착된 진공청소기를 사용하여 청소하는 등 석면분진이 흩날리지 않도록 하여야 한다.

근거조문 ▶ 보호구 안전인증 고시 별표4, 안전보건규칙 제495조 이하

23

산업안전보건기준에 관한 규칙상 밀폐 공간 내 작업에 관한 설명으로 옳은 것은?

① "산소결핍"이란 공기 중의 산소농도가 18퍼센트 미만인 상태를 말한다.
② 밀폐공간 보건작업 프로그램에는 작업시작 전·후 공기상태가 적정한지를 확인하기 위한 측정·평가, 방독마스크의 착용과 관리에 대한 내용이 포함되어야 한다.
③ 근로자가 밀폐공간에서 작업을 하는 경우 밀폐공간 보건작업 프로그램을 수립하여 시행하여야 하는 주체는 보건관리자 선임의무가 있는 사업주에 한한다.
④ 사업주는 근로자가 밀폐공간에서 작업을 하는 경우 상시 작업 상황을 감시할 수 있는 감시인을 지정하여 밀폐공간 내부에 배치하여야 한다.
⑤ 사업주는 밀폐공간에 종사하는 근로자에 대하여 응급처치 등 긴급 구조훈련을 1년에 1회 이상 주기적으로 실시하여야 한다.

근거조문 ▶ 안전보건규칙 제618조 이하

24 산업안전보건기준에 관한 규칙상 근로자의 추락위험 예방에 관한 설명으로 옳지 않은 것은?

① 추락방호망의 설치위치는 가능하면 작업면으로부터 가까운 지점에 설치하여야 하며, 작업면으로부터 망의 설치지점까지의 수직거리는 20미터를 초과하지 아니하여야한다.
② 안전난간은 상부 난간대, 중간 난간대, 발끝막이판 및 난간기둥으로 구성하여야한다.
③ 안전난간은 구조적으로 가장 취약한 지점에서 가장 취약한 방향으로 작용하는 100킬로그램 이상의 하중에 견딜 수 있는 구조이어야 한다.
④ 사업주는 높이 1미터 이상인 계단의 개방된 측면에 안전난간을 설치하여야 한다.
⑤ 사업주는 높이 또는 깊이 2미터 이상의 추락할 위험이 있는 장소에서 작업하는 근로자에게 안전대를 지급하고 착용하도록 하여야 한다.

근거조문 안전보건규칙 제13조 이하

25 산업안전보건기준에 관한 규칙상 근로자의 위험을 예방하기 위하여 규정된 내용으로 옳은 것은?

① 거푸집 동바리로 사용하는 파이프서포트를 2개 이상 이어서 사용하지 않도록 하여야 한다.
② 콘크리트를 타설하는 경우에는 지지강도가 높게 나오게 중앙부위에 집중적으로 타설하여야 한다.
③ 흙막이 등 기울기면의 붕괴방지 조치를 하지 않고 풍화암으로 이루어진 지반을 굴착하는 경우 굴착면의 기울기는 1 : 0.5에 맞도록 하여야 한다.
④ 위 ③항의 경우 습지인 보통 흙으로 이루어진 지반을 굴착하는 경우에는 굴착면의 기울기는 1 : 0.5 ~ 1 : 1에 맞도록 하여야 한다.
⑤ 흙막이 등 기울기면의 붕괴방지 조치를 하지 않은 상태에서 굴착면의 경사가 달라서 기울기를 계산하기 곤란한 경우 해당 굴착면에 대하여 굴착면의 기울기 기준에 따라 붕괴의 위험이 증가하지 않도록 해당 각 부분의 경사를 유지하여야 한다.

근거조문 안전보건규칙 제332조 이하, 별표11

○ 2회 정답

1	2	3	4	5	6	7	8	9	10
②	⑤	④	④	⑤	④	②	⑤	②	②
11	12	13	14	15	16	17	18	19	20
③	④	⑤	②	⑤	③	④	③	②	⑤
21	22	23	24	25					
③	④	⑤	②	⑤	③	④	③	②	⑤

* 문제에 대한 자세한 해설은 동영상 강의에서 제공

3회

산업안전보건법령 진도별 모의고사

01 산업안전보건법령상 근로자대표가 사업주에게 그 내용 또는 결과를 통지할 것을 요청할 수 있는 사항이 아닌 것은?

① 산업재해 예방계획의 수립에 관하여 산업안전보건위원회가 의결할 사항
② 개별 근로자의 건강진단 결과에 관한 사항
③ 작업환경측정에 관한 사항
④ 안전보건개선계획의 수립·시행명령을 받은 사업장의 경우 안전보건개선계획의 수립·시행 내용에 관한 사항
⑤ 물질안전보건자료의 작성·비치 등에 관한 사항

> 근거조문 ▶ 법률 제35조

02 산업안전보건법령상 근로자대표의 자료요청에 대하여 사업주가 응하지 않아도 되는 것만을 모두 고른 것은?

> ㄱ. 산업안전보건위원회가 의결한 사항
> ㄴ. 도급사업에 있어서의 도급 사업주의 산업재해예방조치
> ㄷ. 안전·보건교육 실시 결과에 관한 사항
> ㄹ. 공정안전보고서의 작성 및 확인에 관한 사항
> ㅁ. 근로자 건강진단에 관한 사항
> ㅂ. 작업환경측정에 관한 사항

① ㄱ, ㄴ, ㄷ
② ㄱ, ㅁ, ㅂ
③ ㄴ, ㄷ, ㄹ
④ ㄷ, ㄹ, ㅁ
⑤ ㄹ, ㅁ, ㅂ

> 근거조문 ▶ 법률 제35조

03 산업안전보건법령상 안전보건표지에 관한 설명으로 옳지 않은 것은?

① 안전보건표지의 표시를 명확히 하기 위하여 필요한 경우에는 그 안전보건표지의 주위에 표시사항을 흰색 바탕에 검은색 한글고딕체로 표기한 글자로 덧붙여 적을 수 있다.
② 사업주는 사업장에 설치한 안전보건표지의 색도기준이 유지되도록 관리해야 한다.
③ 안전보건표지의 성질상 부착하는 것이 곤란한 경우에도 해당 물체에 직접 도색할 수 없다.
④ 안전보건표지 속의 그림의 크기는 안전보건표지 전체 규격의 30퍼센트 이상이 되어야 한다.
⑤ 안전보건표지는 쉽게 변형되지 않는 재료로 제작해야 한다.

근거조문 법률 제35조

04 산업안전보건법령상 안전보건표지의 분류별 색채 및 도형에 관한 설명으로 옳지 않은 것은?

① 금지-흰색 바탕에 관련 부호 및 그림은 검은색
② 경고-노란색 바탕에 관련 부호 및 그림은 검은색
③ 지시-파란색 바탕에 관련 그림은 흰색
④ 경고-삼각형 또는 사각형 모양
⑤ 금지-원 모양

근거조문 법률 제35조

05 산업안전보건법령상 법령 요지의 게시 등과 안전·보건표지의 부착 등에 관한 설명으로 옳지 않은 것은?

① 근로자대표는 작업환경측정의 결과를 통지할 것을 사업주에게 요청할 수 있고, 사업주는 이에 성실히 응하여야 한다.
② 야간에 필요한 안전·보건표지는 야광물질을 사용하는 등 쉽게 알아볼 수 있도록 제작하여야 한다.
③ 안전·보건표지의 표시를 명백히 하기 위하여 필요한 경우에는 안전·보건표지의 주위에 표시사항을 글자로 덧붙여 적을 수 있으며, 이 경우 글자는 노란색 바탕에 검은색 한글고딕체로 표기하여야 한다.
④ 안전·보건표지의 성질상 설치하거나 부착하는 것이 곤란한 경우에는 해당 물체에 직접 도장(塗裝)할 수 있다.
⑤ 사업주는 산업안전보건법과 산업안전보건법에 따른 명령의 요지를 상시 각 작업장 내에 근로자가 쉽게 볼 수 있는 장소에 게시하거나 갖추어 두어 근로자로 하여금 알게 하여야 한다.

근거조문 법률 제37조

06 산업안전보건법령상 안전·보건표지 중 안내표지에 해당하는 것은?

① 세안장치

② 방진마스크 착용

③ 금연

④ 석면취급/해체 작업장

관계자외 출입금지
석면 취급/해체 중

보호구/보호복 착용
흡연 및 음식물
섭취 금지

⑤ 고압전기 경고

근거조문 ▶ 법률 제37조

07 산업안전보건법령상 안전·보건표지의 부착 등에 관한 설명으로 옳지 않은 것은?

① 「외국인근로자의 고용 등에 관한 법률」 제2조에 따른 외국인근로자를 사용하는 사업주는 안전보건표지를 고용노동부장관이 정하는 바에 따라 해당 외국인근로자의 모국어로 작성하여야 한다.
② 안전·보건표지의 표시를 명백히 하기 위하여 필요한 경우에는 그 안전·보건표지의 주위에 표시사항을 글자로 덧붙여 적을 수 있다.
③ 안전·보건표지 속의 그림 또는 부호의 크기는 안전·보건표지의 크기와 비례하여야 하며, 안전·보건표지 전체 규격의 30퍼센트 이상이 되어야 한다.
④ 안전·보건표지의 성질상 설치하거나 부착하는 것이 곤란한 경우에는 해당 물체에 직접 도장(塗裝)할 수 있다.
⑤ 안전모 착용 지시표지의 경우 바탕은 노란색, 관련 그림은 검은색으로 한다.

근거조문 ▶ 법률 제37조

08 산업안전보건법령상 법령 요지의 게시 및 안전·보건표지의 부착 등에 관한 설명으로 옳지 않은 것은?

① 사업주는 이 법에 따른 명령의 요지를 상시 각 작업장 내에 근로자가 쉽게 볼 수 있는 장소에 게시하거나 갖추어 두어 근로자로 하여금 알게 하여야 한다.
② 근로자대표는 안전·보건진단 결과를 통지할 것을 사업주에게 요청할 수 있고 사업주는 이에 성실히 응하여야 한다.
③ 사업주는 사업장의 유해하거나 위험한 시설 및 장소에 대한 경고를 위하여 안전·보건표지를 설치하거나 부착하여야 한다.
④ 안전·보건표지 속의 그림 또는 부호의 크기는 안전·보건표지의 크기와 비례하여야 하며, 안전·보건표지 전체 규격의 20퍼센트 이상이 되어야 한다.
⑤ 안전·보건표지의 성질상 설치하거나 부착하는 것이 곤란한 경우에는 해당 물체에 직접 도장(塗裝)할 수 있다.

근거조문 ▶ 법률 제37조

09 산업안전보건법령상 안전·보건표지의 분류별 종류와 색채가 올바르게 연결된 것은?

① 지시표지(방독마스크 착용) - 바탕은 파란색, 관련 그림은 흰색
② 금지표지(물체이동금지) - 바탕은 흰색, 기본모형은 녹색, 관련 부호 및 그림은 흰색
③ 경고표지(폭발성물질 경고) - 바탕은 노란색, 기본모형, 관련 부호 및 그림은 흰색
④ 안내표지(비상용기구) - 바탕은 흰색, 기본모형은 빨간색, 관련 부호 및 그림은 검은색
⑤ 안내표지(응급구호표지) - 바탕은 무색, 기본모형은 검은색

근거조문 ▶ 법률 제37조

10 산업안전보건법령상 고객의 폭언 등으로 인한 건강장해 발생 등에 관하여 사업주가 조치하여야 하는 것으로 명시된 것이 아닌 것은?

① 업무의 일시적 중단 또는 전환
② 고객과의 문제 상황 발생 시 대처방법 등을 포함하는 고객응대업무 매뉴얼 마련
③ 근로기준법에 따른 휴게시간의 연장
④ 폭언 등으로 인한 건강장해 관련 치료 지원
⑤ 관할 수사기관에 증거물을 제출하는 등 고객응대근로자가 폭언 등으로 인하여 고소, 고발 등을 하는 데 필요한 지원

근거조문 ▶ 법률 제41조, 영 제41조

11 산업안전보건법령상 유해·위험방지계획서에 관한 설명으로 옳지 않은 것은?

① 산업재해발생률 등을 고려하여 고용노동부령으로 정하는 기준에 적합한 건설업체의 경우는 고용노동부령으로 정하는 자격을 갖춘 자의 의견을 생략하고 유해·위험방지계획서를 작성한 후 이를 스스로 심사하여야 한다.
② 유해·위험방지계획서는 고용노동부장관에게 제출하여야 한다.
③ 유해·위험방지계획서를 제출한 사업주는 고용노동부장관의 확인을 받아야 한다.
④ 고용노동부장관은 유해·위험방지계획서를 심사한 후 근로자의 안전과 보건을 위하여 필요하다고 인정할 때에는 공사계획을 변경할 것을 명령할 수는 있으나, 공사중지명령을 내릴 수는 없다.
⑤ 깊이 10미터 이상인 굴착공사를 착공하려는 사업주는 유해·위험방지계획서를 작성하여야 한다.

근거조문 ▶ 법률 제41조, 영 제41조

12 산업안전보건법령상 유해·위험방지계획서의 제출 대상 업종에 해당하지 않는 것은? (단, 전기 계약 용량이 300킬로와트 이상인 사업에 한함)

① 전기장비 제조업
② 식료품 제조업
③ 가구 제조업
④ 목재 및 나무제품 제조업
⑤ 전자부품 제조업

근거조문 ▶ 법률 제41조, 영 제42조

13 산업안전보건법령상 공정안전보고서에 관한 설명으로 옳지 않은 것은?

① 공정안전보고서에는 공정안전자료, 공정위험성 평가서, 안전운전계획, 비상조치계획 등의 사항이 포함되어야 한다.
② 사업주가 공정안전보고서를 제출한 경우에는 해당 유해·위험설비에 관하여 유해·위험방지계획서를 제출한 것으로 본다.
③ 고용노동부장관은 공정안전보고서 심사 완료 후 1년이 지난날부터 2년 이내에 이행상태 평가를 실시하고 이후 사업주의 요청이 없으면 4년마다 이행상태 평가를 실시하여야 한다.
④ 신규로 설치될 유해·위험설비에 대해 공정안전보고서를 제출하여 심사를 받은 사업주는 설치과정 및 설치완료 후 시운전단계에서 각 1회씩 한국산업안전보건공단의 확인을 받아야 한다.
⑤ 심사 결과가 적합으로 통보된 공정안전보고서를 사업장에 갖추어 둔 사업자가 공정안전보고서의 내용을 변경할 사유가 발생한 경우에는 지체 없이 이를 보완하고 그 내용을 한국산업안전보건공단에 제출하여야 한다.

근거조문 ▶ 법률 제42조, 제44조 이하, 시행규칙 제53조 이하

14 산업안전보건법령상 안전검사대상 유해·위험기계 등의 검사 주기가 공정안전보고서를 제출하여 확인을 받은 경우 최초 안전검사를 실시한 후 4년 마다인 것은?

① 이삿짐운반용 리프트
② 고소작업대
③ 이동식 크레인
④ 압력용기
⑤ 원심기

근거조문 시행규칙 제126조

15 산업안전보건법령상 공정안전보고서에 관한 설명으로 옳지 않은 것은?

① 공정안전보고서를 작성하여야 하는 사업장의 사업주는 산업안전보건위원회가 설치되어 있지 아니한 경우 근로자대표의 의견을 들어 작성하여야 한다.
② 공정안전보고서에는 공정안전자료, 공정위험성 평가서, 안전운전계획, 비상조치계획이 포함되어야 한다.
③ 사업주가 공정안전보고서를 제출한 경우에는 해당 유해·위험설비에 관하여 유해·위험방지계획서를 제출한 것으로 본다.
④ 「액화석유가스의 안전관리 및 사업법」에 따른 액화석유가스의 충전·저장시설은 공정안전보고서를 작성하여 제출하여야 하는 대상이 아니다.
⑤ 공정안전보고서 이행 상태의 평가는 공정안전보고서의 확인 후 1년이 경과한 날부터 4년 이내에 하여야 한다.

근거조문 법률 제44조

16 산업안전보건법령상 유해·위험방지계획서 또는 공정안전보고서에 관한 설명으로 옳은 것은?

① 전기장비 제조업으로서 전기 계약 용량이 200킬로와트 이상인 사업은 유해·위험방지계획서 제출 대상 업종에 포함되어 있다.
② 깊이 5미터 이상의 굴착공사를 하는 경우 사업주는 건설안전 분야 산업안전지도사의 의견을 들은 후 유해·위험방지계획서를 제출하여야 한다.
③ 유해·위험방지계획서에 대한 심사결과 사업주는 지방고용노동관서의 장으로부터 공사착공중지명령 또는 계획변경명령을 받은 경우에는 계획서를 보완하거나 변경하여 한국산업안전보건공단에 제출하여야 한다.
④ 사업주는 공정안전보고서 심사결과를 근로자에게 알려주어야 한다.
⑤ 사업주는 유해·위험설비의 설치·이전 또는 주요 구조부분의 변경공사의 착공일전까지 공정안전보고서를 2부 작성하여 한국산업안전보건공단에 제출하여야 한다.

근거조문 시행규칙 제45조

17 산업안전보건법령상 공정안전보고서에 관한 설명으로 옳지 않은 것은?

① 공정안전보고서에는 공정안전자료, 공정위험성 평가서, 안전운전계획, 비상조치계획 등의 사항이 포함되어야 한다.
② 사업주가 공정안전보고서를 제출한 경우에는 해당 유해·위험설비에 관하여 유해·위험방지계획서를 제출한 것으로 본다.
③ 고용노동부장관은 공정안전보고서의 확인(신규로 설치되는 유해하거나 위험한 설비의 경우에는 설치 완료 후 시운전 단계에서의 확인) 후 1년이 지난날부터 2년 이내에 공정안전보고서 이행 상태의 평가를 해야 한다.
④ 신규로 설치될 유해·위험설비에 대해 공정안전보고서를 제출하여 심사를 받은 사업주는 설치과정 및 설치완료 후 시운전단계에서 각 1회씩 한국산업안전보건공단의 확인을 받아야 한다.
⑤ 심사 결과가 적합으로 통보된 공정안전보고서를 사업장에 갖추어 둔 사업자가 공정안전보고서의 내용을 변경할 사유가 발생한 경우에는 지체 없이 이를 보완하고 그 내용을 한국산업안전보건공단에 제출하여야 한다.

근거조문 ▶ 법률 제46조

18 산업안전보건법령에 따라 안전·보건진단을 받아 안전보건개선계획을 수립·제출하도록 명할 수 있는 사업장에 해당하는 것은?

① 산업재해율이 같은 업종 평균 산업재해율의 1.5배인 사업장
② 산업재해율이 같은 업종의 규모별 평균 산업재해율보다 높은 사업장으로서 부상자가 동시에 5명 발생한 사업장
③ 2개월의 요양이 필요한 부상자가 동시에 2명 발생한 사업장
④ 상시 근로자가 1,200명으로서 직업병에 걸린 사람이 연간 2명 발생한 사업장
⑤ 작업환경 불량 등으로 사업장 주변으로 피해가 확산된 사업장으로서 고용노동부령으로 정하는 사업장

근거조문 ▶ 영 제49조

19 산업안전보건법령상 안전보건개선계획에 관한 설명으로 옳지 않은 것은?

① 지방고용노동관서의 장은 산업재해율이 같은 업종의 규모별 평균 산업재해율보다 높은 사업장에 대하여 안전보건개선계획의 수립을 명할 수 있다.
② 안전보건개선계획서에는 시설, 안전·보건관리체제, 안전·보건교육, 산업재해 예방 및 작업환경의 개선을 위하여 필요한 사항이 포함되어야 한다.
③ 안전보건개선계획의 수립·시행명령을 받은 사업주는 안전보건개선계획서를 작성하여 그 명령을 받은 날부터 60일 이내에 관할 지방고용노동관서의 장에게 제출하여야 한다.
④ 지방고용노동관서의 장은 산업재해발생률이 같은 업종의 평균 산업재해발생률의 2배 이상인 사업장에 대하여는 안전·보건진단을 받아 안전보건개선계획의 수립을 명할 수 있다.
⑤ 사업주가 안전보건개선계획을 수립할 때에는 산업안전보건위원회의 심의를 거쳐야 하며, 산업안전보건위원회가 설치되어 있지 아니한 사업장의 경우에는 근로자대표의 동의를 얻어야 한다.

근거조문 법률 제26조, 제49조

안전보건관리규정의 작성·변경	안전보건개선계획의 수립 공정안전보고서의 작성
산업안전보건위원회의 심의·의결 근로자대표의 동의	산업안전보건위원회의 심의 근로자대표의 의견

20 산업안전보건법령에서 안전보건개선계획에 관한 설명으로 옳지 않은 것은?

① 고용노동부장관은 산업재해율이 같은 업종의 규모별 평균 산업재해율보다 높은 사업장의 경우 사업장의 사업주에게 고용노동부령으로 정하는 바에 따라 그 사업장, 시설, 그 밖의 사항에 관한 안전 및 보건에 관한 개선계획을 수립하여 시행할 것을 명할 수 있다.
② 사업주는 안전보건개선계획을 수립할 때에는 산업안전보건위원회의 심의·의결을 거쳐야 한다.
③ 안전보건개선계획을 수립할 때 업안전보건위원회가 설치되어 있지 아니한 사업장의 경우에는 근로자대표의 의견을 들어야 한다.
④ 산업재해율이 같은 업종 평균 산업재해율의 2배 이상인 사업장의 경우 안전보건진단을 받아 안전보건개선계획 수립·시행할 대상이다.
⑤ 직업성 질병자가 연간 2명 이상(상시근로자 1천명 이상 사업장의 경우 3명 이상) 발생한 사업장의 경우 안전보건진단을 받아 안전보건개선계획 수립·시행할 대상이다.

근거조문 법률 제26조, 제49조

21 산업안전보건법령상 작업중지 등에 관한 설명으로 옳지 않은 것은?

① 사업주는 산업재해가 발생할 급박한 위험이 있을 때 또는 중대재해가 발생하였을 때에는 즉시 작업을 중지시키고 근로자를 작업장소로부터 대피시키는 등 필요한 안전·보건상의 조치를 한 후 작업을 다시 시작하여야 한다.
② 근로자는 산업재해가 발생할 급박한 위험으로 인하여 작업을 중지하고 대피하였을 때에는 사태가 안정된 후에 그 사실을 위 상급자에게 보고하는 등 적절한 조치를 취하여야 한다.
③ 사업주는 산업재해가 발생할 급박한 위험이 있다고 믿을 만한 합리적인 근거가 있을 때에는 산업안전보건법의 규정에 따라 작업을 중지하고 대피한 근로자에 대하여 이를 이유로 해고나 그 밖의 불리한 처우를 하여서는 아니 된다.
④ 고용노동부장관은 중대재해가 발생하였을 때에는 그 원인 규명 또는 예방대책 수립을 위하여 중대재해 발생원인을 조사하고, 근로감독관과 관계 전문가로 하여금 고용노동부령으로 정하는 바에 따라 안전·보건진단이나 그 밖에 필요한 조치를 하도록 할 수 있다.
⑤ 누구든지 중대재해 발생현장을 훼손하여 중대재해 발생의 원인조사를 방해하여서는 아니 된다.

근거조문 ▶ 법률 제52조

22 산업안전보건법령상 사업주가 작업 중 위험을 방지하기 위하여 필요한 안전조치를 취해야 할 장소가 아닌 것은?

① 근로자가 추락할 위험이 있는 장소
② 토사·구축물 등이 붕괴할 우려가 있는 장소
③ 방사선·유해광선·고온·저온·초음파·소음·진동·이상기압 등에 의한 건강 장해의 우려가 있는 장소
④ 물체가 떨어지거나 날아올 위험이 있는 장소
⑤ 작업 시 천재지변으로 인한 위험이 발생할 우려가 있는 장소

근거조문 ▶ 법률 제38조, 제39조

23 산업안전보건기준에 관한 규칙상 소음 및 진동에 의한 건강장해의 예방에 관한 설명으로 옳지 않은 것은?

① "소음작업"이란 1일 8시간 작업을 기준으로 85데시벨 이상의 소음이 발생하는작업을 말한다.
② 105데시벨 이상의 소음이 1일 1시간 이상 발생하는 작업은 강렬한 소음작업이다.
③ "청력보존 프로그램"이란 소음노출 평가, 소음노출 기준 초과에 따른 공학적 대책, 청력보호구의 지급과 착용, 소음의 유해성과 예방에 관한 교육, 정기적 청력검사, 기록·관리 사항 등이 포함된 소음성 난청을 예방·관리하기 위한 종합적인 계획을 말한다.
④ 체인톱, 동력을 이용한 연삭기를 사용하는 작업은 진동 작업에 속한다.
⑤ 1초 이상의 간격으로 130데시벨을 초과하는 소음이 1일 1백회 발생하는 작업은 충격소음작업이다.

근거조문 안전보건규칙 제512조

24 산업안전보건기준에 관한 규칙상 근골격계부담작업과 근골격계질환에 관한 설명으로 옳지 않은 것은?

① "근골격계부담작업"이란 단순반복작업 또는 인체에 과도한 부담을 주는 작업에 의한 건강장해에 따른 작업으로서 작업량·작업속도·작업강도 및 작업장 구조 등에 따라 고용노동부장관이 정하여 고시하는 작업을 말한다.
② "근골격계질환"이란 반복적인 동작, 부적절한 작업자세, 무리한 힘의 사용, 날카로운 면과의 신체 접촉, 진동 및 온도 등의 요인에 의하여 발생하는 건강장해로서 목, 어깨, 허리, 팔·다리의 신경·근육 및 그 주변 신체조직 등에 나타나는 질환을 말한다.
③ 사업주는 근로자가 근골격계부담작업을 하는 경우에 3년마다 유해요인조사를 하여야 한다. 다만, 신설되는 사업장의 경우에는 신설일부터 1년 이내에 최초의 유해요인 조사를 하여야 한다.
④ 사업주는 근골격계질환으로 업무상 질병으로 인정받은 근로자가 연간 10명 이상 발생한 사업장 또는 5명 이상 발생한 사업장으로서 발생 비율이 그 사업장 근로자 수의 10퍼센트 이상인 경우 근골격계질환 예방관리 프로그램을 수립하여 시행하여야 한다.
⑤ 근로자는 근골격계부담작업으로 인하여 운동범위의 축소, 쥐는 힘의 저하, 기능의 손실 등의 징후가 나타나는 경우 즉시 관할 지방노동청에 신고하여야 한다.

근거조문 안전보건규칙 제656조 이하

25 산업안전기준에 관한 규칙에서 규정하는 철골작업의 작업 중지 기후조건에 관한 설명이다. 다음 (   )안에 들어갈 숫자의 조합으로 옳은 것은?

> **제383조(작업의 제한)** 사업주는 다음 각 호의 어느 하나에 해당하는 경우에 철골작업을 중지하여야 한다.
> 1. 풍속이 초당 (ㄱ)미터 이상인 경우
> 2. 강우량이 시간당 (ㄴ)밀리미터 이상인 경우
> 3. 강설량이 시간당 (ㄷ)센티미터 이상인 경우

	ㄱ	ㄴ	ㄷ
①	3	1	1
②	10	1	1
③	3	10	1
④	10	1	3
⑤	15	5	3

근거조문 안전보건규칙 제383조

○ 3회 정답

1	2	3	4	5	6	7	8	9	10
②	④	③	④	③	①	⑤	④	①	②
11	12	13	14	15	16	17	18	19	20
④	①	⑤	④	⑤	③	⑤	⑤	⑤	②
21	22	23	24	25					
②	③	⑤	⑤	②					

* 문제에 대한 자세한 해설은 동영상 강의에서 제공

4회

산업안전보건법령 진도별 모의고사

01 산업안전보건법령상 공정안전보고서의 세부내용 중 비상조치계획에 포함할 사항은?

① 유해·위험물질에 대한 물질안전보건자료
② 변경요소 관리계획
③ 도급업체 안전관리계획
④ 자체감사 및 사고조사계획
⑤ 주민홍보계획

근거조문 시행규칙 제50조

02 산업안전보건법령상 산업재해 발생 보고에 관한 설명이다. 다음 ( )안에 들어갈 숫자로 옳은 것은?

> 사업주는 산업재해로 사망자가 발생하거나 (ㄱ)일 이상의 휴업이 필요한 부상을 입거나 질병에 걸린 사람이 발생한 경우에는 법 제57조 제3항에 따라 해당 산업재해가 발생한 날부터 (ㄴ)개월 이내에 별지 제30호서식의 산업재해조사표를 작성하여 관할 지방고용노동관서의 장에게 제출(전자문서로 제출하는 것을 포함한다)해야 한다.

	ㄱ	ㄴ
①	1	1
②	2	2
③	3	1
④	5	1
⑤	5	2

근거조문 시행규칙 제73조

03
산업안전보건법령상 도급사업 시의 안전보건조치에 관한 설명으로 옳지 않은 것은?

① 제조업의 사업주가 사업의 일부를 도급한 경우 도급인인 사업주는 1주일에 1회 이상 작업장을 순회점검하여야 한다.
② 건설업의 사업주가 안전·보건에 관한 협의체를 구성한 경우 그 협의체에 근로자위원으로서 도급 또는 하도급 사업을 포함한 전체 사업의 근로자대표, 명예산업안전감독관 및 근로자대표가 지명하는 해당 사업장의 근로자를 포함한 산업안전보건위원회를 구성할 수 있다.
③ 안전·보건에 관한 협의체는 도급인인 사업주 및 그의 수급인인 사업주 전원으로 구성하여야 한다.
④ 안전·보건에 관한 협의체는 매월 1회 이상 정기적으로 회의를 개최하고 그 결과를 기록·보존하여야 한다.
⑤ 도급인인 사업주는 수급인인 사업주가 실시하는 근로자의 해당 안전·보건교육에 필요한 장소 및 자료의 제공 등 필요한 조치를 하여야 한다.

근거조문 시행규칙 제79조 이하

04
도급인은 관계수급인 근로자가 도급인의 사업장에서 작업을 하는 경우에 자신의 근로자와 관계수급인 근로자의 산업재해를 예방하기 위하여 안전 및 보건 시설의 설치 등 필요한 안전조치 및 보건조치를 하여야 한다. 이에 관한 설명으로 옳지 않은 것은?

① 도급인의 안전조치 및 보건조치에는 보호구 착용의 지시 등 관계수급인 근로자의 작업행동에 관한 직접적인 조치를 포함한다.
② 도급인은 관계수급인 근로자가 도급인의 사업장에서 작업을 하는 경우 도급인과 수급인을 구성원으로 하는 안전 및 보건에 관한 협의체를 구성 및 운영한다.
③ 도급인은 고용노동부령으로 정하는 바에 따라 자신의 근로자 및 관계수급인 근로자와 함께 정기적으로 또는 수시로 작업장의 안전 및 보건에 관한 점검을 하여야 한다.
④ 도급인은 자신의 근로자 및 관계수급인 근로자와 함께 정기적으로 또는 수시로 작업장의 안전 및 보건에 관한 점검을 하여야 한다.
⑤ 선박 및 보트 건조업의 경우 2개월에 1회 이상 도급사업의 합동안전·보건점검을 시행한다.

근거조문 법률 제63조

05 도급인의 안전조치 및 보건조치에 관한 설명으로 옳지 않은 것은?

① 도급인은 관계수급인 근로자가 도급인의 사업장에서 작업을 하는 경우 도급인 및 그의 수급인 전원으로 하는 노사협의체를 구성해야 한다.
② 도급인은 음악 및 기타 오디오물 출판업의 경우 2일에 1회 이상 작업장 순회점검을 실시해야 한다.
③ 도급인은 서적, 잡지 및 기타 인쇄물 출판업의 경우 2일에 1회 이상 작업장 순회점검을 실시해야 한다.
④ 도급인은 건설업의 경우 2일에 1회 이상 작업장 순회점검을 실시하고, 2개월에 1회 이상 합동안전보건점검을 실시해야 한다.
⑤ 도급인은 선박 및 보트 건조업의 경우 7일에 1회 이상 작업장 순회점검을 실시하고, 2개월에 1회 이상 합동안전보건점검을 실시해야 한다.

근거조문 ▶ 시행규칙 제79조

06 산업안전보건법령상 도급사업 시의 안전·보건조치에 관한 설명이다. 순회점검의 실시 주기를 분류할 때 2일에 1회 이상 실시해야 하는 사업에 해당하지 않는 것은?

① 서적, 잡지 및 기타 인쇄물 출판업
② 금속 및 비금속 원료 재생업
③ 토사석 광업
④ 선박 및 보트 건조업
⑤ 건설업

근거조문 ▶ 시행규칙 제80조

07 산업안전보건법령상 도급의 승인 등에 관한 설명으로 옳은 것을 모두 고른 것은?

ㄱ. 고용노동부장관은 사업주가 유해한 작업의 도급금지 의무위반에 해당하는 경우에는 10억원 이하의 과징금을 부과·징수할 수 있다.
ㄴ. 도급승인 신청을 받은 지방고용노동관서의 장은 도급승인 기준을 충족한 경우 신청서가 접수된 날부터 30일 이내에 승인서를 신청인에게 발급해야 한다.
ㄷ. 도급에 대한 변경승인을 받으려는 자는 안전 및 보건에 관한 평가결과의 서류를 첨부하여 관할 지방고용노동관서의 장에게 제출해야 한다.

① ㄱ
② ㄴ
③ ㄷ
④ ㄱ, ㄷ
⑤ ㄴ, ㄷ

근거조문 ▶ 법률 제58조 이하

08 산업안전보건법령상 도급인의 안전조치 및 보건조치 등에 관한 설명으로 옳은 것은?

① 관계수급인 근로자가 도급인의 토사석 광업 사업장에서 작업을 하는 경우 도급인은 1주일에 1회 작업장 순회점검을 실시하여야 한다.
② 도급인은 관계수급인 근로자의 산업재해 예방을 위해 보호구 착용 지시 등 관계수급인 근로자의 작업행동에 관한 직접적인 조치도 포함하여 필요한 안전조치를 하여야 한다.
③ 안전 및 보건에 관한 협의체는 회의를 분기별 1회 정기적으로 개최하여야 한다.
④ 관계수급인 근로자가 도급인의 사업장에서 작업하는 경우 도급인은 위생시설 등 고용노동부령으로 정하는 시설의 설치 등을 위하여 필요한 장소의 제공 또는 도급인이 설치한 위생시설 이용의 협조를 이행하여야 한다.
⑤ 도급에 따른 산업재해 예방조치의무에 따라 도급인이 작업장의 안전 및 보건에 관한 합동점검을 할 때에는 도급인, 관계수급인, 도급인 및 관계수급인의 근로자 각 2명으로 점검반을 구성하여야 한다.

근거조문 ▶ 법률 제64조 이하, 시행규칙 제82조

09 건설업 등의 산업재해 예방에 관한 설명으로 옳지 않은 것은?

① 총공사금액이 50억원 이상인 건설공사의 발주자는 산업재해 예방을 위하여 건설공사의 계획, 설계 및 시공 단계에서 산업재해 예방조치를 취해야 한다.
② 2개 이상의 건설공사를 도급한 건설공사발주자는 그 2개 이상의 건설공사가 같은 장소에서 행해지는 경우에 작업의 혼재로 인하여 발생할 수 있는 산업재해를 예방하기 위하여 건설공사 현장에 안전보건조정자를 두어야 한다.
③ 안전보건조정자를 두어야 하는 건설공사의 금액은 총 건설공사 금액의 총합이 50억원 이상이어야 한다.
④ 건설공사도급인은 작업발판 일체형 거푸집 또는 높이 6미터 이상인 거푸집 동바리의 붕괴 등으로 산업재해가 발생할 위험이 있다고 판단되면 건축·토목 분야의 전문가 등 대통령령으로 정하는 전문가의 의견을 들어 건설공사발주자에게 해당 건설공사의 설계변경을 요청할 수 있다.
⑤ 「건축법」 제11조에 따른 건축허가의 대상이 되는 공사의 건설공사도급인은 해당 건설공사를 하는 동안에 건설재해예방전문지도기관에서 건설 산업재해 예방을 위한 지도를 받아야 한다.

근거조문 ▶ 법률 제67조 이하

10 산업안전보건법령상의 노사협의체에 관한 설명으로 옳지 않은 것은?

① 노사협의체의 회의는 정기회의와 임시회의로 구분하여 개최하되, 정기회의는 2개월마다 노사협의체의 위원장이 소집하며, 임시회의는 위원장이 필요하다고 인정할 때에 소집한다.
② 노사협의체는 도급인 및 그의 수급인 전원으로 구성해야 한다.
③ 공사금액이 20억원 이상인 공사의 관계수급인의 각 대표자는 노사협의체의 사용자 위원이다.
④ 근로자대표가 지명하는 명예산업안전감독관 1명은 노사협의체의 근로자 위원이다.
⑤ 노사협의체의 근로자위원과 사용자위원은 합의하여 노사협의체에 공사금액이 20억원 미만인 공사의 관계수급인 및 관계수급인 근로자대표를 위원으로 위촉할 수 있다.

근거조문 영 제64조 이하

11 지방고용노동관서의 장은 일정 사유가 발생한 경우 사업주에게 안전관리자·보건관리자 또는 안전보건관리담당자를 정수 이상으로 증원하게 하거나 교체하여 임명할 것을 명할 수 있다. 증원 또는 교체 사유에 해당하는 것이 아닌 것은?

① 해당 사업장의 연간재해율이 같은 업종의 평균재해율의 2배 이상인 경우
② 중대재해가 연간 2건 이상 발생한 경우.
③ 관리자가 질병으로 3개월 이상 직무를 수행할 수 없게 된 경우
④ 관리자가 그 밖의 사유로 3개월 이상 직무를 수행할 수 없게 된 경우
⑤ 화학적 인자로 인한 직업성 질병자가 연간 3명 이상 발생한 경우

근거조문 시행규칙 제12조

12 지방고용노동관서의 장이 사업주에게 안전관리자·보건관리자 또는 안전보건관리담당자를 정수 이상으로 증원하게 하거나 교체하여 임명할 것을 명할 수 있는 사유에 해당하는 것은?

① 해당 사업장의 사망만인율이 같은 업종의 사망만인율의 2배 이상인 경우
② 중대재해가 연간 2건 이상 발생한 경우
③ 관리자가 질병이나 그 밖의 사유로 2개월 동안 직무를 수행할 수 없게 된 경우
④ 사업장의 소음으로 인한 직업성 질병자가 연간 3명 이상 발생한 경우
⑤ 사업장에서 사용하는 벤젠으로 인한 직업성 질병자가 연간 3명 이상 발생한 경우

근거조문 시행규칙 제12조

13 산업안전보건법령상 120억원 이상의 건설공사의 건설공사도급인은 해당 건설공사 현장에 근로자위원과 사용자위원이 같은 수로 구성되는 안전 및 보건에 관한 협의체를 구성·운영할 수 있다. 이와 같은 노사협의체에 관한 설명으로 옳은 것은?

① 노사협의체를 구성·운영하는 건설공사도급인은 산업재해의 원인 조사 및 재발 방지대책 수립에 관한 사항에 관하여 노사협의체의 심의·의결을 거쳐야 한다.
② 노사협의체의 회의는 정기회의와 임시회의로 구분하여 개최하되, 정기회의는 분기마다 노사협의체의 위원장이 소집하며, 임시회의는 위원장이 필요하다고 인정할 때에 소집한다.
③ 노사협의체의 위원장은 위원 중에서 호선(互選)한다. 이 경우 근로자위원과 사용자위원 중 각 1명을 공동위원장으로 선출할 수 있다.
④ 노사협의체에서 의결된 사항의 해석 또는 이행방법 등에 관하여 의견이 일치하지 않는 경우 공동위원장이 노사협의체에 중재기구를 두어 해결하거나 제3자에 의한 중재를 받아야 한다.
⑤ 노사협의체의 근로자위원과 사용자위원은 합의하여 노사협의체에 공사금액이 30억원 미만인 공사의 관계수급인 및 관계수급인 근로자대표를 위원으로 위촉할 수 있다.

근거조문 법률 제75조 이하

14 건설공사도급인은 자신의 사업장에서 대통령령으로 정하는 기계·기구 또는 설비 등이 설치되어 있거나 작동하고 있는 경우 또는 이를 설치·해체·조립하는 등의 작업이 이루어지고 있는 경우에는 필요한 안전조치 및 보건조치를 하여야 한다. 이에 해당하는 기계·기구 또는 설비에 해당하는 것을 모두 고른 것은?

> ㄱ. 타워크레인
> ㄴ. 건설용리프트
> ㄷ. 곤돌라
> ㄹ. 항타기
> ㅁ. 항발기

① ㄱ, ㄴ, ㄷ, ㄹ
② ㄴ, ㄷ, ㄹ, ㅁ
③ ㄱ, ㄴ, ㄷ, ㅁ
④ ㄱ, ㄴ, ㄹ, ㅁ
⑤ ㄱ, ㄴ, ㄷ, ㄹ, ㅁ

근거조문 영 제66조

15 「가맹사업거래의 공정화에 관한 법률」에 따른 가맹본부 중 대통령령으로 정하는 가맹본부는 가맹점사업자에게 가맹점의 설비나 기계, 원자재 또는 상품 등을 공급하는 경우에 가맹점사업자와 그 소속 근로자의 산업재해 예방을 위한 조치를 하여야 한다. 이에 관한 설명으로 옳은 것은?

① 직전 사업연도 말 기준으로 등록된 정보공개서상 업종이 대분류상 외식업인 경우 가맹점의 수가 200개 이상인 가맹본부는 산업재해 예방조치를 취해야 한다.
② 직전 사업연도 말 기준으로 등록된 정보공개서상 업종이 대분류가 도소매업인 경우 가맹점의 수가 200개 이상인 가맹본부는 산업재해 예방조치를 취해야 한다.
③ 직전 사업연도 말 기준으로 등록된 정보공개서상 업종이 대분류가 서비스업인 경우 가맹점의 수가 200개 이상인 가맹본부는 산업재해 예방조치를 취해야 한다.
④ 직전 사업연도 말 기준으로 등록된 정보공개서상 업종이 대분류가 서비스업인 경우 가맹점의 수가 300개 이상인 가맹본부는 산업재해 예방조치를 취해야 한다.
⑤ 직전 사업연도 말 기준으로 등록된 정보공개서상 업종이 대분류가 도소매업으로서 중분류가 편의점인 경우 가맹점의 수가 300개 이상인 가맹본부는 산업재해 예방조치를 취해야 한다.

근거조문 법률 제79조

16 산업안전보건법령상 계약의 형식에 관계없이 근로자와 유사하게 노무를 제공하여 업무상의 재해로부터 보호할 필요가 있음에도 「근로기준법」 등이 적용되지 아니하는 사람인 "특수형태근로종사자"의 노무를 제공받는 자는 특수형태근로종사자의 산업재해 예방을 위하여 필요한 안전조치 및 보건조치를 하여야 한다. 안전·보건조치를 취해야 할 특수형태근로종사자의 범위에 해당하는 것이 아닌 것은?

① 한국표준직업분류표의 세분류에 따른 택배원으로서 고용노동부장관이 정하는 기준에 따라 주로 하나의 퀵서비스업자로부터 업무를 의뢰받아 배송 업무를 하는 사람
② 「보험업법」 제83조 제1항 제1호에 따른 보험설계사
③ 「건설기계관리법」 제3조 제1항에 따라 등록된 건설기계를 직접 운전하는 사람
④ 한국표준직업분류표의 세분류에 따른 택배원으로서 택배사업(소화물을 집화·수송 과정을 거쳐 배송하는 사업을 말한다)에서 집화 또는 배송 업무를 하는 사람
⑤ 「체육시설의 설치·이용에 관한 법률」법 제19조에 따라 체육시설업의 등록을 한 골프장에서 골프 경기를 보조하는 골프장 캐디

근거조문 법률 제77조

17 산업안전보건법령상 유해하거나 위험한 기계·기구에 대한 유해·위험 방지를 위한 방호조치가 필요한 기계·기구에 해당하는 것을 모두 고른 것은?

> ㄱ. 예초기
> ㄴ. 항타기
> ㄷ. 트렌치
> ㄹ. 포장기계(진공포장기, 래핑기로 한정한다)
> ㅁ. 지게차

① ㄱ, ㄴ, ㄷ
② ㄱ, ㄷ, ㄹ
③ ㄱ, ㄹ, ㅁ
④ ㄴ, ㄷ, ㅁ
⑤ ㄷ, ㄹ, ㅁ

근거조문 ▶ 법률 제80조

18 산업안전보건법령상 유해하거나 위험한 기계 등에 대한 방호조치에서 기계·기구에 설치해야 할 방호장치에 대한 설명으로 옳지 않은 것은?

① 예초기: 날접촉 예방장치
② 원심기: 회전체 접촉 예방장치
③ 금속절단기: 날접촉 예방장치
④ 지게차: 헤드 가드, 백레스트(backrest), 전조등, 후미등, 안전벨트
⑤ 포장기계: 압력방출장치

근거조문 ▶ 시행규칙 제98조

19 산업안전보건법령상 유해하거나 위험한 기계 등에 대한 방호조치에서 기계·기구에 설치해야 할 방호장치에 대한 설명으로 옳지 않은 것은?

① 작동 부분의 돌기부분은 묻힘형으로 하거나 덮개를 부착할 것
② 동력전달부분 및 속도조절부분에는 덮개를 부착하거나 방호망을 설치할 것
③ 회전기계의 물림점(롤러나 톱니바퀴 등 반대방향의 두 회전체에 물려 들어가는 위험점)에는 덮개 또는 방호망을 설치할 것
④ 지게차를 타인에게 대여하거나 대여받는 자는 필요한 안전조치 및 보건조치를 하여야 한다.
⑤ 지게차의 경우 헤드 가드, 백레스트(backrest), 전조등, 후미등, 안전벨트의 방호조치를 해야 한다.

근거조문 ▶ 법률 제80조

20 산업안전보건법령상 다음 설명 중 옳지 않은 것은?

① 안전·보건에 관한 협의체는 매월 1회 이상 정기적으로 회의를 개최하고 그 결과를 기록·보존하여야 한다.
② 노사협의체의 회의는 정기회의와 임시회의로 구분하여 개최하되, 정기회의는 2개월마다 노사협의체의 위원장이 소집하며, 임시회의는 위원장이 필요하다고 인정할 때에 소집한다.
③ 산업안전보건위원회의 회의는 정기회의와 임시회의로 구분하되, 정기회의는 분기마다 산업안전보건위원회의 위원장이 소집하며, 임시회의는 위원장이 필요하다고 인정할 때에 소집한다.
④ 사업주는 작업장 또는 작업공정이 신규로 가동되거나 변경되는 등으로 작업환경측정 대상 작업장이 된 경우에는 그 날부터 30일 이내에 작업환경측정을 하고, 그 후 분기에 1회 이상 정기적으로 작업환경을 측정해야 한다.
⑤ 안전인증기관은 안전인증을 받은 자가 안전인증기준을 지키고 있는지를 2년에 1회 이상 확인해야 한다. 그러나 최근 2회의 확인 결과 기술능력 및 생산체계가 고용노동부장관이 정하는 기준 이상인 경우에는 3년에 1회 이상 확인할 수 있다.

근거조문 ▶ 시행규칙 제111조, 제190조

○ 정기회의

협의체	노사협의체	산업안전보건위원회
매월 1회 이상	2개월마다	분기마다

21 산업안전보건법령상 지게차에 설치하여야 할 방호장치에 해당하지 않는 것은?

① 헤드 가드
② 백레스트(backrest)
③ 전조등
④ 후미등
⑤ 구동부 방호 연동장치

근거조문 ▶ 시행규칙 제98조

22 산업안전보건법령상 불도저를 대여 받는 자가 그가 사용하는 근로자가 아닌 사람에게 불도저를 조작하도록 하는 경우 조작하는 사람에게 주지시켜야 할 사항으로 명시되지 않은 것은?

① 작업의 내용
② 지휘계통
③ 연락·신호 등의 방법
④ 운행경로
⑤ 면허의 갱신

근거조문 시행규칙 제101조

23 산업안전보건기준에 관한 규칙에서 사업주는 근로자가 관리대상 유해물질의 물질을 취급하는 경우에 근로자가 작업을 시작하기 전에 해당 물질이 급성 독성을 일으키는 물질임을 근로자에게 알려야 한다. 급성독성물질로 근로자에게 고지해야 하는 것에 해당되지 않는 것은?

① 디메틸포름아미드
② 벤젠
③ 페놀
④ 아크릴로니트릴
⑤ 1,1,2,2-테트라클로로에탄

근거조문 안전보건규칙 제449조

24 산업안전보건기준에 관한 규칙에 관한 설명으로 옳지 않은 것은?

① 사업주는 작업으로 인하여 물체가 떨어지거나 날아올 위험이 있는 경우 낙하물 방지망 또는 방호선반을 설치할 경우 높이 10미터 이내마다 설치하고, 내민 길이는 벽면으로부터 2미터 이상으로 할 것
② 사업주는 작업으로 인하여 물체가 떨어지거나 날아올 위험이 있는 경우 낙하물 방지망 또는 방호선반을 설치할 경우 수평면과의 각도는 30도 이상 40도 이하를 유지할 것
③ 사업주는 높이가 3미터 이상인 장소로부터 물체를 투하하는 경우 적당한 투하설비를 설치하거나 감시인을 배치하는 등 위험을 방지하기 위하여 필요한 조치를 하여야 한다.
④ 사업주는 순간풍속이 초당 10미터를 초과하는 경우 타워크레인의 설치·수리·점검 또는 해체 작업을 중지하여야 한다.
⑤ 사업주는 순간풍속이 초당 15미터를 초과하는 경우에는 타워크레인의 운전작업을 중지하여야 한다.

근거조문 안전보건규칙 제14조

25 다음은 산업안전보건기준에 관한 규칙상 사업주가 근골격계질환 예방관리 프로그램을 수립하여 시행하여야 하는 사항이다. ( ) 안에 들어갈 숫자의 조합으로 옳은 것은?

> **제662조(근골격계질환 예방관리 프로그램 시행)** ① 사업주는 다음 각 호의 어느 하나에 해당하는 경우에 근골격계질환 예방관리 프로그램을 수립하여 시행하여야 한다.
> 1. 근골격계질환으로 「산업재해보상보험법 시행령」 별표 3 제2호가목·마목 및 제12호 라목에 따라 업무상 질병으로 인정받은 근로자가 연간 10명 이상 발생한 사업장 또는 (ㄱ)명 이상 발생한 사업장으로서 발생 비율이 그 사업장 근로자 수의 (ㄴ)퍼센트 이상인 경우
> 2. 근골격계질환 예방과 관련하여 노사 간 이견(異見)이 지속되는 사업장으로서 고용노동부장관이 필요하다고 인정하여 근골격계질환 예방관리 프로그램을 수립하여 시행할 것을 명령한 경우

	ㄱ	ㄴ
①	3	5
②	5	5
③	5	10
④	10	10
⑤	10	20

근거조문 안전보건규칙 제662조

○ 4회 정답

1	2	3	4	5	6	7	8	9	10
⑤	③	①	①	①	④	①	④	③	②
11	12	13	14	15	16	17	18	19	20
②	⑤	③	④	①	②	③	⑤	③	④
21	22	23	24	25					
⑤	⑤	③	②	③					

* 문제에 대한 자세한 해설은 동영상 강의에서 제공

5회

산업안전보건법령 진도별 모의고사

01 산업안전보건법령상 설치·이전하는 경우 안전인증을 받아야 하는 기계·기구에 해당하는 것은?

① 프레스
② 곤돌라
③ 롤러기
④ 사출성형기(射出成形機)
⑤ 기계톱

> 근거조문 　시행규칙 제107조

02 산업안전보건법령상 하는 주요 구조 부분을 변경하는 경우 안전인증을 받아야 하는 기계 및 설비에 해당하는 것은?

① 압력용기
② 산업용 로봇
③ 파쇄기
④ 교류 아크용접기용 자동전격방지기
⑤ 컨베이어

> 근거조문 　시행규칙 제107조

03 산업안전보건법령상 안전인증에 관한 설명으로 옳은 것은?

① 연구·개발을 목적으로 안전인증대상 기계·기구등을 제조하는 경우에도 안전인증을 받아야 한다.
② 고용노동부장관은 안전인증을 받은 자가 안전인증기준을 지키고 있는지를 5년을 주기로 확인하여야 한다.
③ 곤돌라를 설치·이전하는 경우뿐만 아니라 그 주요 구조 부분을 변경하는 경우에도 안전인증을 받아야 한다.
④ 서면심사와 기술능력 및 생산체계 심사 결과가 안전인증기준에 적합할 경우에 유해·위험한 기계·기구·설비 등의 표본을 추출하여 하는 심사를 개별 제품심사라고 한다.
⑤ 예비심사의 경우 안전인증 신청서를 제출받은 안전인증기관은 10일 이내에 심사 하여야 하며 부득이한 사유가 있을 때에는 15일의 범위에서 심사기간을 연장할 수 있다.

근거조문 법률 제83조 이하, 시행규칙 제110조 이하

04 산업안전보건법령상 안전인증 심사에 관한 설명으로 옳지 않은 것은?

① 유해·위험기계등의 안전성능을 지속적으로 유지·보증하기 위하여 사업장에서 갖추어야 할 기술능력과 생산체계가 안전인증기준에 적합한지에 대한 심사는 30일(외국에서 제조한 경우는 45일) 내에 심사하여야 한다.
② 서면심사 결과가 안전인증기준에 적합할 경우에 유해·위험기계등 모두에 대하여 하는 심사는 15일 내에 심사하여야 한다.
③ 서면심사와 기술능력 및 생산체계 심사 결과가 안전인증기준에 적합할 경우에 유해·위험기계등의 형식별로 표본을 추출하여 하는 심사는 30일 내에 심사하여야 한다.
④ 서면심사의 경우 처리기간 내에 심사를 끝낼 수 없는 부득이한 사유가 있을 때에는 15일의 범위에서 심사기간을 연장할 수 있다.
⑤ 개별제품심사를 하는 경우에는 기술능력 및 생산체계 심사를 생략한다.

근거조문 시행규칙 제110조

05 산업안전보건법령상 안전인증기관은 안전인증 신청서를 제출받으면 심사 종류별 기간 내에 심사해야 한다. 형식별 제품심사의 경우 원칙적으로 60일 내에 심사를 마쳐야 하는 것에 해당하는 것은?

① 안전대
② 안전화
③ 차광(遮光) 및 비산물(飛散物) 위험방지용 보안경
④ 용접용 보안면
⑤ 방음용 귀마개 또는 귀덮개

근거조문 ▶ 시행규칙 제110조

06 산업안전보건법령상 기계·기구 등을 설치·이전하는 경우에 안전인증을 받아야 하는 기계·기구 등을 모두 고른 것은?

ㄱ. 크레인	ㄴ. 고소(高所)작업대
ㄷ. 리프트	ㄹ. 곤돌라
ㅁ. 기계톱	

① ㄱ, ㄴ, ㄷ ② ㄱ, ㄷ, ㄹ
③ ㄴ, ㄷ, ㅁ ④ ㄴ, ㄹ, ㅁ
⑤ ㄷ, ㄹ, ㅁ

근거조문 ▶ 시행규칙 제110조

07 산업안전보건법령상 안전인증에 관한 설명으로 옳지 않은 것은?

① 안전인증대상인 프레스의 주요 구조 부분을 변경하는 경우 안전인증을 받아야 한다.
② 안전인증을 신청하는 경우에는 고용노동부장관이 정하여 고시하는 바에 따라 안전인증 심사에 필요한 시료(試料)를 제출하여야 한다.
③ 안전인증을 받은 자는 안전인증제품에 관한 자료를 안전인증을 받은 제품별로 기록·보존하여야 한다.
④ 기계·기구 및 방호장치·보호구가 유해·위험한 기계·기구·설비등 인지를 확인하는 심사는 서면심사로서 15일 내에 심사를 완료해야 한다.
⑤ 지방고용노동관서의 장은 안전인증대상 기계·기구등을 제조·수입 또는 판매하는 자에게 자료의 제출을 요구할 때에는 10일 이상의 기간을 정하여 문서로 요구하되, 부득이한 사유가 있을 때에는 신청을 받아 30일의 범위에서 그 기간을 연장할 수 있다.

근거조문 시행규칙 제110조

08 산업안전보건법령상 안전인증에 관한 설명으로 옳지 않은 것은?

① 안전인증을 받은 자는 안전인증을 받은 제품에 대하여 고용노동부령으로 정하는 바에 따라 제품명·모델·제조수량·판매수량 및 판매처 현황 등의 사항을 기록·보존하여야 한다.
② 안전인증이 취소된 자는 취소된 날부터 1년 이내에는 같은 규격과 형식의 유해·위험한 기계·기구·설비 등에 대하여 안전인증을 신청할 수 없다.
③ 고용노동부장관이 정하여 고시하는 안전인증기준에 맞지 아니하게 된 안전인증대상 기계·기구등을 사용한 자는 3년 이하의 징역 또는 3천만원 이하의 벌금에 처해지게 된다.
④ 거짓이나 부정한 방법으로 안전인증을 받은 경우 3년 이내의 기간 동안 안전인증 표시의 사용이 금지된다.
⑤ 수출을 목적으로 제조하는 안전인증대상 기계·기구등은 안전인증이 전부 면제된다.

근거조문 법 제84조 이하, 시행규칙 제109조 이하

09 산업안전보건법령상 안전인증 심사에 관한 내용으로 옳지 않은 것은?

① 안전인증 심사의 종류는 예비심사, 서면심사, 기술능력 및 생산체계 심사, 제품심사로 구분한다.
② 안전인증대상 기계·기구 등을 제조하는 자는 안전인증기관의 심사를 거쳐 안전인증을 받아야 한다.
③ 안전인증대상 기계·기구 등을 수입하려는 경우에는 수입하는 자가 안전인증을 받을 수 있다.
④ 안전인증 심사의 기간은 예비심사는 7일, 서면심사는 15일, 개별 제품심사는 30일 이내이다.
⑤ 안전인증기관은 안전인증을 받은 자가 안전인증기준을 지키고 있는지를 2년에 1회 이상 확인해야 하는 것이 원칙이다.

근거조문 ▶ 시행규칙 제111조

10 산업안전보건법령상 자율안전확인의 신고 및 자율안전확인대상 기계·기구등에 관한 설명으로 옳지 않은 것은?

① 휴대형 연마기는 자율안전확인대상 기계·기구등에 해당한다.
② 연구·개발을 목적으로 산업용 로봇을 제조하는 경우에는 신고를 면제할 수 있다.
③ 파쇄·절단·혼합·제면기가 아닌 식품가공용기계는 자율안전확인대상 기계·기구등에 해당하지 않는다.
④ 자동차정비용 리프트에 대하여 안전인증을 받은 경우에는 그 안전인증이 취소되거나 안전인증표시의 사용 금지 명령을 받은 경우가 아니라면 신고를 면제할 수 있다.
⑤ 인쇄기에 대하여 고용노동부령으로 정하는 다른 법령에서 안전성에 관한 검사나 인증을 받은 경우에는 신고를 면제할 수 있다.

근거조문 ▶ 법 제89조 이하, 영 제77조

11 산업안전보건법령상 자율안전확인대상 기계·기구등에 해당하지 않는 것은?

① 휴대형 연삭기
② 혼합기
③ 파쇄기
④ 자동차정비용 리프트
⑤ 산업용 로봇

근거조문 ▶ 영 제77조

12 산업안전보건법령상 자율안전확인의 신고를 면제하는 경우에 해당하지 않는 것은?

① 「품질경영 및 공산품안전관리법」 제14조에 따라 안전인증을 받은 경우
② 「산업표준화법」 제15조에 따른 인증을 받은 경우
③ 「전기용품 및 생활용품 안전관리법」 제5조 및 제8조에 따른 안전인증 및 안전검사를 받은 경우
④ 「농업기계화촉진법」 제9조에 따른 검정을 받은 경우
⑤ 국제전기기술위원회의 국제방폭전기기계·기구 상호인정제도에 따라 인증을 받은 경우

근거조문 시행규칙 제119조

13 산업안전보건법령상 자율안전확인대상 기계·기구등에 해당하는 것을 모두 고른 것은?

ㄱ. 휴대형 연마기	ㄴ. 인쇄기
ㄷ. 컨베이어	ㄹ. 식품가공용기계 중 제면기
ㅁ. 공작기계 중 평삭·형삭기	

① ㄱ, ㄴ
② ㄴ, ㄷ
③ ㄱ, ㄷ, ㅁ
④ ㄷ, ㄹ, ㅁ
⑤ ㄴ, ㄷ, ㄹ, ㅁ

근거조문 영 제77조

14 산업안전보건법령상 안전검사 대상에 해당하는 것을 모두 고른 것은?

ㄱ. 2톤의 크레인	ㄴ. 이동식 국소배기장치
ㄷ. 밀폐형 구조의 롤러기	ㄹ. 실험실용 원심기
ㅁ. 곤돌라	ㅂ. 화물자동차에 탑재된 고소작업대

① ㄱ, ㅁ, ㅂ
② ㄴ, ㅁ, ㅂ
③ ㄱ, ㄴ, ㄷ, ㅂ
④ ㄴ, ㄷ, ㄹ, ㅁ
⑤ ㄱ, ㄴ, ㄷ, ㄹ, ㅁ

근거조문 영 제78조

15 산업안전보건법령상 유해·위험 방지를 위하여 방호조치가 필요한 기계·기구등과 이에 설치하여야 할 방호장치를 옳게 연결한 것은?

① 예초기 - 회전체 접촉 예방장치
② 진공포장기 - 압력방출장치
③ 금속절단기 - 구동부 방호 연동장치
④ 원심기 - 날접촉 예방장치
⑤ 공기압축기 - 압력방출장치

근거조문 시행규칙 제98조

16 산업안전보건법령상 안전검사 대상인 것은?

① 고소작업대(승합자동차에 탑재한 고소작업대)
② 사출성형기(형 체결력(型 締結力) 294킬로뉴턴(KN) 미만)
③ 롤러기(밀폐형 구조)
④ 원심기(산업용)
⑤ 국소 배기장치(이동식)

근거조문 영 제78조

17 산업안전보건법령상 자율안전확인대상 기계·기구만으로 짝지어진 것은?

① 휴대형 연삭기 - 동력식 수동대패용 칼날 접촉 방지장치 - 안전화
② 자동차정비용 리프트 - 롤러기 급정지장치 - 보안면(용접용 보안면 제외)
③ 산업용 로봇 - 양중기용 과부하방지장치 - 잠수기
④ 사출성형기 - 산업용 로봇 안전매트 - 방진마스크
⑤ 파쇄기 - 교류 아크용접기용 자동전격방지기 - 보안경(차광(遮光) 및 비산물(飛散物) 위험방지용 보안경 제외)

근거조문 영 제77조

18 산업안전보건법령상 안전검사에 관한 설명으로 옳은 것은?

① 유해·위험기계등이 고용노동부령이 정하는 다른 법령에 따라 안전성에 관한 검사나 인증을 받은 경우라 하더라도 안전검사를 실시하여야 한다.
② 건설현장에서 사용하는 크레인은 최초로 설치한 날부터 1년마다 안전검사를 받아야 한다.
③ 고용노동부장관은 안전검사 업무를 위탁받아 수행할 기관을 지정할 수 있다.
④ 공정안전보고서를 제출하여 확인을 받은 압력용기는 3년마다 안전검사를 받아야 한다.
⑤ 안전검사에 합격한 유해·위험기계등을 사용하는 사업주는 그 유해·위험기계등이 안전검사에 합격한 것임을 나타내는 표시를 하지 않아도 된다.

근거조문 ▶ 시행규칙 제126조

19 산업안전보건법령상 안전검사에 관한 설명으로 옳지 않은 것은?

① 프레스, 전단기 등 유해·위험기계등을 사용하는 사업주는 유해·위험기계등의 안전에 관한 성능이 검사기준에 맞는지에 대하여 안전검사를 받아야 한다.
② 위 ①항의 경우 유해·위험기계등을 사용하는 사업주와 소유자가 다른 경우에는 해당 유해·위험기계등을 사용하는 사업주가 안전검사를 받아야 한다.
③ 안전검사 대상인 크레인, 리프트 및 곤돌라의 검사주기는 사업장에 설치가 끝난 날부터 3년 이내에 최초 안전검사를 실시하되, 그 이후부터 2년마다 실시하여야 한다.
④ 위 ③항의 안전검사 대상 기계·기구를 건설현장에서 사용하는 경우에는 최초로 설치한 날부터 6개월마다 안전검사를 실시하여야 한다.
⑤ 안전검사 대상인 프레스, 전단기의 검사주기는 사업장에 설치가 끝난 날부터 3년 이내에 최초 안전검사를 실시하되, 그 이후부터 2년마다 실시하여야 한다.

근거조문 ▶ 법 제93조

20 산업안전보건법령상 3년 이하의 징역 또는 3천만원 이하의 벌금에 처하게 될 수 있는 자는?

① 중대재해 발생현장을 훼손한 자
② 공정안전보고서의 내용이 중대산업사고를 예방하기 위하여 적합하다고 통보받기 전에 관련 설비를 가동한 자
③ 동력으로 작동하는 기계·기구로서 작동부분의 돌기부분을 묻힘형으로 하지 않거나 덮개를 부착하지 않고 양도한 자
④ 안전인증을 받지 않은 유해·위험한 기계·기구·설비등에 안전인증표시를 한 자
⑤ 작업환경측정 결과에 따라 근로자의 건강을 보호하기 위하여 해당 시설·설비의 설치·개선 또는 건강진단의 실시 등의 조치를 하지 아니한 자

근거조문 ▶ 법 제169조

21 산업안전보건법령상 안전인증과 안전검사에 관한 설명으로 옳지 않은 것은?

① 「화학물질관리법」에 따른 수시검사를 받은 경우 안전검사를 면제한다.
② 산업용 원심기는 안전검사대상기계등에 해당된다.
③ 프레스와 압력용기는 고용노동부장관이 실시하는 안전인증과 안전검사를 모두 받아야 한다.
④ 고용노동부장관은 안전인증을 받은 자가 안전인증기준을 지키고 있는지를 3년이하의 범위에서 고용노동부령으로 정하는 주기마다 확인하여야 한다.
⑤ 안전검사 신청을 받은 안전검사기관은 검사 주기 만료일 전후 각각 30일 이내에 해당 기계·기구 및 설비별로 안전검사를 하여야 한다.

근거조문 ▶ 영 제78조, 시행규칙 제107조

22 산업안전보건기준에 관한 규칙 제662조(근골격계질환 예방관리 프로그램시행) 제1항 규정의 일부이다. ( )에 들어갈 숫자가 옳은 것은?

> 사업주는 다음 각 호의 어느 하나에 해당하는 경우에 근골격계질환 예방관리 프로그램을 수립하여 시행하여야 한다.
> 1. 근골격계질환으로 「산업재해보상보험법 시행령」별표 3 제2호 가목·마목 및 제12호 라목에 따라 업무상 질병으로 인정받은 근로자가 연간10명 이상 발생한 사업장 또는 5명 이상 발생한 사업장으로서 발생비율이 그 사업장 근로자 수의 ( )퍼센트 이상인 경우
> 2. <이하 생략>

① 5
② 10
③ 20
④ 30
⑤ 50

근거조문 ▶ 안전보건규칙 제662조

23 산업안전보건기준에 관한 규칙의 내용으로 옳지 않은 것은?

① 사업주는 순간풍속이 초당 10미터를 초과하는 바람이 불어올 우려가 있는 경우 옥외에 설치된 주행 크레인에 대하여 이탈방지를 위한 조치를 하여야 한다.
② 사업주는 순간풍속이 초당 15미터를 초과하는 경우에는 타워크레인의 운전작업을 중지하여야 한다.
③ 사업주는 높이가 3미터를 초과하는 계단에 높이 3미터 이내마다 너비 1.2미터 이상의 계단참을 설치하여야 한다.
④ 사업주는 높이 1미터 이상인 계단의 개방된 측면에 안전난간을 설치하여야 한다.
⑤ 사업주는 연면적이 400제곱미터 이상이거나 상시 50명 이상의 근로자가 작업하는 옥내작업장에는 비상시에 근로자에게 신속하게 알리기 위한 경보용 설비 또는 기구를 설치하여야 한다.

근거조문 ▶ 안전보건규칙 제140조

24 산업안전보건기준에 관한 규칙상 근로자가 주사 및 채혈 작업을 하는 경우 사업주가 하여야 할 조치에 해당하지 않는 것은?

① 안정되고 편안한 자세로 주사 및 채혈을 할 수 있는 장소를 제공할 것
② 채취한 혈액을 검사 용기에 옮기는 경우에는 주사침 사용을 금지하도록 할 것
③ 사용한 주사침의 바늘을 구부리는 행위를 금지할 것
④ 사용한 주사침의 뚜껑을 부득이하게 다시 씌워야 하는 경우에는 두 손으로 씌우도록 할 것
⑤ 사용한 주사침은 안전한 전용 수거용기에 모아 튼튼한 용기를 사용하여 폐기할 것

근거조문 ▸ 안전보건규칙 제597조

25 산업안전보건기준에 관한 규칙상 통로등에 관한 설명으로 옳지 않은 것은?

① 사업주는 계단 및 승강구 바닥을 구멍이 있는 재료로 만드는 경우 렌치나 그 밖의 공구 등이 낙하할 위험이 없는 구조로 하여야 한다.
② 사업주는 급유용·보수용·비상용 계단 및 나선형 계단을 설치하는 경우 그 폭을 1미터 이상으로 하여야 한다.
③ 사업주는 높이가 3미터를 초과하는 계단에 높이 3미터 이내마다 너비 1.2미터 이상의 계단참을 설치하여야 한다.
④ 사업주는 갱내에 설치한 통로 또는 사다리식 통로에 권상장치(卷上裝置)가 설치된 경우 권상장치와 근로자의 접촉에 의한 위험이 있는 장소에 판자벽이나 그 밖에 위험 방지를 위한 격벽(隔壁)을 설치하여야 한다.
⑤ 사업주는 높이 1미터 이상인 계단의 개방된 측면에 안전난간을 설치하여야 한다.

근거조문 ▸ 안전보건규칙 제27조

○ 5회 정답

1	2	3	4	5	6	7	8	9	10
②	①	③	④	②	②	④	④	④	①
11	12	13	14	15	16	17	18	19	20
①	①	⑤	①	⑤	④	⑤	③	②	②
21	22	23	24	25					
①	②	①	④	②					

* 문제에 대한 자세한 해설은 동영상 강의에서 제공

6회

산업안전보건법령 진도별 모의고사

01 산업안전보건법령상 제조·수입·양도·제공 또는 사용이 금지되는 유해물질이 아닌 것은?

① 염화비닐
② 석면
③ 베타-나프틸아민과 그 염
④ 4-니트로디페닐과 그 염
⑤ 폴리클로리네이티드 터페닐(PCT)

근거조문 영 제87조

02 산업안전보건법령상 유해물질의 제조 등의 금지·허가에 관한 설명으로 옳지 않은 것은?

① 함유된 용량의 비율이 5%인 백연을 함유한 페인트를 제조·수입·양도·제공 또는 사용하여서는 아니 된다.
② 위 ①의 경우 시험·연구를 목적으로 하는 경우에도 고용노동부장관의 승인을 받아 제조·수입 또는 사용하여야 한다.
③ 베릴륨을 제조하거나 사용하려는 자는 고용노동부장관의 허가를 받아야 한다.
④ 위 ③에 따라 허가를 받은 사항을 변경할 때에는 고용노동부장관에게 신고하는 것으로 변경허가를 갈음할 수 있다.
⑤ 고용노동부장관은 유해물질 제조·사용자가 거짓이나 그 밖의 부정한 방법으로 허가를 받은 경우라면 반드시 그 허가를 취소하여야 한다.

근거조문 법 제118조

03 산업안전보건법령상 제조 또는 사용허가를 받아야 하는 유해물질에 해당하지 않는 것은?

① 디클로로벤지딘과 그 염
② 오로토-톨리딘과 그 염
③ 디아니시딘과 그 염
④ 비소 및 그 무기화합물
⑤ 베타-나프틸아민과 그 염

근거조문 ▶ 영 제88조

04 산업안전보건법령상 제조 · 수입 · 양도 · 제공 또는 사용이 금지되는 유해물질에 해당하는 것은?

① 함유된 용량의 비율이 3퍼센트인 백연을 함유한 페인트
② 오로토-톨리딘과 그 염
③ 함유된 용량의 비율이 4퍼센트인 벤젠을 함유하는 고무풀
④ 알파-나프틸아민과 그 염
⑤ 벤조트리클로리드

근거조문 ▶ 영 제87조

05 산업안전보건법령상 신규화학물질의 유해성 · 위험성 조사 대상에서 제외되는 것은?

① 방사성 물질
② 노말헥산
③ 포름알데히드
④ 카드뮴 및 그 화합물
⑤ 트리클로로에틸렌

근거조문 ▶ 영 제85조

06 산업안전보건법령의 내용에 관한 설명으로 옳지 않은 것은?

① 염화비닐을 제조하거나 사용하는 경우에는 고용노동부장관의 허가를 받아야 한다.
② 트리클로로에틸렌은 작업장 내의 노출농도를 시간가중평균값 50ppm 이하로 유지하여야 한다.
③ 일반 소비자의 생활용품으로 제공하기 위하여 신규화학물질을 수입하는 경우에는 신규화학물질의 유해성·위험성 조사보고서를 제출하지 않는다.
④ 신규화학물질의 수입을 대행하는 자가 따로 있는 경우에는 그 수입을 대행하는 자가 신규화학물질을 유해성·위험성 조사보고서를 제출하여야 한다.
⑤ "단시간 노출값(STEL, Short-Term Exposure Limit)"이란 15분 간의 시간가중평균값으로서 노출 농도가 시간가중평균값을 초과하고 단시간 노출값 이하인 경우에는 1회 노출 지속시간이 15분 미만이어야 하고, 이러한 상태가 1일 4회 이하로 발생해야 하며, 각 회의 간격은 60분 이상이어야 한다.

근거조문 시행규칙 별표19

07 산업안전보건법령상 제조 또는 사용허가를 받아야 하는 유해물질에 해당하는 것은?

① 황린(黃燐) 성냥
② 벤조트리클로리드
③ 석면
④ 폴리클로리네이티드 터페닐(PCT)
⑤ 4-니트로디페닐과 그 염

근거조문 영 제87조, 제88조

08 산업안전보건법령상 신규화학물질의 유해성·위험성 조사 대상에서 제외 화학물질이 아닌 것은?

① 방사성 물질
② 원소
③ 천연으로 산출된 화학물질
④ 「군수품관리법」 제3조에 따른 통상품(痛常品)
⑤ 「비료관리법」 제2조 제1호에 따른 비료

근거조문 법 제108조

09 산업안전보건법령상 유해인자인 메탄올의 노출농도의 허용기준을 옳게 연결한 것은?

	시간가중평균값(TWA)	단시간 노출값(STEL)
①	100ppm	150ppm
②	100ppm	200ppm
③	200ppm	250ppm
④	200ppm	300ppm
⑤	300ppm	400ppm

근거조문 시행규칙 별표19

---

10 산업안전보건법령상 유해인자별 노출 농도의 허용기준과 관련하여 단시간 노출값의 내용이다. ( )에 들어갈 숫자가 순서대로 옳은 것은?

> "단시간 노출값(STEL)"이란 15분 간의 시간가중평균값으로서 노출 농도가 시간가중평균값을 초과하고 단시간 노출값 이하인 경우에는 1회 노출지속시간이 15분 미만이어야 하고, 이러한 상태가 1일 ( )회 이하로 발생해야 하며, 각 회의 간격은 ( )분 이상이어야 한다.

① 4, 30
② 4, 60
③ 5, 30
④ 5, 60
⑤ 6, 60

근거조문 시행규칙 별표19

---

11 산업안전보건법령상 고용노동부장관의 확인을 받은 경우로서 화학물질의 유해성·위험성 조사에서 제외되는 것을 모두 고른 것은?

> ㄱ. 신규화학물질을 전량 수출하기 위하여 연간 100톤 이하로 제조하는 경우
> ㄴ. 신규화학물질의 연간 수입량이 100킬로그램 미만인 경우
> ㄷ. 해당 신규화학물질의 용기를 국내에서 변경하지 아니하는 경우
> ㄹ. 해당 신규화학물질이 완성된 제품으로서 국내에서 가공하지 아니하는 경우

① ㄱ, ㄹ
② ㄴ, ㄷ
③ ㄱ, ㄴ, ㄷ
④ ㄴ, ㄷ, ㄹ
⑤ ㄱ, ㄴ, ㄷ, ㄹ

근거조문 시행규칙 제148조 이하

12 산업안전보건법령상 화학물질의 유해성·위험성을 조사하고 그 조사보고서를 고용노동부장관에게 제출하여야 하는 것은?

① 방사성 물질
② 천연으로 산출된 화학물질
③ 연간 수입량이 1,000킬로그램 미만인 경우로서 고용노동부장관의 확인을 받은 신규화학물질
④ 전량 수출하기 위하여 연간 10톤 이하로 제조하거나 수입하는 경우로서 고용노동부장관의 확인을 받은 신규화학물질
⑤ 일반 소비자의 생활용으로 직접 소비자에게 제공되고 국내의 사업장에서 사용되지 않는 경우로서 고용노동부장관의 확인을 받은 신규화학물질

근거조문 영 제85조

13 산업안전보건법령상 유해물질의 제조 등의 금지·허가에 관한 설명으로 옳지 않은 것은?

① 함유된 용량의 비율이 5%인 백연을 함유한 페인트를 제조·수입·양도·제공 또는 사용하여서는 아니 된다.
② 위 ①의 경우 시험·연구를 목적으로 하는 경우에도 고용노동부장관의 승인을 받아 제조·수입 또는 사용하여야 한다.
③ 베릴륨을 제조하거나 사용하려는 자는 고용노동부장관의 허가를 받아야 한다.
④ 위 ③에 따라 허가를 받은 사항을 변경할 때에는 고용노동부장관에게 신고하는 것으로 변경허가를 갈음할 수 있다.
⑤ 고용노동부장관은 유해물질 제조·사용자가 거짓이나 그 밖의 부정한 방법으로 허가를 받은 경우라면 반드시 그 허가를 취소하여야 한다.

근거조문 법 제117조 이하

14 산업안전보건법령상 위험성평가 실시내용 및 결과의 기록·보존에 관한 설명으로 옳지 않은 것은?

① 위험성평가 대상의 유해·위험요인이 포함되어야 한다.
② 위험성 결정의 내용이 포함되어야 한다.
③ 위험성 결정에 따른 조치의 내용이 포함되어야 한다.
④ 위험성평가의 실시내용을 확인하기 위하여 필요한 사항으로서 고용노동부장관이 정하여 고시하는 사항이 포함되어야 한다.
⑤ 사업주는 위험성평가 실시내용 및 결과의 기록·보존에 따른 자료를 5년간 보존 하여야 한다.

근거조문 시행규칙 제37조

15 산업안전보건법령상 작업환경측정에 대한 설명으로 옳은 것은?

① 작업환경측정 대상 작업장은 작업환경측정 대상 유해인자가 존재하는 작업장을 말한다.
② 작업환경측정을 할 때에는 모든 측정은 반드시 개인시료채취방법으로 하여야 한다.
③ 작업장 또는 작업공정이 신규로 가동되거나 변경되어 작업환경측정 대상 작업장이 된 경우에는 지체 없이 작업환경측정을 하여야 한다.
④ 발암성물질인 화학적 인자의 측정치가 노출기준을 초과하는 경우 해당 사업장 전체에 대하여 그 측정일부터 3개월에 1회 이상 작업환경측정을 하여야 한다.
⑤ 사업주는 작업환경측정 결과 노출기준을 초과한 작업공정이 있는 경우 개선 등 적절한 조치를 하고 시료채취를 마친 날부터 60일 이내에 해당 작업공정의 개선을 증명할 수 있는 서류 또는 개선계획을 관할 지방고용노동관서의 장에게 제출하여야 한다.

근거조문 ▶ 법 제125조 이하

16 산업안전보건법령상 작업환경측정에 관한 설명으로 옳은 것을 모두 고른 것은?

> ㄱ. 작업환경측정 대상인 작업장에서 작업환경측정을 할 수 있는 "고용노동부령으로 정하는 자격을 가진 자"란 그 사업장에 소속된 사람으로서 산업위생관리산업기사 이상의 자격을 가진 사람을 말한다.
> ㄴ. 지정측정기관의 작업환경측정 수준을 평가하려는 경우의 평가기준은 1. 인력·시설 및 장비의 보유 수준과 그에 대한 관리능력 2. 작업환경측정 및 시료분석 능력과 그 결과의 신뢰도 3. 작업환경측정 대상 사업장의 만족도이다.
> ㄷ. 모든 측정은 지역시료채취방법으로 하되, 지역시료채취방법이 곤란한 경우에는 개인시료채취방법으로 실시하여야 한다.
> ㄹ. 작업환경측정 결과 고용노동부장관이 정하여 고시하는 화학적 인자의 측정치가 노출기준을 초과하는 작업장 또는 작업공정은 해당 유해인자에 대하여 그 측정일부터 6개월에 1회 이상 작업환경측정을 하여야 한다.

① ㄱ
② ㄱ, ㄴ
③ ㄴ, ㄷ
④ ㄷ, ㄹ
⑤ ㄱ, ㄴ, ㄷ

근거조문 ▶ 시행규칙 제191조

17 산업안전보건법령상 사업주의 의무에 관한 설명으로 옳은 것은?

① 사업주는 근로자가 산업안전보건법령의 요지를 알 수 있도록 서면으로 교부하여야 한다.
② 외국인근로자를 채용한 사업주는 해당 근로자의 모국어로 된 안전·보건표지와 작업안전수칙을 부착하여야 한다.
③ 사업주는 연속적으로 컴퓨터 단말기 작업에 종사하는 근로자에 대하여 작업 시간 중에 적절한 휴식시간을 두여야 한다.
④ 사업주는 작업환경측정 결과를 기록한 서류를 3년간 보존하여야 한다.
⑤ 사업주는 안전·보건표지의 성질상 설치나 부착이 곤란한 경우에는 해당 물체에 직접 도색하여야 한다.

근거조문 ▶ 법 제164조

18 산업안전보건법령상 서류의 보존기간에 관한 설명으로 옳지 않은 것은?

① 기관석면조사를 한 건축물이나 설비의 소유주 등과 석면조사기관은 그 결과에 관한 서류를 5년간 보존하여야 한다.
② 작업환경측정기관은 작업환경측정에 관한 사항으로서 측정대상 사업장의 명칭 및 소재지 등을 기재한 서류를 3년간 보존하여야 한다.
③ 사업주는 노사협의체 회의록을 2년간 보존하여야 한다.
④ 자율안전확인대상 기계·기구 등을 제조하거나 수입하려는 자는 자율안전기준에 맞는 것임을 증명하는 서류를 2년간 보존하여야 한다.
⑤ 사업주는 화학물질의 유해성·위험성 조사에 관한 서류를 3년간 보존하여야 한다.

근거조문 ▶ 법 제164조

19 산업안전보건법령상 건강진단에 관한 내용으로 ( ) 안에 들어갈 내용을 순서대로 옳게 나열한 것은?

○ "(ㄱ)건강진단"이란 특수건강진단대상업무로 인하여 해당 유해인자에 의한 직업성 천식, 직업성 피부염, 그 밖에 건강장해를 의심하게 하는 증상을 보이거나 의학적 소견이 있는 근로자에 대하여 사업주가 실시하는 건강진단을 말한다.

○ 사업주는 이 법령 또는 다른 법령에 따른 건강진단 결과 근로자의 건강을 유지하기 위하여 필요하다고 인정할 때에는 작업장소 변경, 작업 전환, 근로시간 단축, 야간근로[(ㄴ) 사이의 근로를 말한다]의 제한, 작업환경측정 또는 시설·설비의 설치·개선 등 적절한 조치를 하여야 한다.

○ 사업주는 건강진단기관에서 송부받은 건강진단 결과표 및 근로자가 제출한 건강진단 결과를 증명하는 서류(이들 자료가 전산입력된 경우에는 그 전산입력된 자료를 말한다)를 5년간 보존하여야 한다. 다만, 고용노동부장관이 정하여 고시하는 물질을 취급하는 근로자에 대한 건강진단 결과의 서류 또는 전산입력 자료는 (ㄷ)간 보존하여야 한다.

① ㄱ: 특수, ㄴ: 오후 10시부터 오전 6시까지, ㄷ: 10년
② ㄱ: 수시, ㄴ: 오후 10시부터 오전 6시까지, ㄷ: 30년
③ ㄱ: 특수, ㄴ: 오후 10시부터 오전 6시까지, ㄷ: 20년
④ ㄱ: 수시, ㄴ: 오후 8시부터 오전 4시까지, ㄷ: 30년
⑤ ㄱ: 특별, ㄴ: 오후 8시부터 오전 4시까지, ㄷ: 20년

근거조문 ▶ 시행규칙 제241조

20 산업안전보건법령상 사업주는 일정한 질병이 있는 근로자를 고기압 업무에 종사하도록 하여서는 아니 된다. 이 질병에 해당하지 않는 것은?

① 빈혈증
② 메니에르씨병
③ 바이러스 감염에 의한 구순포진
④ 관절염
⑤ 천식

근거조문 ▶ 시행규칙 제221조

21 산업안전보건법령상의 내용에 관한 설명으로 옳지 않은 것은?

① 작업환경측정 결과 직업성 질환에 걸렸는지 여부의 판단이 곤란한 근로자의 질병에 대하여 보건관리자 또는 산업보건의가 역학조사를 요청하는 경우 한국산업안전보건공단은 역학조사를 할 수 있다.
② 사업주 또는 근로자대표가 역학조사를 요청하는 경우에는 산업안전보건위원회의 의결을 거치거나 각각 상대방의 동의를 거쳐야 한다.
③ 건강관리카드를 발급받은 사람이 「산업재해보상보험법」에 따라 요양급여를 신청하는 경우에는 건강관리카드를 제출함으로써 해당 재해에 관한 의학적 소견을 적은 서류의 제출을 대신할 수 있다.
④ 사업주는 조현병에 걸린 사람에게 근로를 금지하거나 근로를 다시 시작하도록 하는 경우에는 미리 의사 또는 간호사인 보건관리자의 의견을 들어야 한다.
⑤ 사업주는 유해하거나 위험한 작업으로서 높은 기압에서 하는 작업 등 대통령령으로 정하는 작업에 종사하는 근로자에게는 1일 6시간, 1주 34시간을 초과하여 근로하게 해서는 아니 된다.

근거조문 시행규칙 제220조

22 산업안전보건기준에 관한 규칙상 위험예방을 위한 조치에 관한 설명으로 옳은 것은?

① 주형조형기에 근로자의 신체 일부가 말려들어갈 우려가 있는 경우 게이트가드 또는 반발예방방지장치 등에 의한 방호장치를 하여야 한다.
② ①의 게이트가드는 닫지 아니하면 기계가 작동되지 아니하는 연동구조여야 한다.
③ 산화에틸렌 또는 산화프로필렌을 탱크로리, 드럼 등에 주입하는 작업을 하는 경우에는 미리 그 내부의 증기를 활성가스로 바꾸는 등 안전한 상태로 되어 있는지를 확인한 후에 해당 작업을 하여야 한다.
④ 가스집합용접장치 전용 가스장치실의 지붕과 천장에는 난연성 재료를 사용해야 한다.
⑤ 충전전로 인근에서 차량, 기계장치 등의 작업이 있는 경우에는 차량 등을 충전전로의 충전부로부터 200cm 이상 이격시켜 유지하여야 한다.

근거조문 안전보건규칙 제121조

23 산업안전보건기준에 관한 규칙의 내용으로 옳은 것은?

① 사다리식 통로(고정식 제외)의 기울기는 80° 이하로 하여야 한다.
② 콘크리트를 타설하는 경우에는 지지강도가 높게 나오게 중앙부위에 집중적으로 타설하여야 한다.
③ 양중기의 경우 근로자가 탑승하는 운반구를 지지하는 달기와이어로프 또는 달기체인에 대한 안전계수는 5 이상으로 하여야 한다.
④ 추락방호망의 설치위치는 가능하면 바닥면으로부터 가까운 지점에 설치하여야 하며, 바닥면으로부터 망의 설치지점가지의 수직거리는 15m를 초과하지 아니하여야 한다.
⑤ 낙하물방지망을 설치하는 경우 높이 10m 이내마다 설치하고, 내민길이는 벽면으로부터 2m 이상으로 하여야 하며, 수평면과의 각도는 20° 이상 30° 이하를 유지하여야 한다.

> 근거조문 ▶ 안전보건규칙 제14조

24 산업안전보건기준에 관한 규칙상 석면의 제조·사용 작업, 해체·제거작업 및 유지·관리 등의 조치기준에 관한 설명으로 옳지 않은 것은?

① 사업주는 분말 상태의 석면을 혼합하거나 용기에 넣거나 꺼내는 작업, 절단·천공 또는 연마하는 작업 등 석면분진이 흩날리는 작업에 근로자를 종사하도록 하는 경우에 석면의 부스러기 등을 넣어두기 위하여 해당 장소에 뚜껑이 있는 용기를 갖추어 두어야 한다.
② 사업주는 석면으로 인한 직업성 질병의 발생 원인, 재발 방지 방법 등을 석면을 취급하는 근로자에게 알려야 한다.
③ 사업주는 석면에 오염된 장비, 보호구 또는 작업복 등을 처리하는 경우에 압축공기를 불어서 석면오염을 제거해야 한다.
④ 사업주는 석면해체·제거작업에서 발생된 석면을 함유한 잔재물은 습식으로 청소하거나 고성능필터가 장착된 진공청소기를 사용하여 청소하는 등 석면분진이 흩날리지 않도록 하여야 한다.
⑤ 사업주는 석면해체·제거작업장과 연결되거나 인접한 장소에 탈의실·샤워실 및 작업복 갱의실 등의 위생설비를 설치하고 필요한 용품 및 용구를 갖추어 두어야 한다.

> 근거조문 ▶ 안전보건규칙 제485조

25 산업안전보건기준에 관한 규칙상 설명으로 옳지 않은 것은?

① "근골격계질환 예방관리 프로그램"이란 유해요인 조사, 작업환경 개선, 의학적 관리, 교육·훈련, 평가에 관한 사항 등이 포함된 근골격계질환을 예방관리하기 위한 종합적인 계획을 말한다.
② 사업주는 근로자가 근골격계부담작업을 하는 경우에 3년마다 작업시간·작업자세·작업방법 등 작업조건에 대한 유해요인조사를 하여야 한다. 다만, 신설되는 사업장의 경우에는 신설일부터 1년 이내에 최초의 유해요인 조사를 하여야 한다.
③ 사업주는 근골격계부담작업에 해당하는 새로운 작업·설비를 도입한 경우에는 지체 없이 유해요인 조사를 하여야 한다.
④ 사업주는 근로자대표의 요구가 있으면 설명회를 개최하여 유해요인 조사 결과를 해당 근로자와 같은 방법으로 작업하는 근로자에게 알려야 한다.
⑤ 사업주는 근골격계질환으로 업무상 질병으로 인정받은 근로자가 10명 이상 발생한 사업장으로서 발생 비율이 그 사업장 근로자 수의 5퍼센트 이상인 경우 근골격계질환 예방관리 프로그램을 수립하여 시행하여야 한다.

근거조문 안전보건규칙 제656조 이하

○ 6회 정답

1	2	3	4	5	6	7	8	9	10
①	④	⑤	①	①	②	②	④	③	②
11	12	13	14	15	16	17	18	19	20
④	③	④	⑤	⑤	②	③	①	②	③
21	22	23	24	25					
④	②	⑤	③	⑤					

* 문제에 대한 자세한 해설은 동영상 강의에서 제공

7회

산업안전보건법령 진도별 모의고사

01 산업안전보건법령상 건강진단에 관한 설명으로 옳은 것은?

① 건강진단의 종류에는 일반건강진단, 특수건강진단, 채용시건강진단, 수시건강진단, 임시건강진단이 있다.
② 6개월간 밤 12시부터 오전 5시까지의 시간을 포함하여 계속되는 8시간 작업을 월 평균 4회 이상 수행하는 야간작업 근로자도 특수건강진단을 받아야 한다.
③ 디메틸포름아미드에 노출되는 업무에 종사하는 근로자는 배치 후 2개월 이내에 첫 번째 특수건강진단을 받고, 이후 6개월마다 주기적으로 특수건강진단을 받아야 한다.
④ 다른 사업장에서 해당 유해인자에 대하여 배치전건강진단을 받고 9개월이 지난 근로자로서 건강진단결과를 적은 서류를 제출한 근로자는 배치전건강진단을 실시하지 아니할 수 있다.
⑤ 특수건강진단대상업무로 인하여 해당 유해인자에 의한 건강장해를 의심하게 하는 증상을 보이는 근로자에 대하여 사업주가 실시하는 건강진단을 임시건강진단 이라 한다.

근거조문 (법 제129조 이하)

02 산업안전보건법령상 근로자의 보건관리에 관한 설명으로 옳지 않은 것은?

① 베타-나프틸아민 또는 그 염(같은 물질이 함유된 화합물의 중량 비율이 1퍼센트를 초과하는 제제를 포함한다)을 제조하거나 취급하는 업무에 3개월 이상 종사한 사람은 건강관리카드 발급 대상이다.
② 벤조트리클로라이드를 제조(태양광선에 의한 염소화반응에 의하여 제조하는 경우만 해당한다)하거나 취급하는 업무에 3년 이상 종사한 사람은 건강관리카드 발급 대상이다.
③ 비파괴검사(X-선) 업무에 1년이상 종사한 사람 또는 연간 누적선량이 20mSv 이상이었던 사람은 건강관리카드 발급 대상이다.
④ 사업주는 잠함(潛艦) 또는 잠수작업 등 높은 기압에서 하는 위험한 작업에 종사하는 근로자에게는 1일 6시간, 1주 34시간을 초과하여 근로하게 하여서는 아니 된다.
⑤ 6개월간 오후 10시부터 다음날 오전 6시 사이의 시간 중 작업을 월 평균 80시간 이상 수행하는 경우는 특수건강진단 대상 유해인자인 야간작업에 해당한다.

근거조문 시행규칙 별표22

03 산업안전보건법령상 특수건강진단의 시기 및 주기에 관한 별표이다. 시기와 주기로 옳지 않은 것은?

특수건강진단의 시기 및 주기(제202조 제1항 관련)

구분	대상 유해인자	시기 (배치 후 첫 번째 특수 건강진단)	주기
ㄱ	N,N-디메틸아세트아미드	1개월 이내	6개월
ㄴ	벤젠	2개월 이내	6개월
ㄷ	염화비닐	3개월 이내	6개월
ㄹ	광물성 분진	12개월 이내	12개월
ㅁ	소음 및 충격소음	12개월 이내	24개월

① - ㄱ
② - ㄴ
③ - ㄷ
④ - ㄹ
⑤ - ㅁ

근거조문 시행규칙 별표23

04 산업안전보건법령상 특수건강진단의 주기에 대한 설명으로 옳지 않은 것은?

① 디메틸포름아미드-6개월
② 1,1,2,2-테트라클로로에탄-6개월
③ 석면-12개월
④ 목재 분진-12개월
⑤ 소음 및 충격소음-24개월

근거조문 시행규칙 별표23

05 산업안전보건법령상 질병자의 근로금지와 근로제한에 관한 설명으로 옳은 것은?

① 사업주는 전염될 우려가 있는 질병에 걸린 사람에 대해서는 근로를 금지해야 한다. 다만, 전염을 예방하기 위한 조치를 한 경우도 마찬가지이다.
② 사업주는 조현병, 마비성 치매에 걸린 사람에 대해서는 근로를 금지해야 한다.
③ 사업주는 심장·신장·폐 등의 질환이 있는 사람에 대해서는 근로를 금지해야 한다.
④ 사업주는 근로를 금지하거나 근로를 다시 시작하도록 하는 경우에는 미리 보건관리자(의사인 보건관리자와 간호사인 보건관리자), 산업보건의 또는 건강진단을 실시한 의사의 의견을 들어야 한다.
⑤ 천식, 비만증, 바세도우씨병, 그 밖에 알레르기성·내분비계·물질대사 또는 영양장해 등과 관련된 질병에 걸린 사람에 대해서는 저기압 업무에 종사하게 해서는 안 된다.

근거조문 시행규칙 제220조, 제221조

06 산업안전보건법령상 건강진단 및 건강관리에 관한 설명으로 옳지 않은 것은?

① 사업주는 납·수은·크롬·망간·카드뮴 등의 중금속 또는 이황화탄소·유기용제, 그 밖에 고용노동부령으로 정하는 특정 화학물질의 먼지·증기 또는 가스가 많이 발생하는 장소에서 하는 작업에게 필요한 안전조치 및 보건조치 외에 작업과 휴식의 적정한 배분 및 근로시간과 관련된 근로조건의 개선을 통하여 근로자의 건강 보호를 위한 조치를 하여야 한다.
② 사업주는 근로가 금지되거나 제한된 근로자가 건강을 회복하였을 때에는 지체 없이 근로를 할 수 있도록 하여야 한다.
③ 건강진단기관이 건강진단을 실시하였을 때에는 그 결과를 고용노동부장관이 정하는 건강진단개인표에 기록하고, 건강진단을 실시한 날부터 30일 이내에 근로자에게 송부해야 한다.
④ 고용노동부장관은 같은 유해인자에 노출되는 근로자들에게 유사한 질병의 증상이 발생한 경우 등 고용노동부령으로 정하는 경우에는 근로자의 건강을 보호하기 위하여 수시건강진단의 실시나 작업전환, 그 밖에 필요한 조치를 명할 수 있다.
⑤ 직업병 유소견자가 발생하거나 여러 명이 발생할 우려가 있는 경우에는 고용노동부장관은 임시건강진단의 실시나 작업전환, 그 밖에 필요한 조치를 명할 수 있다.

근거조문 시행규칙 제207조

07 산업안전보건법령상 보건관리에 관한 설명으로 옳지 않은 것은?

① 사업주는 상시 사용하는 근로자 중 사무직에 종사하는 근로자(공장 또는 공사현장과 같은 구역에 있지 않은 사무실에서 서무·인사·경리·판매·설계 등의 사무업무에 종사하는 근로자를 말하며, 판매업무 등에 직접 종사하는 근로자는 제외한다)에 대해서는 2년에 1회 이상, 그 밖의 근로자에 대해서는 1년에 1회 이상 일반건강진단을 실시해야 한다.
② 일반건강진단의 제1차 검사항목은 , 과거병력, 작업경력 및 자각·타각증상(시진·촉진·청진 및 문진), 혈압·혈당·요당·요단백 및 빈혈검사, 체중·시력 및 청력, 흉부방사선 촬영, AST(SGOT) 및 ALT(SGPT), γ-GTP 및 총콜레스테롤이다.
③ 제1차 검사항목 중 혈압·ALT(SGPT) 검사는 고용노동부장관이 정하는 근로자에 대하여 실시한다.
④ 특수건강진단, 수시건강진단, 임시건강진단을 실시한 결과 직업병 유소견자가 발견된 작업공정에서 해당 유해인자에 노출되는 모든 근로자에 대해서는 다음 회에 한정하여 관련 유해인자별로 특수건강진단 주기를 2분의 1로 단축해야 한다.
⑤ 특수건강진단 또는 임시건강진단을 실시한 결과 해당 유해인자에 대하여 특수건강진단 실시 주기를 단축해야 한다는 의사의 소견을 받은 근로자에 대해서는 다음 회에 한정하여 관련 유해인자별로 특수건강진단 주기를 2분의 1로 단축해야 한다.

근거조문 시행규칙 제198조

08 산업안전보건법령상 건강진단 및 건강관리에 관한 설명으로 옳지 않은 것은?

① 특수건강진단·배치전건강진단 및 수시건강진단의 검사항목은 제1차 검사항목과 제2차 검사항목으로 구분한다.
② 제1차 검사항목은 특수건강진단, 배치전건강진단 및 수시건강진단의 대상이 되는 근로자 모두에 대하여 실시한다.
③ 제2차 검사항목은 제1차 검사항목에 대한 검사 결과 건강수준의 평가가 곤란하거나 질병이 의심되는 사람에 대하여 고용노동부장관이 정하여 고시하는 바에 따라 실시해야 한다.
④ 제1차 검사항목 중 혈당·γ-GTP 및 총콜레스테롤 검사는 고용노동부장관이 정하는 근로자에 대하여 실시한다.
⑤ 작업 전환을 하거나 작업 장소를 변경하여 해당 판정의 원인이 된 특수건강진단대상업무에 종사하는 사람에 대해서는 직업병 유소견자 발생의 원인이 된 유해인자에 대하여 해당 근로자를 진단한 의사가 필요하다고 인정하는 시기에 특수건강진단을 실시해야 한다.

근거조문 시행규칙 제202조

09 산업안전보건법령상 건강진단에 관한 설명으로 옳지 않은 것은?

① 근로자대표가 요구할 때에는 건강진단 시 근로자대표를 입회시켜야 한다.
② 고용노동부장관은 근로자의 건강을 보호하기 위하여 필요하다고 인정할 때에는 사업주에게 특정 근로자에 대한 임시건강진단의 실시나 그 밖에 필요한 조치를 명할 수 있다.
③ 특수건강진단기관은 특수건강진단·수시건강진단 또는 임시건강진단을 실시한 경우에는 건강진단을 실시한 날부터 30일 이내에 건강진단 결과표를 지방고용노동관서의 장에게 제출해야 한다.
④ 건강진단기관은 건강진단을 실시한 날부터 30일 이내에 건강진단 결과표를 사업주에게 송부해야 한다.
⑤ 건강진단기관은 건강진단을 실시한 결과 질병 유소견자가 발견된 경우에는 건강진단을 실시한 날부터 60일 이내에 해당 근로자에게 의학적 소견 및 사후관리에 필요한 사항과 업무수행의 적합성 여부(임시건강진단기관인 경우만 해당한다)를 설명해야 한다.

근거조문 ▶ 시행규칙 제209조

10 산업안전보건법령상 다음 내용에서 옳은 것을 모두 고른 것은?

> ㄱ. 건강진단 실시에 있어서 사무직에 종사하는 근로자란 공장 또는 공사현장과 같은 구역에 있지 아니한 사무실에서 사무·인사·경리·판매·설계 등의 사무업무에 종사는 근로자를 말하며, 판매업무 등에 직접 종사는 근로자를 포함한다.
> ㄴ. 특수건강진단을 실시한 결과 직업병 유소견자가 발견된 작업공정에서 해당 유해인자에 노출되는 모든 근로자에 대하여 다음 회에 한정하여 관련 유해인자별로 특수건강진단 주기를 2분의 1로 단축하여야 한다.
> ㄷ. 특수건강진단기관은 근로자에 대해 특수건강진단을 실시한 날부터 30일 이내에 건강진단 결과표를 지방고용노동관서의 장에게 제출하여야 한다.
> ㄹ. 「진폐의 예방과 진폐근로자의 보호 등에 관한 법률」에 따른 수시 건강진단을 받은 근로자는 일반건강진단을 실시한 것으로 본다.

① ㄴ, ㄷ
② ㄷ, ㄹ
③ ㄱ, ㄷ, ㄹ
④ ㄴ, ㄷ, ㄹ
⑤ ㄱ, ㄴ, ㄷ, ㄹ

근거조문 ▶ 시행규칙 제196조

11 산업안전보건법령상 건강진단에 관한 설명으로 옳지 않은 것은?

① 사무직 종사 근로자 외의 근로자는 1년에 1회 이상 일반건강진단을 실시하여야 한다.
② 상시 사용하는 근로자 중 사무직에 종사하는 근로자란 공장 또는 공사현장과 같은 구역에서 서무·인사·경리·판매·설계 등의 사무업무에 종사하는 근로자를 말하며, 판매업무에 직접 종사하는 근로자는 제외한다.
③ 「학교보건법」에 따른 건강검사를 받은 근로자는 산업안전보건법 시행규칙에 따른 일반건강진단을 실시한 것으로 본다.
④ 특수건강진단 또는 수시건강진단을 실시한 결과 해당 유해인자에 대하여 특수건강진단 실시 주기를 단축해야 한다는 의사의 소견을 받은 근로자에 대하여 다음 회에 한정하여 관련 유해인자별로 특수건강진단 주기를 2분의 1로 단축하여야 한다.
⑤ 사업주는 일반건강진단과 특수건강진단에 따른 건강진단 결과 유기화합물·금속류 등의 유해물질에 중독된 사람, 해당 유해물질에 중독될 우려가 있다고 의사가 인정하는 사람, 진폐의 소견이 있는 사람 또는 방사선에 피폭된 사람을 해당 유해물질 또는 방사선을 취급하거나 해당 유해물질의 분진·증기 또는 가스가 발산되는 업무 또는 해당 업무로 인하여 근로자의 건강을 악화시킬 우려가 있는 업무에 종사하도록 해서는 안 된다.

근거조문 시행규칙 제202조

12 산업안전보건법령상 물질안전보건자료의 경고표지에 포함되어야 하는 사항을 기술한 것이다. 다음 중 옳지 않은 것은?

① 명칭: 제품명
② 그림문자: 화학물질의 분류에 따라 유해·위험의 내용을 나타내는 그림
③ 신호어: 유해·위험의 심각성 정도에 따라 표시하는 "위험" 또는 "경고" 문구
④ 유해·위험 문구: 화학물질의 분류에 따라 유해·위험을 알리는 문구
⑤ 소비자자 정보: 물질안전보건자료대상물질의 수입자 또는 소비자의 이름 및 전화번호 등

근거조문 시행규칙 제170조

13 산업안전보건법령상 석면에 관한 설명으로 옳지 않은 것은?

① 석면해체·제거작업의 완료 후 해당 작업장의 공기 중 석면농도는 1 세제곱센티미터당 0.01개 이하이어야 한다.
② 석면을 사용하는 작업장소의 바닥재료는 불침투성재료를 사용하고 청소하기 쉬운 구조로 하여야 한다.
③ 근로자가 석면을 뿜어서 칠하는 작업을 할 경우 사업주는 석면이 흩날리지 않도록 습기를 유지하거나 밀폐 또는 국소배기장치설치 등 필요한 대책을 강구해야 한다.
④ 석면 취급작업을 마친 근로자의 오염된 작업복은 석면 전용 탈의실에서만 벗도록 하여야 한다.
⑤ 석면을 사용하는 장소는 다른 작업장소와 격리하여야 한다.

> **근거조문** 안전보건규칙 제477조 이하

14 석면해체·제거작업 시 조치기준에 관한 설명으로 옳은 것은?

① 석면함유 지붕재 해체·제거작업 시 반드시 습식으로 작업하여야 한다.
② 석면함유 천장재 해체·제거작업 시 작업장소는 반드시 음압을 유지하여야 한다.
③ 석면이 함유된 보온재 해체·제거작업 시 반드시 해당 장소를 밀폐하고 음압을 유지하여야 한다.
④ 석면해체·제거 작업시 발생한 석면함유 잔재물은 반드시 고성능필터가 장착된 진공청소기로만 청소하여야 한다.
⑤ 석면해체·제거작업에 종사하는 근로자에게 보호복 및 보호신발 외에 반드시 보호장갑도 지급·착용토록 하여야 한다.

> **근거조문** 안전보건규칙 제491조

15 산업안전보건법령상 근로자의 보건관리에 관한 설명으로 옳지 않은 것은?

① 사업주는 감염병, 정신병 또는 근로로 인하여 병세가 크게 악화될 우려가 있는 질병으로서 고용노동부령으로 정하는 질병에 걸린 자에게는 의사의 진단에 따라 근로를 금지하거나 제한하여야 한다.
② 사업주는 근로가 금지되거나 제한된 근로자가 건강을 회복하였을 때에는 지체 없이 취업하게 하여야 한다.
③ 사업주는 정신신경증, 알코올중독, 신경통, 그 밖의 정신신경계의 질병이 있는 사람은 근로를 금지시켜야 한다.
④ 사업주는 근로를 금지하거나 근로를 다시 시작하도록 하는 경우에는 미리 의사인 보건관리자, 산업보건의 또는 건강진단을 실시한 의사의 의견을 들어야 한다.
⑤ 관할 지방고용노동관서의 장이 역학조사의 필요성을 인정하는 경우에는 산업안전보건위원회의 의결이나 상대방의 동의 없이 역학조사를 할 수 있다.

> **근거조문** 시행규칙 제221조, 222조

16 산업안전보건법령상 건강진단에 관한 설명으로 옳은 것은?

① 수시건강진단이란 특수건강진단 대상업무로 인하여 해당 유해인자에 의한 직업성 천식, 직업성 피부염, 그 밖에 건강장해를 의심하게 하는 증상을 보이거나 의학적 소견이 있는 근로자에 대하여 사업주가 실시하는 건강진단을 말한다.
② 건강진단 실시에 있어 사무직에 종사하는 근로자란 공장 또는 공사현장에서 서무·인사·경리·판매·설계 등의 사무업무에 종사하는 근로자를 말하며 판매업무에 직접 종사하는 근로자는 제외한다.
③ 작업환경측정 결과 노출기준 이상인 작업공장에서 해당 유해인자에 노출되는 모든 근로자에 대하여는 다음 회부터 관련 유해인자별로 특수건강진단 실시주기를 2분의 1로 단축하여야 한다.
④ 다른 사업장에서 해당 유해인자에 대하여 배치전 건강진단을 받고 1년이 지나지 않은 근로자로서 건강진단 결과를 적은 서류를 제출한 근로자는 배치전 건강진단을 실시하지 아니한다.
⑤ 특수건강진단기관은 근로자에 대한 배치전 건강진단을 실시한 경우에는 건강진단을 실시한 날부터 30일 이내에 건강진단 결과표를 지방고용노동관서의 장에게 제출하여야 한다.

근거조문 시행규칙 제209조

17 산업안전보건법에 규정된 용어에 관한 설명으로 옳지 않은 것은?

① "근로자"란 직업의 종류와 관계없이 임금을 목적으로 사업이나 사업장에 근로를 제공하는 자를 말한다.
② "역학조사"란 직업상 질환의 진단 및 예방, 발생원인의 규명을 위하여 근로자의 질병과 작업장의 유해요인의 상관관계에 관한 조사를 말한다.
③ "작업환경측정"이란 작업환경 실태를 파악하기 위하여 해당 유해인자에 대하여 사업주가 측정계획을 수립한 후 시료를 채취하고 분석·평가하는 것을 말한다.
④ "안전·보건진단"이란 산업재해를 예방하기 위하여 잠재적 위험성을 발견하고 그 개선대책을 수립할 목적으로 고용노동부장관이 지정한 자가 하는 조사·평가를 말한다.
⑤ "근로자대표"란 근로자의 과반수로 조직된 노동조합이 있는 경우에는 그 노동조합을, 근로자의 과반수로 조직된 노동조합이 없는 경우에는 근로자의 과반수를 대표하는 자를 말한다.

근거조문 법 제2조

18 산업안전보건법령상 지도사에 관한 설명으로 옳은 것은?

① 지도사 시험에 합격하여 고용노동부장관에게 등록하여야만 지도사의 자격을 가진다.
② 이 법을 위반하여 벌금형을 선고받고 6개월이 된 자는 지도사의 등록을 할 수 있다.
③ 지도사는 3년마다 갱신등록을 하여야 하며, 갱신등록은 지도실적이 없어도 가능하다.
④ 지도사 등록의 갱신기간 동안 지도실적이 2년 이상인 지도사의 보수교육시간은 10시간 이상으로 한다.
⑤ 산업안전 및 산업보건분야에서 3년간 실무에 종사한 지도사가 직무를 개시하려는 경우에는 등록을 하기 전 연수교육이 면제된다.

근거조문 ▶ 법 제142조 이하

19 산업안전보건법령상 산업안전지도사 및 산업보건지도사(이하 "지도사"라 함)에 관한 설명으로 옳지 않은 것은?

① 지도사가 그 직무를 시작할 때에는 고용노동부장관에게 신고하여야 한다.
② 지도사는 그 직무상 알게 된 비밀을 누설하거나 도용하여서는 아니 된다.
③ 지도사는 항상 품위를 유지하고 신의와 성실로써 공정하게 직무를 수행하여야 한다.
④ 지도사는 법령에 위반되는 행위에 관한 지도·상담을 하여서는 아니 된다.
⑤ 지도사는 다른 사람에게 자기의 성명이나 사무소의 명칭을 사용하여 지도사의 직무를 수행하게 하거나 그 자격증을 대여하여서는 아니 된다.

근거조문 ▶ (법 제142조 이하)

20 산업안전보건법령상 산업보건지도사의 직무에 해당하지 않는 것은?

① 작업환경의 평가 및 개선 지도
② 산업보건에 관한 조사·연구
③ 근로자 건강진단에 따른 사후관리 지도
④ 유해·위험의 방지대책에 관한 평가·지도
⑤ 작업환경 개선과 관련된 계획서 및 보고서의 작성

근거조문 ▶ 법 제142조 이하

21 산업안전보건법령상 산업안전지도사 및 산업보건지도사(이하 '지도사'라 함)의 연수교육 및 보수교육에 관한 설명으로 옳은 것은?

① 산업안전 및 산업보건 분야에서 5년 이상 실무에 종사한 경력이 있는 지도사 자격을 가진 화공안전기술사가 직무를 개시하려면 지도사 등록을 하기 전 2년의 범위에서 고용노동부령으로 정하는 연수교육을 받아야 한다.
② 한국산업안전보건공단이 연수교육을 실시한 때에는 그 결과를 연수교육이 끝난 날부터 30일 이내에 고용노동부장관에게 보고하여야 한다.
③ 한국산업안전보건공단이 보수교육을 실시한 때에는 보수교육 이수자 명단, 이수자의 교육 이수를 확인할 수 있는 서류를 5년간 보존하여야 한다.
④ 연수교육의 기간은 업무교육 및 실무수습 기간을 합산하여 2개월 이상으로 한다.
⑤ 지도사 등록의 갱신기간 동안 지도실적이 2년 이상인 지도사의 보수교육시간은 5시간 이상으로 한다.

> **근거조문** 법 제142조 이하

22 산업안전보건법령상 산업안전지도사 또는 산업보건지도사의 등록을 반드시 취소하여야 하는 사유를 모두 고른 것은?

> ㄱ. 직무의 수행과정에서 고의로 인하여 중대재해가 발생한 경우
> ㄴ. 업무정지 기간 중에 업무를 수행한 경우
> ㄷ. 다른 사람에게 자기의 성명을 사용하여 지도사의 직무를 수행하게 한 경우
> ㄹ. 거짓이나 그 밖의 부정한 방법으로 등록한 경우
> ㅁ. 업무 관련 서류를 거짓으로 작성한 경우
> ㅂ. 금고 이상의 형의 집행유예를 선고받고 그 유예기간 중에 있는 경우

① ㄱ, ㄷ, ㄹ
② ㄱ, ㄹ, ㅂ
③ ㄴ, ㄹ, ㅁ
④ ㄴ, ㄹ, ㅂ
⑤ ㄷ, ㅁ, ㅂ

> **근거조문** 법 제154조

23 산업안전지도사 및 산업보건지도사(이하 '지도사'라 함)에 관한 설명으로 옳지 않은 것은?

① 지도사는 안전보건개선계획서의 작성 업무를 수행할 수 있다.
② 산업안전보건법을 위반하여 벌금형을 선고받아 선고받고 1년이 지난 자는 지도사로 등록할 수 있다.
③ 금고 이상의 실형을 선고받고 그 집행이 끝나고 1년 6개월이 지난 자는 지도사로 등록할 수 있다.
④ 지도사가 업무수행과 관련하여 과실로 의뢰인에게 손실을 입힌 경우에도 그 손해를 배상할 책임이 있다.
⑤ 지도사 시험에서 부정행위를 한 응시자는 그 시험을 무효로 하고, 해당 시험시행일부터 5년간 시험 응시자격을 정지한다.

근거조문 법 제142조 이하

24 다음 내용 중 산업안전보건법령상 산업보건지도사가 타인의 의뢰를 받아 수행할 수 있는 직무인 것은 모두 몇 개인가?

○ 유해·위험의 방지대책에 관한 평가·지도
○ 공정상의 안전에 관한 평가·지도
○ 작업환경 개선과 관련된 계획서 및 보고서의 작성
○ 작업환경의 평가 및 개선 지도
○ 안전보건개선계획서의 작성

① 1개　　② 2개
③ 3개　　④ 4개
⑤ 5개

근거조문 법 제142조, 영 제101조

25 산업안전보건법령상 산업안전지도사 및 산업보건지도사에 관한 설명으로 옳지 않은 것은?

① 산업안전보건법 제36조에 따른 위험성평가의 지도는 산업안전지도사 및 산업보건지도사의 공통 직무이다.
② 고용노동부령으로 정하는 지도실적이 있는 지도사만이 갱신등록을 할 수 있다. 다만, 지도·종사 실적의 기간이 2년 미만인 지도사는 고용노동부령으로 정하는 보수교육을 받은 경우 갱신등록을 할 수 있다.
③ 한국산업안전보건공단이 보수교육을 실시하였을 때에는 그 결과를 보수교육이 끝난 날부터 10일 이내에 고용노동부장관에게 보고해야 하며, 보수교육 이수자 명단을 5년간 보존해야 한다.
④ 산업안전 또는 산업보건 분야에서 5년 이상 실무에 종사한 경력이 있는 사람은 연수교육이 면제된다.
⑤ 지도사가 업무 관련 서류를 거짓으로 작성한 경우 고용노동부장관은 지도사 등록을 취소하여야 한다.

근거조문 법 제142조

○ 7회 정답

1	2	3	4	5	6	7	8	9	10
②	⑤	④	④	②	④	③	⑤	⑤	①
11	12	13	14	15	16	17	18	19	20
④	⑤	③	⑤	③	①	③	④	①	④
21	22	23	24	25					
③	③	③	③	②					

* 문제에 대한 자세한 해설은 동영상 강의에서 제공

8회

산업안전보건법령 진도별 모의고사

01 산업안전보건법령상 산업안전지도사로 등록한 A가와 B가 법인(합명회사)을 만들었다. 손해배상의 책임을 보장하기 위하여 보증보험에 가입해야 하는 경우, 최저 보험금액이 얼마 이상인 보증보험에 가입해야 하는가?

① 1천만원
② 2천만원
③ 3천만원
④ 4천만원
⑤ 5천만원

> 근거조문 영 제108조

02 산업안전보건법령상 대통령령으로 정하는 산업재해 예방사업의 보조·지원에 대한 취소사유와 그에 따른 처분의 내용이 옳지 않은 것은?

	보조·지원 취소사유	처분의 내용
①	거짓이나 그 밖의 부정한 방법으로 보조·지원을 받은 경우	전부 취소
②	보조·지원 대상자가 폐업하거나 파산한 경우	전부 또는 일부 취소
③	산업재해 예방사업의 목적에 맞게 사용되지 아니한 경우	전부 또는 일부 취소
④	보조·지원을 받은 사업주가 필요한 안전조치 및 보건조치 의무를 위반하여 보조·지원을 받은 후 3년 이내에 해당 시설 및 장비의 중대한 결함이나 관리상 중대한 과실로 인하여 근로자가 사망한 경우	전부 또는 일부 취소
⑤	보조·지원 대상 기간이 끝나기 전에 보조·지원 대상 시설 및 장비를 국외로 이전 설치한 경우	전부 또는 일부 취소

> 근거조문 법 제158조

03 산업안전보건법령상 산업재해 예방활동의 보조·지원을 받은 자의 폐업으로 인해 고용노동부장관이 그 보조·지원의 전부를 취소한 경우, 그 취소한 날부터 보조·지원을 제한할 수 있는 기간은?

① 1년
② 2년
③ 3년
④ 4년
⑤ 5년

근거조문 ▶ 법 제158조

04 산업안전보건법령상 산업재해 예방활동의 보조·지원에 관한 설명으로 옳지 않은 것은?

① 고용노동부장관은 보조·지원을 받은 자가 보조·지원 대상자가 폐업하거나 파산한 경우 보조·지원의 전부를 취소해야 한다.
② ①항에서 보조지원대상자가 폐업하거나 파산한 경우 해당 금액 또는 지원에 상응하는 금액을 환수한다.
③ ①항의 경우 취소된 날부터 1년의 기간까지 보조·지원을 하지 아니할 수 있다.
④ ①항의 경우 위반 후 2년 이내에 보조·지원 대상을 임의매각·훼손·분실하는 등 지원 목적에 적합하게 유지·관리·사용하지 아니한 경우에는 2년의 기간까지 보조·지원을 하지 아니할 수 있다.
⑤ 보조·지원을 받은 자가 거짓이나 그 밖의 부정한 방법으로 보조·지원을 받은 경우에는 3년의 기간까지 보조·지원을 하지 아니할 수 있다.

근거조문 ▶ 법 제158조

05 산업안전보건법령상 산업재해 예방사업 보조·지원의 취소에 관한 설명으로 옳지 않은 것은?

① 거짓으로 보조·지원을 받은 경우 보조·지원의 전부를 취소하여야 한다.
② 보조·지원 대상을 임의매각·훼손·분실하는 등 지원 목적에 적합하게 유지·관리·사용하지 아니한 경우 보조·지원의 전부 또는 일부를 취소하여야 한다.
③ 보조·지원이 산업재해 예방사업의 목적에 맞게 사용되지 아니한 경우 보조·지원의 전부 또는 일부를 취소하여야 한다.
④ 보조·지원 대상 기간이 끝나기 전에 보조·지원 대상 시설 및 장비를 국외로 이전 설치한 경우 보조·지원의 전부 또는 일부를 취소하여야 한다.
⑤ 사업주가 보조·지원을 받은 후 5년 이내에 해당 시설 및 장비의 중대한 결함이나 관리상 중대한 과실로 인하여 근로자가 사망한 경우 보조·지원의 전부를 취소하여야 한다.

근거조문 ▶ 법 제158조

06 산업안전보건법령에서 규정하고 있는 명예산업안전감독관의 업무가 아닌 것은?

① 사업장에서 하는 자체점검 참여 및 근로감독관이 하는 사업장 감독 참여
② 법령을 위반한 사실이 있는 경우 사업주에 대한 개선 요청 및 감독기관에의 신고
③ 산업재해 발생의 급박한 위험이 있는 경우 사업주에 대한 작업중지 요청
④ 사업장 순회점검·지도 및 조치의 건의
⑤ 직업성 질환의 증상이 있거나 질병에 걸린 근로자가 여러 명 발생한 경우 사업주에 대한 임시건 강진단 실시 요청

> 근거조문 법 제23조

07 갑(甲)은 산업재해 예방 관련 업무를 하는 단체의 임직원 중에서 해당 단체가 추천하여 법령에 따라 위촉된 명예감독관이다. 산업안전보건법령상 갑(甲)의 업무인 것을 모두 고른 것은?

> ㄱ. 법령 및 산업재해 예방정책 개선 건의
> ㄴ. 법령을 위반한 사실이 있는 경우 사업주에 대한 개선 요청·감독기관에의 신고
> ㄷ. 근로자에 대한 안전수칙 준수 지도
> ㄹ. 안전·보건 의식을 북돋우기 위한 활동 등에 대한 참여와 지원
> ㅁ. 산업재해 예방에 대한 홍보 등 산업재해 예방업무와 관련하여 고용노동부장관이 정하는 업무

① ㄱ, ㄴ, ㄷ
② ㄱ, ㄴ, ㄹ
③ ㄱ, ㄹ, ㅁ
④ ㄴ, ㄹ, ㅁ
⑤ ㄷ, ㄹ, ㅁ

> 근거조문 법 제23조

08 산업안전보건법령상 산업재해 발생 보고 및 기록에 관한 설명으로 옳지 않은 것은?

① 사업주는 산업재해로 3일 이상의 요양이 필요한 부상을 입은 사람이 발생한 경우에는 해당 산업재해가 발생한 날부터 1개월 이내에 산업재해조사표를 작성하여 제출하여야 한다.
② 사업주는 산업재해가 발생한 때에는 근로자의 인적사항, 재해 발생의 원인 및 과정 등을 기록·보존하여야 하는데, 재해 재발방지계획도 여기에 포함된다.
③ 사업주는 산업재해가 발생한 때에는 사업장의 개요 및 근로자의 인적사항 등을 기록·보존해야 한다. 다만, 요양신청서의 사본에 재해 재발방지 계획을 첨부하여 보존한 경우에는 그렇지 않다.
④ 사업주는 산업재해조사표에 근로자대표의 확인을 받아야 하며, 그 기재 내용에 대하여 근로자대표의 이견이 있는 경우에는 그 내용을 첨부해야 한다.
⑤ 사업주는 고용노동부령으로 정하는 바에 따라 산업재해의 발생 원인 등을 기록하여 보존하여야 한다. 산업재해조사표의 사본을 보존한 경우에도 같다.

근거조문 법 제57조

09 산업안전보건법령상 근로감독관에 관한 설명으로 옳지 않은 것은?

① 근로감독관은 필요한 경우 사업장에 출입하여 사업주, 근로자 또는 안전보건관리책임자에게 질문을 하고, 장부, 서류, 그 밖의 물건의 검사 및 안전보건 점검을 하며, 관계 서류의 제출을 요구할 수 있다.
② 근로감독관은 기계·설비등에 대한 검사를 할 수 있으며, 검사에 필요한 한도에서 무상으로 제품·원재료 또는 기구를 수거할 수 있다. 이 경우 근로감독관은 해당 사업주 등에게 그 결과를 서면으로 알려야 한다.
③ 근로감독관은 산업안전보건법령상의 명령의 시행을 위하여 관계인에게 보고 또는 출석을 명할 수 있다.
④ 의사·치과의사 또는 한의사는 3일 이상의 입원치료가 필요한 부상 또는 질병이 환자의 업무와 관련성이 있다고 판단할 경우에는 「의료법」에도 불구하고 치료과정에서 알게 된 정보를 보건복지부장관에게 신고할 수 있다.
⑤ 지방고용노동관서의 장은 사업주, 근로자 또는 안전보건관리책임자 등에게 보고 또는 출석의 명령을 하려는 경우에는 7일 이상의 기간을 주어야 한다. 다만, 긴급한 경우에는 그렇지 않다.

근거조문 법 제155조

10 산업안전보건법령상 영업정지의 요청에 관한 설명이다. 다음 ( )안에 들어갈 숫자는?

> 고용노동부장관은 사업주가 산업재해를 발생시킨 경우에는 관계 행정기관의 장에게 관계 법령에 따라 해당 사업의 영업정지나 그 밖의 제재를 할 것을 요청할 수 있다.
> "많은 근로자가 사망하거나 사업장 인근지역에 중대한 피해를 주는 등 대통령령으로 정하는 사고" 란 다음 각 호의 어느 하나를 말한다.
> 1. 해당 재해가 발생한 때부터 그 사고가 주원인이 되어 ( )시간 이내에 2명 이상이 사망하는 재해
>   (중략)

① 24 ② 48
③ 72 ④ 96
⑤ 120

근거조문 ▶ 법 제159조

---

11 산업안전보건법령상 서류의 보존에 관한 설명으로 옳지 않은 것은?

① 안전인증 또는 안전검사의 업무를 위탁받은 안전인증기관 또는 안전검사기관은 안전인증·안전검사에 관한 사항으로서 고용노동부령으로 정하는 서류를 3년 동안 보존하여야 한다.
② 자율안전확인대상기계등을 제조하거나 수입하는 자는 자율안전기준에 맞는 것임을 증명하는 서류를 2년 동안 보존하여야 한다.
③ 일반석면조사를 한 건축물·설비소유주등은 그 결과에 관한 서류를 그 건축물이나 설비에 대한 해체·제거작업이 종료될 때까지 보존하여야 하고, 기관석면조사를 한 건축물·설비소유주등과 석면조사기관은 그 결과에 관한 서류를 3년 동안 보존하여야 한다.
④ 산업안전보건위원회 및 노사협의체의 회의록은 2년 동안 보존하여야 한다.
⑤ 지도사는 그 업무에 관한 사항으로서 고용노동부령으로 정하는 사항을 적은 서류를 3년 동안 보존하여야 한다.

근거조문 ▶ 법 제164조

12 산업안전보건법령상 작업 중 근로자가 추락할 위험이 있는 장소임에도 불구하고 사업주가 그 위험을 방지하기 위하여 필요한 조치를 취하지 않아 근로자가 사망한 경우, 사업주에게 과해지는 벌칙의 내용으로 옳은 것은?

① 7년 이하의 징역 또는 1억원 이하의 벌금
② 5년 이하의 징역 또는 5천만원 이하의 벌금
③ 3년 이하의 징역 또는 3천만원 이하의 벌금
④ 3년 이상의 징역 또는 10억원 이하의 과징금
⑤ 1년 이상의 징역 또는 5억원 이하의 과징금

근거조문 ▶ 법 제167조

13 산업안전보건법령상 3년 이하의 징역 또는 3천만원 이하의 벌금에 처하게 될 수 있는 자는?

① 중대재해 발생현장을 훼손한 자
② 공정안전보고서의 내용이 중대산업사고를 예방하기 위하여 적합하다고 통보받기 전에 관련 설비를 가동한 자
③ 동력으로 작동하는 기계·기구로서 작동부분의 돌기부분을 묻힘형으로 하지 않거나 덮개를 부착하지 않고 양도한 자
④ 안전인증을 받지 않은 유해·위험한 기계·기구·설비등에 안전인증표시를 한 자
⑤ 작업환경측정 결과에 따라 근로자의 건강을 보호하기 위하여 해당 시설·설비의 설치·개선 또는 건강진단의 실시 등의 조치를 하지 아니한 자

근거조문 ▶ 법 제167조 이하

14 산업안전보건법령상 산업재해 발생 사실을 은폐하도록 교사(敎唆)하거나 공모(共謀)한 자에게 적용되는 벌칙은?

① 500만원 이하의 벌금
② 1년 이하의 징역 또는 1천만원 이하의 벌금
③ 3년 이하의 징역 또는 3천만원 이하의 벌금
④ 5년 이하의 징역 또는 5천만원 이하의 벌금
⑤ 7년 이하의 징역 또는 1억원 이하의 벌금

근거조문 ▶ 법 제167조 이하

15 산업안전보건법령상의 벌칙에 관한 설명으로 옳지 않은 것은?

① 안전조치를 위반하여 근로자를 사망에 이르게 한 자는 7년 이하의 징역이나 1억원 이하의 벌금에 처한다.
② 중대재해 발생 시 사업주는 작업을 중지시키고 근로자를 작업장소에서 대피하는 조치를 하여야 함에도 이를 어긴 경우는 5년 이하의 징역이나 5천만원 이하의 벌금에 처한다.
③ 제조 등금지물질을 제조·수입·양도·제공 또는 사용해서는 아니 됨에도 불구하고 이를 어긴 경우 5년 이하의 징역이나 5천만원 이하의 벌금에 처한다.
④ 안전인증을 받지 아니하고 안전인증대상기계등을 제조·수입·양도·대여·사용한 경우에는 3년 이하의 징역이나 3천만원 이하의 벌금에 처한다.
⑤ 회전기계의 물림점(롤러나 톱니바퀴 등 반대방향의 두 회전체에 물려 들어가는 위험점)에는 덮개 또는 울을 설치하지 아니한 경우에는 3년 이하의 징역이나 3천만원 이하의 벌금에 처한다.

근거조문 법 제167조 이하

---

16 산업안전보건법령상의 벌칙에 관한 설명으로 옳지 않은 것은?

① 다른 사람에게 자기의 성명이나 사무소의 명칭을 사용하여 지도사의 직무를 수행하게 하거나 자격증·등록증을 대여한 사람은 1년 이하의 징역이나 1천만원 이하의 벌금에 처한다.
② 산업재해 발생 사실을 은폐한 자 또는 그 발생 사실을 은폐하도록 교사(教唆)하거나 공모(共謀)한 자는 1년 이하의 징역이나 1천만원 이하의 벌금에 처한다.
③ 공정안전보고서의 내용이 중대산업사고를 예방하기 위하여 적합하다고 통보받기 전에 관련된 유해하거나 위험한 설비를 가동한 경우에는 3년 이하의 징역이나 3천만원 이하의 벌금에 처한다.
④ 근로자의 안전 및 보건의 유지·증진을 위하여 필요하다고 인정하는 경우에는 해당 작업 또는 건설공사에 관한 고용노동부장관의 중지명령이나 유해위험방지계획서를 변경 명령을 어긴 경우에는 3년 이하의 징역이나 3천만원 이하의 벌금에 처한다.
⑤ 보건조치를 위반하여 근로자를 사망에 이르게 한 자는 7년 이하의 징역이나 1억원 이하의 벌금에 처한다.

근거조문 법 제167조 이하

17 산업안전보건법령상의 벌칙에 관한 설명으로 옳지 않은 것은?

① 허가대상물질을 제조하거나 사용하려는 자가 고용노동부장관의 허가 없이 제조·사용 또는 허가 받은 사항을 변경한 경우에는 5년 이하의 징역이나 5천만원 이하의 벌금에 처한다.
② 안전인증 업무를 위탁받은 자로서 그 업무를 거짓이나 그 밖의 부정한 방법으로 수행한 자는 3년 이하의 징역이나 3천만원 이하의 벌금에 처한다.
③ 안전인증을 받은 유해·위험기계등이 아닌 것에 안전인증표시나 이와 유사한 표시를 한 경우에는 1년 이하의 징역이나 1천만원 이하의 벌금에 처한다.
④ 사업주는 건강진단의 결과 근로자의 건강을 유지하기 위하여 필요하다고 인정할 때에는 작업장소 변경, 작업 전환, 근로시간 단축, 야간근로(오후 10시부터 다음 날 오전 6시까지 사이의 근로를 말한다)의 제한, 작업환경측정 또는 시설·설비의 설치·개선 등의 적절한 조치를 하지 아니한 자는 1천만원 이하의 벌금에 처한다.
⑤ 도급인이 도급인과 수급인을 구성원으로 하는 안전 및 보건에 관한 협의체의 구성 및 운영을 하지 않은 경우에는 1천만원 이하의 벌금에 처한다.

근거조문 법 제167조 이하

18 산업안전보건기준에 관한 규칙상 통로를 설치하는 사업주가 준수하여야 하는 사항으로 옳지 않은 것은?

① 통로의 주요 부분에 통로표시를 하고, 근로자가 안전하게 통행할 수 있도록 하여야 한다.
② 통로면으로부터 높이 2미터 이내의 장애물을 제거하는 것이 곤란하다고 고용노동부장관이 인정하는 경우에는 근로자에게 발생할 수 있는 부상 등의 위험을 방지하기 위한 안전 조치를 하여야 한다.
③ 가설통로를 설치하는 경우, 건설공사에 사용하는 높이 8미터 이상인 비계다리에는 7미터 이내마다 계단참을 설치하여야 한다.
④ 잠함(潛函) 내 사다리식 통로를 설치하는 경우 그 폭은 30센티미터 이상으로 설치하여야 한다.
⑤ 계단 및 계단참을 설치하는 경우 매제곱미터당 500킬로그램 이상의 하중에 견딜 수 있는 강도를 가진 구조로 설치하여야 한다.

근거조문 안전보건규칙 제24조

19 산업안전보건법령상 안전인증에 관한 설명으로 옳지 않은 것은?

① 안전인증을 받은 자는 안전인증을 받은 제품에 대하여 고용노동부령으로 정하는 바에 따라 제품 명·모델·제조수량·판매수량 및 판매처 현황 등의 사항을 기록·보존하여야 한다.
② 안전인증이 취소된 자는 취소된 날부터 1년 이내에는 같은 규격과 형식의 유해·위험한 기계·기구·설비등에 대하여 안전인증을 신청할 수 없다.
③ 고용노동부장관이 정하여 고시하는 안전인증기준에 맞지 아니하게 된 안전인증대상 기계·기구등을 사용한 자는 3년 이하의 징역 또는 3천만원 이하의 벌금에 처해지게 된다.
④ 거짓이나 부정한 방법으로 안전인증을 받은 경우 6개월 이내의 기간 동안 안전인증 표시의 사용이 금지된다.
⑤ 수출을 목적으로 제조하는 안전인증대상 기계·기구등은 안전인증이 전부 면제된다.

근거조문 법 제86조

20 산업안전보건법령상 도급사업 시의 안전보건조치에 관한 설명으로 옳지 않은 것은?

① 제조업의 사업주가 사업의 일부를 도급한 경우 도급인인 사업주는 1주일에 1회 이상 작업장을 순회점검하여야 한다.
② 건설업의 사업주가 안전·보건에 관한 협의체를 구성한 경우 그 협의체에 근로자위원으로서 도급 또는 하도급 사업을 포함한 전체 사업의 근로자대표, 명예산업안전감독관 및 근로자대표가 지명하는 해당 사업장의 근로자를 포함한 산업안전보건위원회를 구성할 수 있다.
③ 안전·보건에 관한 협의체는 도급인인 사업주 및 그의 수급인인 사업주 전원으로 구성하여야 한다.
④ 안전·보건에 관한 협의체는 매월 1회 이상 정기적으로 회의를 개최하고 그 결과를 기록·보존하여야 한다.
⑤ 도급인인 사업주는 수급인인 사업주가 실시하는 근로자의 해당 안전·보건교육에 필요한 장소 및 자료의 제공 등 필요한 조치를 하여야 한다.

근거조문 시행규칙 제80조

21 산업안전보건법령상 유해인자의 유해성·위험성 분류기준에 관한 설명으로 옳지 않은 것은?

① 인화성 액체는 표준압력(101.3 kPa)에서 인화점이 93 ℃ 이하인 액체이다.
② 54 ℃ 이하 공기 중에서 자연발화하는 가스는 인화성 가스에 해당한다.
③ 20 ℃, 200 킬로파스칼(kPa) 이상의 압력 하에서 용기에 충전되어 있는 가스는 고압가스에 해당한다.
④ 유기과산화물은 2가의 -O-O- 구조를 가지고 3개의 수소원자가 유기라디칼에 의하여 치환된 과산화수소의 유도체를 포함한 액체 유기물질이다.
⑤ 자연발화성 액체는 적은 양으로도 공기와 접촉하여 5분 안에 발화할 수 있는 액체이다.

근거조문 시행규칙 별표18

22 산업안전보건법령상 서류의 보존기간에 관한 설명으로 옳지 않은 것은?

① 기관석면조사를 한 건축물이나 설비의 소유주 등과 석면조사기관은 그 결과에 관한 서류를 5년간 보존하여야 한다.
② 지정측정기관은 작업환경측정에 관한 사항으로서 측정대상 사업장의 명칭 및 소재지 등을 기재한 서류를 3년간 보존하여야 한다.
③ 사업주는 노사협의체 회의록을 2년간 보존하여야 한다.
④ 자율안전확인대상 기계·기구 등을 제조하거나 수입하려는 자는 자율안전기준에 맞는 것임을 증명하는 서류를 2년간 보존하여야 한다.
⑤ 사업주는 화학물질의 유해성·위험성 조사에 관한 서류를 3년간 보존하여야 한다.

근거조문 법 제164조

23 산업안전보건법령상 공정안전보고서의 제출대상이 아닌 것은?

① 산화성 가스 및 산화성 액체의 합성수지 및 기타 플라스틱물질 제조업
② 화약 및 불꽃제품 제조업
③ 질소 화합물, 질소·인산 및 칼리질 화학비료 제조업 중 질소질 비료 제조
④ 원유 정제처리업
⑤ 화학 살균·살충제 및 농업용 약제 제조업(농약 원제(原劑) 제조만 해당)

근거조문 영 제43조

24 산업안전보건법령상 유해위험방지계획서 제출대상에 해당하지 않는 것은? (단, 전기 계약용량이 300 킬로와트 이상인 경우)

① 자동차 및 트레일러 제조업
② 1차 금속 제조업
③ 가구 제조업
④ 전기 용접장치
⑤ 분진작업 관련 설비

근거조문 영 제42조

25 산업안전보건법령상 유해위험방지계획서 제출대상 중 대통령령으로 정하는 크기 높이 등에 해당하는 건설공사에 해당하지 않는 것은?

① 지상높이가 31미터 이상인 건축물 또는 인공구조물
② 연면적 5천제곱미터 이상인 전시장 및 동물원·식물원
③ 연면적 5천제곱미터 이상인 냉동·냉장 창고시설의 설비공사 및 단열공사
④ 다목적댐, 발전용댐, 저수용량 2천만톤 이상의 용수 전용 댐 공사
⑤ 깊이 10미터 이상인 굴착공사

> 근거조문 　영 제42조

○ 8회 정답

1	2	3	4	5	6	7	8	9	10
④	②	①	②	⑤	④	③	⑤	④	③
11	12	13	14	15	16	17	18	19	20
⑤	①	②	②	⑤	④	⑤	④	④	①
21	22	23	24	25					
④	①	①	④	②					

* 문제에 대한 자세한 해설은 동영상 강의에서 제공

부록 2020년 산업안전보건법령 기출문제

(2020~2016년 5개년)

01 산업안전보건법령상 협조 요청 등에 관한 설명으로 옳지 않은 것은?

① 고용노동부장관은 산업재해 예방에 관한 기본계획을 효율적으로 시행하기 위하여 필요하다고 인정할 때에는 관계 행정기관의 장에게 필요한 협조를 요청할 수 있다.
② 고용노동부를 제외한 행정기관의 장은 사업장의 안전에 관하여 규제를 하려면 미리 고용노동부장관과 협의하여야 한다.
③ 고용노동부를 제외한 행정기관의 장은 고용노동부장관이 협의과정에서 해당 규제에 대한 변경을 요구하면 이에 따라야 하며, 고용노동부장관은 필요한 경우 국무총리에게 협의·조정 사항을 보고하여 확정할 수 있다.
④ 고용노동부장관은 산업재해 예방을 위하여 필요하다고 인정할 때에는 사업주에게 필요한 사항을 권고할 수 있다.
⑤ 고용노동부장관이 산정·통보한 산업재해발생률에 불복하는 건설업체는 통보를 받은 날부터 15일 이내에 고용노동부장관에게 이의를 제기하여야 한다.

02 산업안전보건법령상 산업재해발생건수등의 공표에 관한 설명으로 옳지 않은 것은?

① 고용노동부장관은 산업재해를 예방하기 위하여 사망재해자가 연간 2명 이상 발생한 사업장의 산업재해발생건수등을 공표하여야 한다.
② 고용노동부장관은 산업재해를 예방하기 위하여 중대산업사고가 발생한 사업장의 산업재해발생건수등을 공표하여야 한다.
③ 고용노동부장관은 도급인의 사업장 중 대통령령으로 정하는 사업장에서 관계수급인 근로자가 작업을 하는 경우에 도급인의 산업재해발생건수등에 관계수급인의 산업재해발생건수등을 포함하여 공표하여야 한다.
④ 산업재해발생건수등의 공표의 절차 및 방법에 관한 사항은 대통령령으로 정한다.
⑤ 고용노동부장관은 산업재해발생건수등을 공표하기 위하여 도급인에게 관계수급인에 관한 자료의 제출을 요청할 수 있다.

03 산업안전보건법령상 안전보건표지에 관한 설명으로 옳지 않은 것은?

① 안전보건표지의 표시를 명확히 하기 위하여 필요한 경우에는 그 안전보건표지의 주위에 표시사항을 흰색 바탕에 검은색 한글고딕체로 표기한 글자로 덧붙여 적을 수 있다.
② 사업주는 사업장에 설치한 안전보건표지의 색도기준이 유지되도록 관리해야 한다.
③ 안전보건표지의 성질상 부착하는 것이 곤란한 경우에도 해당 물체에 직접 도색할 수 없다.
④ 안전보건표지 속의 그림의 크기는 안전보건표지 전체 규격의 30 퍼센트 이상이 되어야 한다.
⑤ 안전보건표지는 쉽게 변형되지 않는 재료로 제작해야 한다.

04 산업안전보건법령상 안전보건관리책임자의 업무에 해당하는 것을 모두 고른 것은?

> ㄱ. 사업장의 산업재해 예방계획의 수립에 관한 사항
> ㄴ. 산업재해에 관한 통계의 기록에 관한 사항
> ㄷ. 작업환경측정 등 작업환경의 점검에 관한 사항
> ㄹ. 산업재해의 재발 방지대책 수립에 관한 사항

① ㄱ, ㄴ, ㄷ
② ㄱ, ㄴ, ㄹ
③ ㄱ, ㄷ, ㄹ
④ ㄴ, ㄷ, ㄹ
⑤ ㄱ, ㄴ, ㄷ, ㄹ

05 산업안전보건법령상 안전관리자에 관한 설명으로 옳지 않은 것은?

① 사업의 종류가 건설업(공사금액 150억원)인 경우, 그 사업주는 사업장에 안전관리자를 두어야 한다.
② 대통령령으로 정하는 사업의 종류 및 사업장의 상시근로자 수에 해당하는 사업장의 사업주는 안전관리전문기관에 안전관리자의 업무를 위탁할 수 있다.
③ 사업주가 안전관리자를 배치할 때에는 연장근로·야간근로 등 해당 사업장의 작업 형태를 고려해야 한다.
④ 사업주는 안전관리자를 선임한 경우에는 고용노동부령으로 정하는 바에 따라 선임한 날부터 7일 이내에 고용노동부장관에게 그 사실을 증명할 수 있는 서류를 제출해야 한다.
⑤ 고용노동부장관은 산업재해 예방을 위하여 필요한 경우로서 고용노동부령으로 정하는 사유에 해당하는 경우에는 사업주에게 안전관리자를 대통령령으로 정하는 수 이상으로 늘릴 것을 명할 수 있다.

06 산업안전보건법령상 산업안전보건위원회에 관한 설명으로 옳지 않은 것은?

① 산업안전보건위원회는 근로자위원과 사용자위원을 같은 수로 구성·운영하여야 한다.
② 산업안전보건위원회의 위원장은 위원 중에서 고용노동부장관이 정한다.
③ 산업안전보건위원회는 단체협약, 취업규칙에 반하는 내용으로 심의·의결해서는 아니 된다.
④ 사업주는 산업안전보건위원회의 위원에게 직무 수행과 관련한 사유로 불리한 처우를 해서는 아니 된다.
⑤ 산업안전보건위원회의 회의는 근로자위원 및 사용자위원 각 과반수의 출석으로 개의(開議)하고 출석위원 과반수의 찬성으로 의결한다.

07 산업안전보건법령상 안전보건관리규정에 관한 설명으로 옳은 것은?

① '안전보건교육에 관한 사항'은 안전보건관리규정에 포함되지 않는다.
② 상시근로자 수가 100명인 금융업의 경우 안전보건관리규정을 작성해야 한다.
③ 사업주가 안전보건관리규정을 작성할 때에는 소방·가스·전기·교통 분야 등의 다른 법령에서 정하는 안전관리에 관한 규정과 통합하여 작성할 수 있다.
④ 산업안전보건위원회가 설치되어 있지 아니한 사업장의 사업주가 안전보건관리규정을 변경할 경우 근로자대표의 동의를 받지 않아도 된다.
⑤ 사업주는 안전보건관리규정을 작성해야 할 사유가 발생한 날부터 15일 이내에 이를 작성해야 한다.

08 산업안전보건법령상 도급의 승인 등에 관한 설명으로 옳은 것을 모두 고른 것은?

> ㄱ. 고용노동부장관은 사업주가 유해한 작업의 도급금지 의무위반에 해당하는 경우에는 10억원 이하의 과징금을 부과·징수할 수 있다.
> ㄴ. 도급승인 신청을 받은 지방고용노동관서의 장은 도급승인 기준을 충족한 경우 신청서가 접수된 날부터 30일 이내에 승인서를 신청인에게 발급해야 한다.
> ㄷ. 도급에 대한 변경승인을 받으려는 자는 안전 및 보건에 관한 평가결과의 서류를 첨부하여 관할 지방고용노동관서의 장에게 제출해야 한다.

① ㄱ
② ㄴ
③ ㄷ
④ ㄱ, ㄷ
⑤ ㄴ, ㄷ

09 산업안전보건법령상 도급인의 안전조치 및 보건조치 등에 관한 설명으로 옳은 것은?

① 관계수급인 근로자가 도급인의 토사석 광업 사업장에서 작업을 하는 경우 도급인은 1주일에 1회 작업장 순회점검을 실시하여야 한다.
② 도급인은 관계수급인 근로자의 산업재해 예방을 위해 보호구 착용 지시 등 관계수급인 근로자의 작업행동에 관한 직접적인 조치도 포함하여 필요한 안전조치를 하여야 한다.
③ 안전 및 보건에 관한 협의체는 회의를 분기별 1회 정기적으로 개최하여야 한다.
④ 관계수급인 근로자가 도급인의 사업장에서 작업하는 경우 도급인은 위생시설등 고용노동부령으로 정하는 시설의 설치 등을 위하여 필요한 장소의 제공 또는 도급인이 설치한 위생시설 이용의 협조를 이행하여야 한다.
⑤ 도급에 따른 산업재해 예방조치의무에 따라 도급인이 작업장의 안전 및 보건에 관한 합동점검을 할 때에는 도급인, 관계수급인, 도급인 및 관계수급인의 근로자 각 2명으로 점검반을 구성하여야 한다.

10 산업안전보건법령상 안전보건관리담당자는 고용노동부장관이 실시하는 안전보건에 관한 보수교육을 최소 몇 시간 이상 받아야 하는가? (단, 보수교육의 면제사유 등은 고려하지 않음)

① 4시간
② 6시간
③ 8시간
④ 24시간
⑤ 34시간

11 산업안전보건법령상 관리감독자의 지위에 있는 근로자 A에 대하여 근로자정기교육시간을 면제할 수 있는 경우를 모두 고른 것은?

ㄱ. A가 직무교육기관에서 실시한 전문화교육을 이수한 경우
ㄴ. A가 직무교육기관에서 실시한 인터넷 원격교육을 이수한 경우
ㄷ. A가 한국산업안전보건공단에서 실시한 안전보건관리담당자 양성교육을 이수한 경우

① ㄱ
② ㄱ, ㄴ
③ ㄱ, ㄷ
④ ㄴ, ㄷ
⑤ ㄱ, ㄴ, ㄷ

12 산업안전보건법령상 유해·위험 기계 등에 대한 방호조치 등에 관한 설명으로 옳지 않은 것은?

① 금속절단기와 예초기에 설치해야 할 방호장치는 날접촉 예방장치이다.
② 작동부분에 돌기부분이 있는 기계는 작동부분의 돌기부분을 묻힘형으로 하거나 덮개를 부착하여야 한다.
③ 회전기계에 물체 등이 말려 들어갈 부분이 있는 기계는 회전기계의 물림점에 덮개 또는 방호망을 설치하여야 한다.
④ 동력전달 부분이 있는 기계는 동력전달부분에 덮개를 부착하거나 방호망을 설치하여야 한다.
⑤ 지게차에 설치해야 할 방호장치는 헤드 가드, 백레스트(backrest), 전조등, 후미등, 안전벨트이다.

13 산업안전보건법령상 대여 공장건축물에 대한 조치의 내용이다. ( )에 들어갈 내용이 옳은 것은?

> 공용으로 사용하는 공장건축물로서 다음 각 호의 어느 하나의 장치가 설치된 것을 대여하는 자는 해당 건축물을 대여 받은 자가 2명 이상인 경우로서 다음 각 호의 어느 하나의 장치의 전부 또는 일부를 공용으로 사용하는 경우에는 그 공용부분의 기능이 유효하게 작동되도록 하기 위하여 점검·보수 등 필요한 조치를 해야 한다.
> 1. (ㄱ)
> 2. (ㄴ)
> 3. (ㄷ)

① ㄱ: 국소 배기장치, ㄴ: 국소 환기장치, ㄷ: 배기처리장치
② ㄱ: 국소 배기장치, ㄴ: 전체 환기장치, ㄷ: 배기처리장치
③ ㄱ: 국소 환기장치, ㄴ: 전체 환기장치, ㄷ: 국소 배기장치
④ ㄱ: 국소 환기장치, ㄴ: 환기처리장치, ㄷ: 전체 환기장치
⑤ ㄱ: 환기처리장치, ㄴ: 배기처리장치, ㄷ: 국소 환기장치

14 산업안전보건법령상 안전인증과 안전검사에 관한 설명으로 옳지 않은 것은?

①「화학물질관리법」에 따른 수시검사를 받은 경우 안전검사를 면제한다.
② 산업용 원심기는 안전검사대상기계등에 해당된다.
③ 프레스와 압력용기는 고용노동부장관이 실시하는 안전인증과 안전검사를 모두 받아야 한다.
④ 고용노동부장관은 안전인증을 받은 자가 안전인증기준을 지키고 있는지를 3년이하의 범위에서 고용노동부령으로 정하는 주기마다 확인하여야 한다.
⑤ 안전검사 신청을 받은 안전검사기관은 검사 주기 만료일 전후 각각 30일 이내에 해당 기계·기구 및 설비별로 안전검사를 하여야 한다.

15 산업안전보건기준에 관한 규칙 제662조(근골격계질환 예방관리 프로그램시행) 제1항 규정의 일부이다. ( )에 들어갈 숫자가 옳은 것은?

> 사업주는 다음 각 호의 어느 하나에 해당하는 경우에 근골격계질환 예방관리 프로그램을 수립하여 시행하여야 한다.
> 1. 근골격계질환으로「산업재해보상보험법 시행령」별표 3 제2호 가목·마목 및 제12호 라목에 따라 업무상 질병으로 인정받은 근로자가 연간10명 이상 발생한 사업장 또는 5명 이상 발생한 사업장으로서 발생비율이 그 사업장 근로자 수의 ( )퍼센트 이상인 경우
> 2. <이하 생략>

① 5
② 10
③ 20
④ 30
⑤ 50

16 산업안전보건기준에 관한 규칙의 내용으로 옳지 않은 것은?

① 사업주는 순간풍속이 초당 10 미터를 초과하는 바람이 불어올 우려가 있는 경우 옥외에 설치된 주행 크레인에 대하여 이탈방지를 위한 조치를 하여야 한다.
② 사업주는 순간풍속이 초당 15 미터를 초과하는 경우에는 타워크레인의 운전작업을 중지하여야 한다.
③ 사업주는 높이가 3 미터를 초과하는 계단에 높이 3 미터 이내마다 너비 1.2 미터 이상의 계단참을 설치하여야 한다.
④ 사업주는 높이 1 미터 이상인 계단의 개방된 측면에 안전난간을 설치하여야 한다.
⑤ 사업주는 연면적이 400 제곱미터 이상이거나 상시 50명 이상의 근로자가 작업하는 옥내작업장에는 비상시에 근로자에게 신속하게 알리기 위한 경보용 설비 또는 기구를 설치하여야 한다.

17 산업안전보건법령상 유해인자의 유해성·위험성 분류기준에 관한 설명으로 옳지 않은 것은?

① 인화성 액체는 표준압력(101.3 kPa)에서 인화점이 93 ℃ 이하인 액체이다.
② 54 ℃ 이하 공기 중에서 자연발화하는 가스는 인화성 가스에 해당한다.
③ 20 ℃, 200 킬로파스칼(kPa) 이상의 압력 하에서 용기에 충전되어 있는 가스는 고압가스에 해당한다.
④ 유기과산화물은 2가의 -O-O- 구조를 가지고 3개의 수소원자가 유기라디칼에 의하여 치환된 과산화수소의 유도체를 포함한 액체 유기물질이다.
⑤ 자연발화성 액체는 적은 양으로도 공기와 접촉하여 5분 안에 발화할 수 있는 액체이다.

18 산업안전보건법령상 유해인자별 노출 농도의 허용기준과 관련하여 단시간 노출값의 내용이다. ( )에 들어갈 숫자가 순서대로 옳은 것은?

> "단시간 노출값(STEL)"이란 15분간의 시간가중평균값으로서 노출 농도가 시간가중평균값을 초과하고 단시간 노출값 이하인 경우에는 1회 노출지속시간이 15분 미만이어야 하고, 이러한 상태가 1일 ( )회 이하로 발생해야 하며, 각 회의 간격은 ( )분 이상이어야 한다.

① 4, 30
② 4, 60
③ 5, 30
④ 5, 60
⑤ 6, 60

19 산업안전보건법령상 고용노동부장관이 작업환경측정기관에 대하여 그 지정을 취소하거나 6개월 이내의 기간을 정하여 그 업무의 정지를 명할 수 있는 경우가 아닌 것은?

① 작업환경측정 관련 서류를 거짓으로 작성한 경우
② 정당한 사유 없이 작업환경측정 업무를 거부한 경우
③ 위탁받은 작업환경측정 업무에 차질을 일으킨 경우
④ 작업환경측정 업무와 관련된 비치서류를 보존하지 않은 경우
⑤ 고용노동부장관이 실시하는 작업환경측정기관의 측정·분석능력 확인을 6개월 동안 받지 않은 경우

20 산업안전보건법령상 일반건강진단의 주기에 관한 내용이다. ( )에 들어갈 숫자가 순서대로 옳은 것은?

> 사업주는 상시 사용하는 근로자 중 사무직에 종사하는 근로자(공장 또는 공사현장과 같은 구역에 있지 않은 사무실에서 서무·인사·경리·판매·설계 등의 사무업무에 종사하는 근로자를 말하며, 판매업무 등에 직접 종사하는 근로자는 제외한다)에 대해서 ( )년에 ( )회 이상 일반건강진단을 실시해야 한다.

① 1, 1
② 1, 2
③ 2, 1
④ 2, 2
⑤ 3, 2

21 산업안전보건법령상 사업주가 질병자의 근로를 금지해야 하는 대상에 해당하지 않는 사람은?

① 조현병에 걸린 사람
② 마비성 치매에 걸릴 우려가 있는 사람
③ 신장 질환이 있는 사람으로서 근로에 의하여 병세가 악화될 우려가 있는 사람
④ 심장 질환이 있는 사람으로서 근로에 의하여 병세가 악화될 우려가 있는 사람
⑤ 폐 질환이 있는 사람으로서 근로에 의하여 병세가 악화될 우려가 있는 사람

22 산업안전보건법령상 교육기관의 지정 등에 관한 설명으로 옳지 않은 것은?

① 고용노동부장관은 유해하거나 위험한 작업으로서 상당한 지식이나 숙련도가 요구되는 고용노동부령으로 정하는 작업의 경우, 그 작업에 필요한 자격·면허의 취득 또는 근로자의 기능 습득을 위하여 교육기관을 지정할 수 있다.
② 교육기관의 지정 요건 및 지정 절차는 고용노동부령으로 정한다.
③ 고용노동부장관은 지정받은 교육기관이 거짓으로 지정을 받은 경우에는 그 지정을 취소하여야 한다.
④ 고용노동부장관은 지정받은 교육기관이 업무정지 기간 중에 업무를 수행한 경우에는 그 지정을 취소하여야 한다.
⑤ 교육기관의 지정이 취소된 자는 지정이 취소된 날부터 3년 이내에는 해당 교육기관으로 지정받을 수 없다.

23 산업안전보건법령상 근로감독관 등에 관한 설명으로 옳지 않은 것은?

① 근로감독관은 이 법을 시행하기 위하여 필요한 경우 석면해체·제거업자의 사무소에 출입하여 관계인에게 관계 서류의 제출을 요구할 수 있다.
② 근로감독관은 산업재해 발생의 급박한 위험이 있는 경우 사업장에 출입하여 관계인에게 관계 서류의 제출을 요구할 수 있다.
③ 근로감독관은 기계·설비등에 대한 검사에 필요한 한도에서 무상으로 제품·원재료 또는 기구를 수거할 수 있다.
④ 지방고용노동관서의 장은 근로감독관이 이 법에 따른 명령의 시행을 위하여 관계인에게 출석명령을 하려는 경우, 긴급하지 않는 한 14일 이상의 기간을 주어야 한다.
⑤ 근로감독관은 이 법을 시행하기 위하여 사업장에 출입하는 경우에 그 신분을 나타내는 증표를 지니고 관계인에게 보여 주어야 한다.

24 산업안전보건법령상 산업안전지도사로 등록한 A가 손해배상의 책임을 보장하기 위하여 보증보험에 가입해야 하는 경우, 최저 보험금액이 얼마 이상인 보증보험에 가입해야 하는가? (단, A는 법인이 아님)

① 1천만원
② 2천만원
③ 3천만원
④ 4천만원
⑤ 5천만원

25 산업안전보건법령상 산업재해 예방활동의 보조·지원을 받은 자의 폐업으로 인해 고용노동부장관이 그 보조·지원의 전부를 취소한 경우, 그 취소한 날부터 보조·지원을 제한할 수 있는 기간은?

① 1년
② 2년
③ 3년
④ 4년
⑤ 5년

○ 2020년 기출문제 정답

1	2	3	4	5	6	7	8	9	10
⑤	④	③	⑤	④	②	③	①	④	③
11	12	13	14	15	16	17	18	19	20
⑤	③	②	①	②	①	④	②	⑤	③
21	22	23	24	25					
②	⑤	④	②	①					

부록

2019년 산업안전보건법령 기출문제

(2020~2016년 5개년)

01 산업안전보건법령상 법령 요지의 게시 등과 안전·보건표지의 부착 등에 관한 설명으로 옳지 않은 것은?

① 근로자대표는 작업환경측정의 결과를 통지할 것을 사업주에게 요청할 수 있고, 사업주는 이에 성실히 응하여야 한다.
② 야간에 필요한 안전·보건표지는 야광물질을 사용하는 등 쉽게 알아볼 수 있도록 제작하여야 한다.
③ 안전·보건표지의 표시를 명백히 하기 위하여 필요한 경우에는 안전·보건표지의 주위에 표시사항을 글자로 덧붙여 적을 수 있으며, 이 경우 글자는 노란색 바탕에 검은색 한글고딕체로 표기하여야 한다.
④ 안전·보건표지의 성질상 설치하거나 부착하는 것이 곤란한 경우에는 해당 물체에 직접 도장(塗裝)할 수 있다.
⑤ 사업주는 산업안전보건법과 산업안전보건법에 따른 명령의 요지를 상시 각 작업장 내에 근로자가 쉽게 볼 수 있는 장소에 게시하거나 갖추어 두어 근로자로 하여금 알게 하여야 한다.

02 산업안전보건법령상 용어에 관한 설명으로 옳은 것을 모두 고른 것은?

> ㄱ. 근로자란 직업의 종류와 관계없이 임금, 급료 기타 이에 준하는 수입에 의하여 생활하는 자를 말한다.
> ㄴ. 작업환경측정이란 작업환경 실태를 파악하기 위하여 해당 근로자 또는 작업장에 대하여 사업주가 측정계획을 수립한 후 시료(試料)를 채취하고 분석·평가하는 것을 말한다.
> ㄷ. 안전·보건진단이란 산업재해를 예방하기 위하여 잠재적 위험성을 발견하고 그 개선대책을 수립할 목적으로 고용노동부장관이 지정하는 자가 하는 조사·평가를 말한다.
> ㄹ. 중대재해는 3개월 이상의 요양이 필요한 부상자가 동시에 2명 이상 발생한 재해를 포함한다.

① ㄱ, ㄴ
② ㄱ, ㄹ
③ ㄴ, ㄷ
④ ㄷ, ㄹ
⑤ ㄴ, ㄷ, ㄹ

03 사업주 갑(甲)의 사업장에 산업재해가 발생하였다. 이 경우 갑(甲)이 기록·보존해야 할 사항으로 산업안전보건법령상 명시되지 않은 것은? (다만, 법령에 따른 산업재해조사표 사본을 보존하거나 요양신청서의 사본에 재해재발방지 계획을 첨부하여 보존한 경우에 해당하지 아니 한다.)

① 사업장의 개요
② 근로자의 인적 사항 및 재산 보유현황
③ 재해 발생의 일시 및 장소
④ 재해 발생의 원인 및 과정
⑤ 재해 재발방지 계획

04 산업안전보건법령상 안전·보건 관리체제에 관한 설명으로 옳지 않은 것은?

① 사업주는 안전보건관리책임자를 선임하였을 때에는 그 선임 사실 및 법령에 따른 업무의 수행내용을 증명할 수 있는 서류를 갖춰 둬야 한다.
② 안전보건관리책임자는 안전관리자와 보건관리자를 지휘·감독한다.
③ 사업주는 안전보건조정자로 하여금 근로자의 건강진단 등 건강관리에 관한 업무를 총괄관리하도록 하여야 한다.
④ 사업주는 관리감독자에게 법령에 따른 업무 수행에 필요한 권한을 부여하고 시설·장비·예산, 그 밖의 업무수행에 필요한 지원을 하여야 한다.
⑤ 사업주는 안전보건관리책임자에게 법령에 따른 업무를 수행하는 데 필요한 권한을 주어야 한다.

05 산업안전보건법령상 안전보건관리규정에 관한 설명으로 옳지 않은 것은?

① 소프트웨어 개발 및 공급업에서 상시 근로자 100명을 사용하는 사업장은 안전보건관리규정을 작성하여야 한다.
② 안전보건관리규정의 내용에는 작업지휘자 배치 등에 관한 사항이 포함되어야 한다.
③ 안전보건관리규정은 해당 사업장에 적용되는 단체협약 및 취업규칙에 반할 수 없다.
④ 안전보건관리규정에 관하여는 산업안전보건법에서 규정한 것을 제외하고는 그 성질에 반하지 아니하는 범위에서 「근로기준법」의 취업규칙에 관한 규정을 준용한다.
⑤ 사업주가 법령에 따라 안전보건관리규정을 작성하거나 변경할 때에는 산업안전보건위원회가 설치되어 있지 아니한 사업장의 경우에는 근로자대표의 동의를 받아야 한다.

06 산업안전보건법령상 산업안전보건위원회의 심의·의결을 거쳐야 하는 사항에 해당하지 않는 것은?

① 유해하거나 위험한 기계·기구와 그 밖의 설비를 도입한 경우 안전·보건조치에 관한 사항
② 안전·보건과 관련된 안전장치 구입 시의 적격품 여부 확인에 관한 사항
③ 산업재해에 관한 통계의 기록 및 유지에 관한 사항
④ 산업재해 예방계획의 수립에 관한 사항
⑤ 근로자의 안전·보건교육에 관한 사항

07 산업안전보건법령상 안전관리자 및 보건관리자 등에 관한 설명으로 옳지 않은 것은?

① 사업주가 안전관리자를 배치할 때에는 연장근로·야간근로 또는 휴일근로 등 해당 사업장의 작업형태를 고려하여야 한다.
② 건설업을 제외한 사업으로서 상시 근로자 300명 미만을 사용하는 사업의 사업주는 안전관리자의 업무를 안전관리전문기관에 위탁할 수 있다.
③ 안전관리전문기관은 고용노동부장관이 정하는 바에 따라 안전관리 업무의 수행 내용, 점검 결과 및 조치 사항 등을 기록한 사업장관리카드를 작성하여 갖추어 두어야 한다.
④ 지방고용노동관서의 장은 중대재해가 연간 2건 이상 발생한 경우에는 사업주에게 안전관리자·보건관리자를 교체하여 임명할 것을 명할 수 있다.
⑤ 고용노동부장관은 안전관리전문기관이 업무정지 기간 중에 업무를 수행한 경우 그 지정을 취소하여야 한다.

08 산업안전보건법령상 도급 금지 및 도급사업의 안전·보건에 관한 설명으로 옳지 않은 것은?

① 유해하거나 위험한 작업을 도급 줄 때 지켜야 할 안전·보건조치의 기준은 고용노동부령으로 정한다.
② 도금작업은 하도급인 경우를 제외하고는 고용노동부장관의 인가를 받지 아니하면 그 작업만을 분리하여 도급을 줄 수 없다.
③ 법령상 구성 및 운영되어야 하는 안전·보건에 관한 협의체는 도급인인 사업주 및 그의 수급인인 사업주 전원으로 구성하여야 한다.
④ 법령상 작업장의 순회점검 등 안전·보건관리를 하여야 하는 도급인인 사업주는 토사석 광업의 경우 2일에 1회 이상 작업장을 순회점검하여야 한다.
⑤ 건설공사를 타인에게 도급하는 자는 자신의 책임으로 시공이 중단된 사유로 공사가 지연되어 그의 수급인이 산업재해 예방을 위하여 공사기간 연장을 요청하는 경우 특별한 사유가 없으면 그 연장 조치를 하여야 한다.

09 산업안전보건법령상 안전보건관리책임자 등에 대한 직무교육에 관한 설명으로 옳은 것은?

① 법령에 따른 안전보건관리책임자에 해당하는 사람이 해당 직위에 위촉된 경우에는 직무교육을 이수한 것으로 본다.
② 법령에 따른 보건관리자가 의사인 경우에는 채용된 후 6개월 이내에 직무를 수행하는 데 필요한 신규교육을 받아야 한다.
③ 법령에 따른 안전보건관리담당자에 해당하는 사람은 선임된 후 매 2년이 되는 날을 기준으로 전후 3개월 사이에 고용노동부장관이 실시하는 안전·보건에 관한 보수교육을 받아야 한다.
④ 직무교육기관의 장은 직무교육을 실시하기 30일 전까지 교육 일시 및 장소 등을 직무교육 대상자에게 알려야 한다.
⑤ 직무교육을 이수한 사람이 다른 사업장으로 전직하여 신규로 선임된 경우로서 선임신고 시 전직 전에 받은 교육이수증명서를 제출하면 해당 교육의 2분의 1을 이수한 것으로 본다.

10 산업안전보건법령상 고객의 폭언등으로 인한 건강장해를 예방하기 위하여 사업주가 조치하여야 하는 것으로 명시된 것이 아닌 것은?

① 업무의 일시적 중단 또는 전환
② 고객과의 문제 상황 발생 시 대처방법 등을 포함하는 고객응대업무 매뉴얼 마련
③ 근로기준법에 따른 휴게시간의 연장
④ 폭언등으로 인한 건강장해 관련 치료
⑤ 관할 수사기관에 증거물을 제출하는 등 고객응대근로자가 폭언등으로 인하여 고소, 고발 등을 하는 데 필요한 지원

11 산업안전보건법령상 사업주가 근로자에 대하여 실시하여야 하는 근로자 안전·보건교육의 내용 중 관리감독자 정기안전·보건교육의 내용에 해당하지 않는 것은?

① 건강증진 및 질병 예방에 관한 사항
② 산업보건 및 직업병 예방에 관한 사항
③ 유해·위험 작업환경 관리에 관한 사항
④ 「산업안전보건법령」 및 일반관리에 관한 사항
⑤ 표준안전작업방법 및 지도 요령에 관한 사항

〈참고〉

■ 산업안전보건법 시행규칙 [별표 5] ★

안전보건교육 교육대상별 교육내용(제26조 제1항 등 관련)

1. 근로자 안전보건교육(제26조 제1항 관련)
    가. 근로자 정기교육

교육내용

- ○ 산업안전 및 사고 예방에 관한 사항
- ○ 산업보건 및 직업병 예방에 관한 사항
- ○ 건강증진 및 질병 예방에 관한 사항
- ○ 유해·위험 작업환경 관리에 관한 사항
- ○ 산업안전보건법령 및 일반관리에 관한 사항
- ○ 직무스트레스 예방 및 관리에 관한 사항
- ○ 산업재해보상보험 제도에 관한 사항

    나. 관리감독자 정기교육

교육내용

- ○ 작업공정의 유해·위험과 재해 예방대책에 관한 사항
- ○ 표준안전작업방법 및 지도 요령에 관한 사항
- ○ 관리감독자의 역할과 임무에 관한 사항
- ○ 산업보건 및 직업병 예방에 관한 사항
- ○ 유해·위험 작업환경 관리에 관한 사항
- ○ 산업안전보건법령 및 일반관리에 관한 사항
- ○ 직무스트레스 예방 및 관리에 관한 사항
- ○ 산재보상보험제도에 관한 사항
- ○ 안전보건교육 능력 배양에 관한 사항
  - 현장근로자와의 의사소통능력 향상, 강의능력 향상, 기타 안전보건교육 능력 배양 등에 관한 사항
  (※ 안전보건교육 능력 배양 내용은 전체 관리감독자 교육시간의 1/3이하에서 할 수 있다.)

12 산업안전보건법령상 안전검사대상 유해·위험기계등의 검사 주기가 공정안전보고서를 제출하여 확인을 받은 경우 최초 안전검사를 실시한 후 4년 마다인 것은?

① 이삿짐운반용 리프트
② 고소작업대
③ 이동식 크레인
④ 압력용기
⑤ 원심기

13 산업안전보건법령상 지게차에 설치하여야 할 방호장치에 해당하지 않는 것은?

① 헤드 가드
② 백레스트(backrest)
③ 전조등
④ 후미등
⑤ 구동부 방호 연동장치

14 산업안전보건법령상 불도저를 대여 받는 자가 그가 사용하는 근로자가 아닌 사람에게 불도저를 조작하도록 하는 경우 조작하는 사람에게 주지시켜야 할 사항으로 명시되지 않은 것은?

① 작업의 내용
② 지휘계통
③ 연락·신호 등의 방법
④ 제한속도
⑤ 면허의 갱신

15 산업안전보건법령상 설치·이전하는 경우 안전인증을 받아야 하는 기계·기구에 해당하는 것은?

① 프레스
② 곤돌라
③ 롤러기
④ 사출성형기(射出成形機)
⑤ 기계톱

16 산업안전보건법령상 자율안전확인의 신고 및 자율안전확인대상 기계·기구등에 관한 설명으로 옳지 않은 것은?

① 휴대형 연마기는 자율안전확인대상 기계·기구등에 해당한다.
② 연구·개발을 목적으로 산업용 로봇을 제조하는 경우에는 신고를 면제할 수 있다.
③ 파쇄·절단·혼합·제면기가 아닌 식품가공용기계는 자율안전확인대상 기계·기구등에 해당하지 않는다.
④ 자동차정비용 리프트에 대하여 안전인증을 받은 경우에는 그 안전인증이 취소되거나 안전인증표시의 사용 금지 명령을 받은 경우가 아니라면 신고를 면제할 수 있다.
⑤ 인쇄기에 대하여 고용노동부령으로 정하는 다른 법령에서 안전성에 관한 검사나 인증을 받은 경우에는 신고를 면제할 수 있다.

17 산업안전보건기준에 관한 규칙상 근로자가 주사 및 채혈 작업을 하는 경우 사업주가 하여야 할 조치에 해당하지 않는 것은?

① 안정되고 편안한 자세로 주사 및 채혈을 할 수 있는 장소를 제공할 것
② 채취한 혈액을 검사 용기에 옮기는 경우에는 주사침 사용을 금지하도록 할 것
③ 사용한 주사침의 바늘을 구부리는 행위를 금지할 것
④ 사용한 주사침의 뚜껑을 부득이하게 다시 씌워야 하는 경우에는 두 손으로 씌우도록 할 것
⑤ 사용한 주사침은 안전한 전용 수거용기에 모아 튼튼한 용기를 사용하여 폐기할 것

18 산업안전보건법령상 건강 및 환경 유해성 분류기준에 관한 설명으로 옳지 않은 것은?

① 입 또는 피부를 통하여 1회 투여 또는 8시간 이내에 여러 차례로 나누어 투여하거나 호흡기를 통하여 8시간 동안 흡입하는 경우 유해한 영향을 일으키는 물질은 급성 독성 물질이다.
② 접촉 시 피부조직을 파괴하거나 자극을 일으키는 물질은 피부 부식성 또는 자극성 물질이다.
③ 호흡기를 통하여 흡입되는 경우 기도에 과민반응을 일으키는 물질은 호흡기 과민성 물질이다.
④ 자손에게 유전될 수 있는 사람의 생식세포에 돌연변이를 일으킬 수 있는 물질은 생식세포 변이원성 물질이다.
⑤ 단기간 또는 장기간의 노출로 수생생물에 유해한 영향을 일으키는 물질은 수생 환경 유해성 물질이다.

〈참고〉

■ 산업안전보건법 시행규칙 [별표 18]

유해인자의 유해성·위험성 분류기준(제141조 관련)

1. 화학물질의 분류기준
   가. 물리적 위험성 분류기준
   1) 폭발성 물질: 자체의 화학반응에 따라 주위환경에 손상을 줄 수 있는 정도의 온도·압력 및 속도를 가진 가스를 발생시키는 고체·액체 또는 혼합물
   2) 인화성 가스: 20℃, 표준압력(101.3kPa)에서 공기와 혼합하여 인화되는 범위에 있는 가스와 54℃ 이하 공기 중에서 자연발화하는 가스를 말한다.(혼합물을 포함한다)
   3) 인화성 액체: 표준압력(101.3kPa)에서 인화점이 93℃ 이하인 액체
   4) 인화성 고체: 쉽게 연소되거나 마찰에 의하여 화재를 일으키거나 촉진할 수 있는 물질
   5) 에어로졸: 재충전이 불가능한 금속·유리 또는 플라스틱 용기에 압축가스·액화가스 또는 용해가스를 충전하고 내용물을 가스에 현탁시킨 고체나 액상입자로, 액상 또는 가스상에서 폼·페이스트·분말상으로 배출되는 분사장치를 갖춘 것
   6) 물반응성 물질: 물과 상호작용을 하여 자연발화되거나 인화성 가스를 발생시키는 고체·액체 또는 혼합물
   7) 산화성 가스: 일반적으로 산소를 공급함으로써 공기보다 다른 물질의 연소를 더 잘 일으키거나 촉진하는 가스
   8) 산화성 액체: 그 자체로는 연소하지 않더라도, 일반적으로 산소를 발생시켜 다른 물질을 연소시키거나 연소를 촉진하는 액체
   9) 산화성 고체: 그 자체로는 연소하지 않더라도 일반적으로 산소를 발생시켜 다른 물질을 연소시키거나 연소를 촉진하는 고체
   10) 고압가스: 20℃, 200킬로파스칼(kpa) 이상의 압력 하에서 용기에 충전되어 있는 가스 또는 냉동액화가스 형태로 용기에 충전되어 있는 가스(압축가스, 액화가스, 냉동액화가스, 용해가스로 구분한다)
   11) 자기반응성 물질: 열적(熱的)인 면에서 불안정하여 산소가 공급되지 않아도 강렬하게 발열·분해하기 쉬운 액체·고체 또는 혼합물
   12) 자연발화성 액체: 적은 양으로도 공기와 접촉하여 5분 안에 발화할 수 있는 액체
   13) 자연발화성 고체: 적은 양으로도 공기와 접촉하여 5분 안에 발화할 수 있는 고체
   14) 자기발열성 물질: 주위의 에너지 공급 없이 공기와 반응하여 스스로 발열하는 물질(자기발화성 물질은 제외한다)
   15) 유기과산화물: 2가의 -O-O- 구조를 가지고 1개 또는 2개의 수소 원자가 유기라디칼에 의하여 치환된 과산화수소의 유도체를 포함한 액체 또는 고체 유기물질
   16) 금속 부식성 물질: 화학적인 작용으로 금속에 손상 또는 부식을 일으키는 물질
   나. 건강 및 환경 유해성 분류기준
   1) 급성 독성 물질: 입 또는 피부를 통하여 1회 투여 또는 24시간 이내에 여러 차례로 나누어 투여하거나 호흡기를 통하여 4시간 동안 흡입하는 경우 유해한 영향을 일으키는 물질
   2) 피부 부식성 또는 자극성 물질: 접촉 시 피부조직을 파괴하거나 자극을 일으키는 물질(피부 부식성 물질 및 피부 자극성 물질로 구분한다)
   3) 심한 눈 손상성 또는 자극성 물질: 접촉 시 눈 조직의 손상 또는 시력의 저하 등을 일으키는 물질(눈 손상성 물질 및 눈 자극성 물질로 구분한다)
   4) 호흡기 과민성 물질: 호흡기를 통하여 흡입되는 경우 기도에 과민반응을 일으키는 물질
   5) 피부 과민성 물질: 피부에 접촉되는 경우 피부 알레르기 반응을 일으키는 물질
   6) 발암성 물질: 암을 일으키거나 그 발생을 증가시키는 물질
   7) 생식세포 변이원성 물질: 자손에게 유전될 수 있는 사람의 생식세포에 돌연변이를 일으킬 수 있는 물질

8) 생식독성 물질: 생식기능, 생식능력 또는 태아의 발생·발육에 유해한 영향을 주는 물질
9) 특정 표적장기 독성 물질(1회 노출): 1회 노출로 특정 표적장기 또는 전신에 독성을 일으키는 물질
10) 특정 표적장기 독성 물질(반복 노출): 반복적인 노출로 특정 표적장기 또는 전신에 독성을 일으키는 물질
11) 흡인 유해성 물질: 액체 또는 고체 화학물질이 입이나 코를 통하여 직접적으로 또는 구토로 인하여 간접적으로, 기관 및 더 깊은 호흡기관으로 유입되어 화학적 폐렴, 다양한 폐 손상이나 사망과 같은 심각한 급성 영향을 일으키는 물질
12) 수생 환경 유해성 물질: 단기간 또는 장기간의 노출로 수생생물에 유해한 영향을 일으키는 물질
13) 오존층 유해성 물질: 「오존층 보호를 위한 특정물질의 제조규제 등에 관한 법률」 제2조 제1호에 따른 특정물질

2. 물리적 인자의 분류기준
   가. 소음: 소음성난청을 유발할 수 있는 85데시벨(A) 이상의 시끄러운 소리
   나. 진동: 착암기, 손망치 등의 공구를 사용함으로써 발생되는 백랍병·레이노 현상·말초순환장애 등의 국소 진동 및 차량 등을 이용함으로써 발생되는 관절통·디스크·소화장애 등의 전신 진동
   다. 방사선: 직접·간접으로 공기 또는 세포를 전리하는 능력을 가진 알파선·베타선·감마선·엑스선·중성자선 등의 전자선
   라. 이상기압: 게이지 압력이 제곱센티미터당 1킬로그램 초과 또는 미만인 기압
   마. 이상기온: 고열·한랭·다습으로 인하여 열사병·동상·피부질환 등을 일으킬 수 있는 기온

3. 생물학적 인자의 분류기준
   가. 혈액매개 감염인자: 인간면역결핍바이러스, B형·C형간염바이러스, 매독바이러스 등 혈액을 매개로 다른 사람에게 전염되어 질병을 유발하는 인자
   나. 공기매개 감염인자: 결핵·수두·홍역 등 공기 또는 비말감염 등을 매개로 호흡기를 통하여 전염되는 인자
   다. 곤충 및 동물매개 감염인자: 쯔쯔가무시증, 렙토스피라증, 유행성출혈열 등 동물의 배설물 등에 의하여 전염되는 인자 및 탄저병, 브루셀라병 등 가축 또는 야생동물로부터 사람에게 감염되는 인자

※ 비고
제1호에 따른 화학물질의 분류기준 중 가목에 따른 물리적 위험성 분류기준별 세부 구분기준과 나목에 따른 건강 및 환경 유해성 분류기준의 단일물질 분류기준별 세부 구분기준 및 혼합물질의 분류기준은 고용노동부장관이 정하여 고시한다.

19 산업안전보건법령상 건강진단에 관한 내용으로 ( )에 들어갈 내용을 순서대로 옳게 나열한 것은?

> ○ 사업주는 사업장의 작업환경측정 결과 노출기준 이상인 작업공정에서 해당 유해인자에 노출되는 모든 근로자에 대해서는 다음 회에 한정하여 관련 유해인자별로 특수건강진단 주기를 (ㄱ)분의 1로 단축하여야 한다.
> ○ 건강진단기관이 건강진단을 실시하였을 때에는 그 결과를 고용노동부장관이 정하는 건강진단 개인표에 기록하고, 건강진단 실시일부터 (ㄴ)일 이내에 근로자에게 송부하여야 한다.
> ○ 사업주가 특수건강진단대상업무에 근로자를 배치하려는 경우 해당 작업에 배치하기 전에 배치전건강진단을 실시하여야 하나, 해당 사업장에서 해당 유해인자에 대하여 배치전건강진단을 받고 (ㄷ)개월이 지나지 아니한 근로자에 대해서는 배치전건강진단을 실시하지 아니할 수 있다.

① ㄱ: 2, ㄴ: 15, ㄷ: 3
② ㄱ: 2, ㄴ: 30, ㄷ: 3
③ ㄱ: 2, ㄴ: 30, ㄷ: 6
④ ㄱ: 3, ㄴ: 30, ㄷ: 6
⑤ ㄱ: 3, ㄴ: 60, ㄷ: 9

20 산업안전보건법령상 근로의 금지 및 제한에 관한 설명으로 옳은 것은?

① 사업주는 신장 질환이 있는 근로자가 근로에 의하여 병세가 악화될 우려가 있는 경우에 근로자의 동의가 없으면 근로를 금지할 수 없다.
② 사업주는 질병자의 근로를 다시 시작하도록 하는 경우에는 미리 보건관리자(의사가 아닌 보건관리자도 포함한다), 산업보건의 또는 건강진단을 실시한 의사의 의견을 들어야 한다.
③ 사업주는 관절염에 해당하는 질병이 있는 근로자를 고기압 업무에 종사시킬 수 있다.
④ 사업주는 갱내에서 하는 작업에 종사하는 근로자에게는 1일 6시간, 1주 34시간을 초과하여 근로하게 하여서는 아니 된다.
⑤ 사업주는 인력으로 중량물을 취급하는 작업에서 유해·위험 예방조치 외에 작업과 휴식의 적정한 배분, 그 밖에 근로시간과 관련된 근로조건의 개선을 통하여 근로자의 건강 보호를 위한 조치를 하여야 한다.

<참고>
제138조(질병자의 근로 금지·제한) ① 사업주는 감염병, 정신질환 또는 근로로 인하여 병세가 크게 악화될 우려가 있는 질병으로서 고용노동부령으로 정하는 질병에 걸린 사람에게는 「의료법」 제2조에 따른 의사의 진단에 따라 근로를 금지하거나 제한하여야 한다.
② 사업주는 제1항에 따라 근로가 금지되거나 제한된 근로자가 건강을 회복하였을 때에는 지체 없이 근로를 할 수 있도록 하여야 한다.

제139조(유해·위험작업에 대한 근로시간 제한 등) ① 사업주는 유해하거나 위험한 작업으로서 높은 기압에서 하는 작업 등 대통령령으로 정하는 작업에 종사하는 근로자에게는 1일 6시간, 1주 34시간을 초과하여 근로하게 해서는 아니 된다.
② 사업주는 대통령령으로 정하는 유해하거나 위험한 작업에 종사하는 근로자에게 필요한 안전조치 및 보건조치 외에 작업과 휴식의 적정한 배분 및 근로시간과 관련된 근로조건의 개선을 통하여 근로자의 건강 보호를 위한 조치를 하여야 한다.

★ **영 제99조(유해·위험작업에 대한 근로시간 제한 등)** ① 법 제139조 제1항에서 "높은 기압에서 하는 작업 등 대통령령으로 정하는 작업"이란 잠함(潛函) 또는 잠수 작업 등 높은 기압에서 하는 작업을 말한다.
② 제1항에 따른 작업에서 잠함·잠수 작업시간, 가압·감압방법 등 해당 근로자의 안전과 보건을 유지하기 위하여 필요한 사항은 고용노동부령으로 정한다.
③ 법 제139조 제2항에서 "대통령령으로 정하는 유해하거나 위험한 작업"이란 다음 각 호의 어느 하나에 해당하는 작업을 말한다.
  1. 갱(坑) 내에서 하는 작업
  2. 다량의 고열물체를 취급하는 작업과 현저히 덥고 뜨거운 장소에서 하는 작업
  3. 다량의 저온물체를 취급하는 작업과 현저히 춥고 차가운 장소에서 하는 작업
  4. 라듐방사선이나 엑스선, 그 밖의 유해 방사선을 취급하는 작업
  5. 유리·흙·돌·광물의 먼지가 심하게 날리는 장소에서 하는 작업
  6. 강렬한 소음이 발생하는 장소에서 하는 작업
  7. 착암기(바위에 구멍을 뚫는 기계) 등에 의하여 신체에 강렬한 진동을 주는 작업
  8. 인력(人力)으로 중량물을 취급하는 작업
  9. 납·수은·크롬·망간·카드뮴 등의 중금속 또는 이황화탄소·유기용제, 그 밖에 고용노동부령으로 정하는 특정 화학물질의 먼지·증기 또는 가스가 많이 발생하는 장소에서 하는 작업

★ **제202조(특수건강진단의 실시 시기 및 주기 등)** ① 사업주는 법 제130조 제1항 제1호에 해당하는 근로자에 대해서는 별표 23에서 특수건강진단 대상 유해인자별로 정한 시기 및 주기에 따라 특수건강진단을 실시해야 한다.

② 제1항에도 불구하고 법 제125조에 따른 사업장의 작업환경측정 결과 또는 특수건강진단 실시 결과에 따라 다음 각 호의 어느 하나에 해당하는 근로자에 대해서는 다음 회에 한정하여 관련 유해인자별로 특수건강진단 주기를 2분의 1로 단축해야 한다. → 암기할 것!
  1. 작업환경을 측정한 결과 노출기준 이상인 작업공정에서 해당 유해인자에 노출되는 모든 근로자
  2. 특수건강진단, 법 제130조 제3항에 따른 수시건강진단(이하 "수시건강진단"이라 한다) 또는 법 제131조 제1항에 따른 임시건강진단(이하 "임시건강진단"이라 한다)을 실시한 결과 **직업병 유소견자가 발견된 작업공정**에서 해당 유해인자에 노출되는 모든 근로자. 다만, 고용노동부장관이 정하는 바에 따라 특수건강진단·수시건강진단 또는 임시건강진단을 실시한 의사로부터 특수건강진단 주기를 단축하는 것이 필요하지 않다는 소견을 받은 경우는 제외한다.
  3. 특수건강진단 또는 임시건강진단을 실시한 결과 해당 유해인자에 대하여 특수건강진단 실시 주기를 단축해야 한다는 의사의 소견을 받은 근로자

③ 사업주는 법 제130조 제1항 제2호에 해당하는 근로자에 대해서는 직업병 유소견자 발생의 원인이 된 유해인자에 대하여 해당 근로자를 진단한 의사가 필요하다고 인정하는 시기에 특수건강진단을 실시해야 한다.

④ 법 제130조 제1항에 따라 특수건강진단을 실시해야 할 사업주는 특수건강진단 실시 시기를 안전보건관리규정 또는 취업규칙에 규정하는 등 특수건강진단이 정기적으로 실시되도록 노력해야 한다.

★ **제205조(수시건강진단 대상 근로자 등)** ① 법 제130조 제3항에서 "고용노동부령으로 정하는 근로자"란 특수건강진단대상업무로 인하여 해당 유해인자로 인한 것이라고 의심되는 **직업성 천식, 직업성 피부염**, 그 밖에 건강장해 증상을 보이거나 의학적 소견이 있는 근로자로서 다음 각 호의 어느 하나에 해당하는 근로자를 말한다. 다만, 사업주가 직전 특수건강진단을 실시한 특수건강진단기관의 의사로부터 수시건강진단이 필요하지 않다는 소견을 받은 경우는 제외한다.
  1. 산업보건의, 보건관리자, 보건관리 업무를 위탁받은 기관이 필요하다고 판단하여 사업주에게 수시건강진단을 건의한 근로자
  2. 해당 근로자나 근로자대표 또는 법 제23조에 따라 위촉된 명예산업안전감독관이 사업주에게 수시건강진단을 요청한 근로자

② 사업주는 제1항에 해당하는 근로자에 대해서는 지체 없이 수시건강진단을 실시해야 한다.

③ 제1항 및 제2항에서 정한 사항 외에 수시건강진단의 실시방법, 그 밖에 필요한 사항은 고용노동부장관이 정한다.

제207조(임시건강진단 명령 등) ① 법 제131조 제1항에서 "고용노동부령으로 정하는 경우"란 특수건강진단 대상 유해인자 또는 그 밖의 유해인자에 의한 **중독 여부, 질병에 걸렸는지 여부 또는 질병의 발생 원인 등을 확인하기 위하여 필요하다고 인정되는 경우**로서 다음 각 호에 어느 하나에 해당하는 경우를 말한다.
  1. 같은 부서에 근무하는 근로자 또는 같은 유해인자에 노출되는 근로자에게 유사한 질병의 자각·타각 증상이 발생한 경우
  2. 직업병 유소견자가 발생하거나 여러 명이 발생할 우려가 있는 경우
  3. 그 밖에 지방고용노동관서의 장이 필요하다고 판단하는 경우

② 임시건강진단의 검사항목은 별표 24에 따른 특수건강진단의 검사항목 중 전부 또는 일부와 건강진단 담당 의사가 필요하다고 인정하는 검사항목으로 한다.

③ 제2항에서 정한 사항 외에 임시건강진단의 검사방법, 실시방법, 그 밖에 필요한 사항은 고용노동부장관이 정한다.

★ **제220조(질병자의 근로금지)** ① 법 제138조 제1항에 따라 사업주는 다음 각 호의 어느 하나에 해당하는 사람에 대해서는 근로를 금지해야 한다.
  1. 전염될 우려가 있는 질병에 걸린 사람. 다만, 전염을 예방하기 위한 조치를 한 경우는 제외한다.
  2. 조현병, 마비성 치매에 걸린 사람
  3. 심장·신장·폐 등의 질환이 있는 사람으로서 근로에 의하여 병세가 악화될 우려가 있는 사람
  4. 제1호부터 제3호까지의 규정에 준하는 질병으로서 고용노동부장관이 정하는 질병에 걸린 사람

② 사업주는 제1항에 따라 근로를 금지하거나 근로를 다시 시작하도록 하는 경우에는 미리 보건관리자(의사인 보건관리자만 해당한다), 산업보건의 또는 건강진단을 실시한 의사의 의견을 들어야 한다.

★ **제221조(질병자 등의 근로 제한)** ① 사업주는 법 제129조부터 제130조에 따른 건강진단 결과 유기화합물·금속류 등의 유해물질에 중독된 사람, 해당 유해물질에 중독될 우려가 있다고 의사가 인정하는 사람, 진폐의 소견이 있는 사람 또는 방사선에 피폭된 사람을 해당 유해물질 또는 방사선을 취급하거나 해당 유해물질의 분진·증기 또는 가스가 발산되는 업무 또는 해당 업무로 인하여 근로자의 건강을 악화시킬 우려가 있는 업무에 종사하도록 해서는 안 된다.

② 사업주는 다음 각 호의 어느 하나에 해당하는 질병이 있는 근로자를 고기압 업무에 종사하도록 해서는 안 된다.
  1. 감압증이나 그 밖에 고기압에 의한 장해 또는 그 후유증
  2. 결핵, 급성상기도감염, 진폐, 폐기종, 그 밖의 호흡기계의 질병
  3. 빈혈증, 심장판막증, 관상동맥경화증, 고혈압증, 그 밖의 혈액 또는 순환기계의 질병
  4. 정신신경증, 알코올중독, 신경통, 그 밖의 정신신경계의 질병
  5. 메니에르씨병, 중이염, 그 밖의 이관(耳管)협착을 수반하는 귀 질환
  6. 관절염, 류마티스, 그 밖의 운동기계의 질병
  7. 천식, 비만증, 바세도우씨병, 그 밖에 알레르기성·내분비계·물질대사 또는 영양장해 등과 관련된 질병

■ 산업안전보건법 시행규칙 [별표 22] ★

특수건강진단 대상 유해인자(제201조 관련)

1. 화학적 인자
    가. 유기화합물(109종)
        1) 가솔린(Gasoline; 8006-61-9)
        2) 글루타르알데히드(Glutaraldehyde; 111-30-8)
        3) β-나프틸아민(β-Naphthylamine; 91-59-8)
        4) 니트로글리세린(Nitroglycerin; 55-63-0)
        5) 니트로메탄(Nitromethane; 75-52-5)
        6) 니트로벤젠(Nitrobenzene; 98-95-3)
        7) p-니트로아닐린(p-Nitroaniline; 100-01-6)
        8) p-니트로클로로벤젠(p-Nitrochlorobenzene; 100-00-5)
        9) 디니트로톨루엔(Dinitrotoluene; 25321-14-6 등)
        10) N,N-디메틸아닐린(N,N-Dimethylaniline; 121-69-7)
        11) p-디메틸아미노아조벤젠(p-Dimethylaminoazobenzene; 60-11-7)
        12) N,N-디메틸아세트아미드(N,N-Dimethylacetamide; 127-19-5)
        13) 디메틸포름아미드(Dimethylformamide; 68-12-2)

14) 디에틸 에테르(Diethyl ether; 60-29-7)
15) 디에틸렌트리아민(Diethylenetriamine; 111-40-0)
16) 1,4-디옥산(1,4-Dioxane; 123-91-1)
17) 디이소부틸케톤(Diisobutylketone; 108-83-8)
18) 디클로로메탄(Dichloromethane; 75-09-2)
19) o-디클로로벤젠(o-Dichlorobenzene; 95-50-1)
20) 1,2-디클로로에탄(1,2-Dichloroethane; 107-06-2)
21) 1,2-디클로로에틸렌(1,2-Dichloroethylene; 540-59-0 등)
22) 1,2-디클로로프로판(1,2-Dichloropropane; 78-87-5)
23) 디클로로플루오로메탄(Dichlorofluoromethane; 75-43-4)
24) p-디히드록시벤젠(p-dihydroxybenzene; 123-31-9)
25) 마젠타(Magenta; 569-61-9)
26) 메탄올(Methanol; 67-56-1)
27) 2-메톡시에탄올(2-Methoxyethanol; 109-86-4)
28) 2-메톡시에틸 아세테이트(2-Methoxyethyl acetate; 110-49-6)
29) 메틸 n-부틸 케톤(Methyl n-butyl ketone; 591-78-6)
30) 메틸 n-아밀 케톤(Methyl n-amyl ketone; 110-43-0)
31) 메틸 에틸 케톤(Methyl ethyl ketone; 78-93-3)
32) 메틸 이소부틸 케톤(Methyl isobutyl ketone; 108-10-1)
33) 메틸 클로라이드(Methyl chloride; 74-87-3)
34) 메틸 클로로포름(Methyl chloroform; 71-55-6)
35) 메틸렌 비스(페닐 이소시아네이트)[Methylene bis(phenyl isocyanate); 101-68-8 등]
36) 4,4'-메틸렌 비스(2-클로로아닐린)[4,4'-Methylene bis(2-chloroaniline); 101-14-4]
37) o-메틸시클로헥사논(o-Methylcyclohexanone; 583-60-8)
38) 메틸시클로헥사놀(Methylcyclohexanol; 25639-42-3 등)
39) 무수 말레산(Maleic anhydride; 108-31-6)
40) 무수 프탈산(Phthalic anhydride; 85-44-9)
41) 벤젠(Benzene; 71-43-2)
42) 벤지딘 및 그 염(Benzidine and its salts; 92-87-5)
43) 1,3-부타디엔(1,3-Butadiene; 106-99-0)
44) n-부탄올(n-Butanol; 71-36-3)
45) 2-부탄올(2-Butanol; 78-92-2)
46) 2-부톡시에탄올(2-Butoxyethanol; 111-76-2)
47) 2-부톡시에틸 아세테이트(2-Butoxyethyl acetate; 112-07-2)
48) 1-브로모프로판(1-Bromopropane; 106-94-5)
49) 2-브로모프로판(2-Bromopropane; 75-26-3)
50) 브롬화 메틸(Methyl bromide; 74-83-9)
51) 비스(클로로메틸) 에테르(bis(Chloromethyl) ether; 542-88-1)
52) 사염화탄소(Carbon tetrachloride; 56-23-5)
53) 스토다드 솔벤트(Stoddard solvent; 8052-41-3)
54) 스티렌(Styrene; 100-42-5)
55) 시클로헥사논(Cyclohexanone; 108-94-1)
56) 시클로헥사놀(Cyclohexanol; 108-93-0)
57) 시클로헥산(Cyclohexane; 110-82-7)

58) 시클로헥센(Cyclohexene; 110-83-8)
59) 아닐린[62-53-3] 및 그 동족체(Aniline and its homologues)
60) 아세토니트릴(Acetonitrile; 75-05-8)
61) 아세톤(Acetone; 67-64-1)
62) 아세트알데히드(Acetaldehyde; 75-07-0)
63) 아우라민(Auramine; 492-80-8)
64) 아크릴로니트릴(Acrylonitrile; 107-13-1)
65) 아크릴아미드(Acrylamide; 79-06-1)
66) 2-에톡시에탄올(2-Ethoxyethanol; 110-80-5)
67) 2-에톡시에틸 아세테이트(2-Ethoxyethyl acetate; 111-15-9)
68) 에틸 벤젠(Ethyl benzene; 100-41-4)
69) 에틸 아크릴레이트(Ethyl acrylate; 140-88-5)
70) 에틸렌 글리콜(Ethylene glycol; 107-21-1)
71) 에틸렌 글리콜 디니트레이트(Ethylene glycol dinitrate; 628-96-6)
72) 에틸렌 클로로히드린(Ethylene chlorohydrin; 107-07-3)
73) 에틸렌이민(Ethyleneimine; 151-56-4)
74) 2,3-에폭시-1-프로판올(2,3-Epoxy-1-propanol; 556-52-5 등)
75) 에피클로로히드린(Epichlorohydrin; 106-89-8 등)
76) 염소화비페닐(Polychlorobiphenyls; 53469-21-9, 11097-69-1)
77) 요오드화 메틸(Methyl iodide; 74-88-4)
78) 이소부틸 알코올(Isobutyl alcohol; 78-83-1)
79) 이소아밀 아세테이트(Isoamyl acetate; 123-92-2)
80) 이소아밀 알코올(Isoamyl alcohol; 123-51-3)
81) 이소프로필 알코올(Isopropyl alcohol; 67-63-0)
82) 이황화탄소(Carbon disulfide; 75-15-0)
83) 콜타르(Coal tar; 8007-45-2)
84) 크레졸(Cresol; 1319-77-3 등)
85) 크실렌(Xylene; 1330-20-7 등)
86) 클로로메틸 메틸 에테르(Chloromethyl methyl ether; 107-30-2)
87) 클로로벤젠(Chlorobenzene; 108-90-7)
88) 테레빈유(Turpentine oil; 8006-64-2)
89) 1,1,2,2-테트라클로로에탄(1,1,2,2-Tetrachloroethane; 79-34-5)
90) 테트라히드로푸란(Tetrahydrofuran; 109-99-9)
91) 톨루엔(Toluene; 108-88-3)
92) 톨루엔-2,4-디이소시아네이트(Toluene-2,4-diisocyanate; 584-84-9 등)
93) 톨루엔-2,6-디이소시아네이트(Toluene-2,6-diisocyanate; 91-08-7 등)
94) 트리클로로메탄(Trichloromethane; 67-66-3)
95) 1,1,2-트리클로로에탄(1,1,2-Trichloroethane; 79-00-5)
96) 트리클로로에틸렌(Trichloroethylene(TCE); 79-01-6)
97) 1,2,3-트리클로로프로판(1,2,3-Trichloropropane; 96-18-4)
98) 퍼클로로에틸렌(Perchloroethylene; 127-18-4)
99) 페놀(Phenol; 108-95-2)
100) 펜타클로로페놀(Pentachlorophenol; 87-86-5)

102) 포름알데히드(Formaldehyde; 50-00-0)
102) β-프로피오락톤(β-Propiolactone; 57-57-8)
103) o-프탈로디니트릴(o-Phthalodinitrile; 91-15-6)
104) 피리딘(Pyridine; 110-86-1)
105) 헥사메틸렌 디이소시아네이트(Hexamethylene diisocyanate; 822-06-0)
106) n-헥산(n-Hexane; 110-54-3)
107) n-헵탄(n-Heptane; 142-82-5)
108) 황산 디메틸(Dimethyl sulfate; 77-78-1)
109) 히드라진(Hydrazine; 302-01-2)
110) 1)부터 109)까지의 물질을 용량비율 1퍼센트 이상 함유한 혼합물

나. 금속류(20종)
1) 구리(Copper; 7440-50-8)(분진, 미스트, 흄)
2) 납[7439-92-1] 및 그 무기화합물(Lead and its inorganic compounds)
3) 니켈[7440-02-0] 및 그 무기화합물, 니켈 카르보닐[13463-39-3](Nickel and its inorganic compounds, Nickel carbonyl)
4) 망간[7439-96-5] 및 그 무기화합물(Manganese and its inorganic compounds)
5) 사알킬납(Tetraalkyl lead; 78-00-2 등)
6) 산화아연(Zinc oxide; 1314-13-2)(분진, 흄)
7) 산화철(Iron oxide; 1309-37-1 등)(분진, 흄)
8) 삼산화비소(Arsenic trioxide; 1327-53-3)
9) 수은[7439-97-6] 및 그 화합물(Mercury and its compounds)
10) 안티몬[7440-36-0] 및 그 화합물(Antimony and its compounds)
11) 알루미늄[7429-90-5] 및 그 화합물(Aluminum and its compounds)
12) 오산화바나듐(Vanadium pentoxide; 1314-62-1)(분진, 흄)
13) 요오드[7553-56-2] 및 요오드화물(Iodine and iodides)
14) 인듐[7440-74-6] 및 그 화합물(Indium and its compounds)
15) 주석[7440-31-5] 및 그 화합물(Tin and its compounds)
16) 지르코늄[7440-67-7] 및 그 화합물(Zirconium and its compounds)
17) 카드뮴[7440-43-9] 및 그 화합물(Cadmium and its compounds)
18) 코발트(Cobalt; 7440-48-4)(분진, 흄)
19) 크롬[7440-47-3] 및 그 화합물(Chromium and its compounds)
20) 텅스텐[7440-33-7] 및 그 화합물(Tungsten and its compounds)
21) 1)부터 20)까지의 물질을 중량비율 1퍼센트 이상 함유한 혼합물

다. 산 및 알카리류(8종)
1) 무수 초산(Acetic anhydride; 108-24-7)
2) 불화수소(Hydrogen fluoride; 7664-39-3)
3) 시안화 나트륨(Sodium cyanide; 143-33-9)
4) 시안화 칼륨(Potassium cyanide; 151-50-8)
5) 염화수소(Hydrogen chloride; 7647-01-0)
6) 질산(Nitric acid; 7697-37-2)
7) 트리클로로아세트산(Trichloroacetic acid; 76-03-9)
8) 황산(Sulfuric acid; 7664-93-9)
9) 1)부터 8)까지의 물질을 중량비율 1퍼센트 이상 함유한 혼합물

라. 가스 상태 물질류(14종)
　　1) 불소(Fluorine; 7782-41-4)
　　2) 브롬(Bromine; 7726-95-6)
　　3) 산화에틸렌(Ethylene oxide; 75-21-8)
　　4) 삼수소화 비소(Arsine; 7784-42-1)
　　5) 시안화 수소(Hydrogen cyanide; 74-90-8)
　　6) 염소(Chlorine; 7782-50-5)
　　7) 오존(Ozone; 10028-15-6)
　　8) 이산화질소(nitrogen dioxide; 10102-44-0)
　　9) 이산화황(Sulfur dioxide; 7446-09-5)
　　10) 일산화질소(Nitric oxide; 10102-43-9)
　　11) 일산화탄소(Carbon monoxide; 630-08-0)
　　12) 포스겐(Phosgene; 75-44-5)
　　13) 포스핀(Phosphine; 7803-51-2)
　　14) 황화수소(Hydrogen sulfide; 7783-06-4)
　　15) 1)부터 14)까지의 규정에 따른 물질을 용량비율 1퍼센트 이상 함유한 혼합물
마. 영 제88조에 따른 허가 대상 유해물질(12종)
　　1) α-나프틸아민[134-32-7] 및 그 염(α-naphthylamine and its salts)
　　2) 디아니시딘[119-90-4] 및 그 염(Dianisidine and its salts)
　　3) 디클로로벤지딘[91-94-1] 및 그 염(Dichlorobenzidine and its salts)
　　4) 베릴륨[7440-41-7] 및 그 화합물(Beryllium and its compounds)
　　5) 벤조트리클로라이드(Benzotrichloride; 98-07-7)
　　6) 비소[7440-38-2] 및 그 무기화합물(Arsenic and its inorganic compounds)
　　7) 염화비닐(Vinyl chloride; 75-01-4)
　　8) 콜타르피치[65996-93-2] 휘발물(코크스 제조 또는 취급업무)(Coal tar pitch volatiles)
　　9) 크롬광 가공[열을 가하여 소성(변형된 형태 유지) 처리하는 경우만 해당한다](Chromite ore processing)
　　10) 크롬산 아연(Zinc chromates; 13530-65-9 등)
　　11) o-톨리딘[119-93-7] 및 그 염(o-Tolidine and its salts)
　　12) 황화니켈류(Nickel sulfides; 12035-72-2, 16812-54-7)
　　13) 1)부터 4)까지 및 6)부터 11)까지의 물질을 중량비율 1퍼센트 이상 함유한 혼합물
　　14) 5)의 물질을 중량비율 0.5퍼센트 이상 함유한 혼합물
바. 금속가공유(Metal working fluids); 미네랄 오일 미스트(광물성 오일, Oil mist, mineral)
2. 분진(7종)
　가. 곡물 분진(Grain dusts)
　나. 광물성 분진(Mineral dusts)
　다. 면 분진(Cotton dusts)
　라. 목재 분진(Wood dusts)
　마. 용접 흄(Welding fume)
　바. 유리 섬유(Glass fiber dusts)
　사. 석면 분진(Asbestos dusts; 1332-21-4 등)
3. 물리적 인자(8종)
　가. 안전보건규칙 제512조 제1호부터 제3호까지의 규정의 소음작업, 강렬한 소음작업 및 충격소음 작업에서 발생하는 소음

나. 안전보건규칙 제512조 제4호의 진동작업에서 발생하는 진동
다. 안전보건규칙 제573조 제1호의 방사선
라. 고기압
마. 저기압
바. 유해광선
   1) 자외선
   2) 적외선
   3) 마이크로파 및 라디오파
4. 야간작업(2종)
   가. 6개월간 밤 12시부터 오전 5시까지의 시간을 포함하여 계속되는 8시간 작업을 월 평균 4회 이상 수행하는 경우
   나. 6개월간 오후 10시부터 다음날 오전 6시 사이의 시간 중 작업을 월 평균 60시간 이상 수행하는 경우

※ 비고: "등"이란 해당 화학물질에 이성질체 등 동일 속성을 가지는 2개 이상의 화합물이 존재할 수 있는 경우를 말한다.

■ 산업안전보건법 시행규칙 [별표 23]

특수건강진단의 시기 및 주기(제202조 제1항 관련) ★

구분	대상 유해인자	시기 (배치 후 첫 번째 특수 건강진단)	주기
1	N,N-디메틸아세트아미드 디메틸포름아미드	1개월 이내	6개월
2	벤젠	2개월 이내	6개월
3	1,1,2,2-테트라클로로에탄 사염화탄소 아크릴로니트릴 염화비닐	3개월 이내	6개월
4	석면, 면 분진	12개월 이내	12개월
5	광물성 분진 목재 분진 소음 및 충격소음	12개월 이내	24개월
6	제1호부터 제5호까지의 대상 유해인자를 제외한 별표22의 모든 대상 유해인자	6개월 이내	12개월

■ 산업안전보건법 시행규칙 [별표 25]

건강관리카드의 발급 대상(제214조 관련)

구분	건강장해가 발생할 우려가 있는 업무	대상 요건
1	베타-나프틸아민 또는 그 염(같은 물질이 함유된 화합물의 중량 비율이 1퍼센트를 초과하는 제제를 포함한다)을 제조하거나 취급하는 업무	3개월 이상 종사한 사람
2	벤지딘 또는 그 염(같은 물질이 함유된 화합물의 중량 비율이 1퍼센트를 초과하는 제제를 포함한다)을 제조하거나 취급하는 업무	3개월 이상 종사한 사람
3	베릴륨 또는 그 화합물(같은 물질이 함유된 화합물의 중량 비율이 1퍼센트를 초과하는 제제를 포함한다) 또는 그 밖에 베릴륨 함유물질(베릴륨이 함유된 화합물의 중량 비율이 3퍼센트를 초과하는 물질만 해당한다)을 제조하거나 취급하는 업무	제조하거나 취급하는 업무에 종사한 사람 중 양쪽 폐부분에 베릴륨에 의한 만성 결절성 음영이 있는 사람
4	비스-(클로로메틸)에테르(같은 물질이 함유된 화합물의 중량 비율이 1퍼센트를 초과하는 제제를 포함한다)를 제조하거나 취급하는 업무	3년 이상 종사한 사람
5	가. 석면 또는 석면방직제품을 제조하는 업무	3개월 이상 종사한 사람
	나. 다음의 어느 하나에 해당하는 업무 1) 석면함유제품(석면방직제품은 제외한다)을 제조하는 업무 2) 석면함유제품(석면이 1퍼센트를 초과하여 함유된 제품만 해당한다. 이하 다목에서 같다)을 절단하는 등 석면을 가공하는 업무 3) 설비 또는 건축물에 분무된 석면을 해체·제거 또는 보수하는 업무 4) 석면이 1퍼센트 초과하여 함유된 보온재 또는 내화피복제(耐火被覆劑)를 해체·제거 또는 보수하는 업무	1년 이상 종사한 사람
	다. 설비 또는 건축물에 포함된 석면시멘트, 석면마찰제품 또는 석면개스킷제품 등 석면함유제품을 해체·제거 또는 보수하는 업무	10년 이상 종사한 사람
	라. 나목 또는 다목 중 하나 이상의 업무에 중복하여 종사한 경우	다음의 계산식으로 산출한 숫자가 120을 초과하는 사람: (나목의 업무에 종사한 개월 수)×10+(다목의 업무에 종사한 개월 수)
	마. 가목부터 다목까지의 업무로서 가목부터 다목까지의 규정에서 정한 종사기간에 해당하지 않는 경우	흉부방사선상 석면으로 인한 질병 징후(흉막반 등)가 있는 사람
6	벤조트리클로라이드를 제조(태양광선에 의한 염소화반응에 의하여 제조하는 경우만 해당한다)하거나 취급하는 업무	3년 이상 종사한 사람

7	가. 갱내에서 동력을 사용하여 토석(土石)·광물 또는 암석(습기가 있는 것은 제외한다. 이하 "암석등"이라 한다)을 굴착하는 작업
	나. 갱내에서 동력(동력 수공구(手工具)에 의한 것은 제외한다)을 사용하여 암석 등을 파쇄(破碎)·분쇄 또는 체질하는 장소에서의 작업
	다. 갱내에서 암석 등을 차량계 건설기계로 싣거나 내리거나 쌓아두는 장소에서의 작업
	라. 갱내에서 암석 등을 컨베이어(이동식 컨베이어는 제외한다)에 싣거나 내리는 장소에서의 작업
	마. 옥내에서 동력을 사용하여 암석 또는 광물을 조각 하거나 마무리하는 장소에서의 작업
	바. 옥내에서 연마재를 분사하여 암석 또는 광물을 조각하는 장소에서의 작업
	사. 옥내에서 동력을 사용하여 암석·광물 또는 금속을 연마·주물 또는 추출하거나 금속을 재단하는 장소에서의 작업
	아. 옥내에서 동력을 사용하여 암석등·탄소원료 또는 알미늄박을 파쇄·분쇄 또는 체질하는 장소에서의 작업
	자. 옥내에서 시멘트, 티타늄, 분말상의 광석, 탄소원료, 탄소제품, 알미늄 또는 산화티타늄을 포장하는 장소에서의 작업
	차. 옥내에서 분말상의 광석, 탄소원료 또는 그 물질을 함유한 물질을 혼합·혼입 또는 살포하는 장소에서의 작업
	카. 옥내에서 원료를 혼합하는 장소에서의 작업 중 다음의 어느 하나에 해당하는 작업
	  1) 유리 또는 법랑을 제조하는 공정에서 원료를 혼합하는 작업이나 원료 또는 혼합물을 용해로에 투입하는 작업(수중에서 원료를 혼합하는 작업은 제외한다)
	  2) 도자기·내화물·형상토제품(형상을 본떠 흙으로 만든 제품) 또는 연마재를 제조하는 공정에서 원료를 혼합 또는 성형하거나, 원료 또는 반제품을 건조하거나, 반제품을 차에 싣거나 쌓아 두는 장소에서의 작업 또는 가마 내부에서의 작업(도자기를 제조하는 공정에서 원료를 투입 또는 성형하여 반제품을 완성하거나 제품을 내리고 쌓아 두는 장소에서의 작업과 수중에서 원료를 혼합하는 작업은 제외한다)
	  3) 탄소제품을 제조하는 공정에서 탄소원료를 혼합하거나 성형하여 반제품을 노(爐: 가공할 원료를 녹이거나 굽는 시설)에 넣거나 반제품 또는 제품을 노에서 꺼내거나 제작하는 장소에서의 작업
	타. 옥내에서 내화 벽돌 또는 타일을 제조하는 작업 중 동력을 사용하여 원료(습기가 있는 것은 제외한다)를 성형하는 장소에서의 작업
	파. 옥내에서 동력을 사용하여 반제품 또는 제품을 다듬질하는 장소에서의 작업 중 다음의 의 어느 하나에 해당하는 작업
		3년 이상 종사한 사람으로서 흉부방사선 사진 상 진폐증이 있다고 인정되는 사람(「진폐의 예방과 진폐근로자의 보호 등에 관한 법률」에 따라 건강관리수첩을 발급받은 사람은 제외한다)

	1) 도자기·내화물·형상토제품 또는 연마재를 제조하는 공정에서 원료를 혼합 또는 성형하거나, 원료 또는 반제품을 건조하거나, 반제품을 차에 싣거나 쌓은 장소에서의 작업또는 가마 내부에서의 작업(도자기를 제조하는 공정에서 원료를 투입 또는 성형하여 반제품을 완성하거나 제품을 내리고 쌓아 두는 장소에서의 작업과 수중에서 원료를 혼합하는 장소에서의 작업은 제외한다) 2) 탄소제품을 제조하는 공정에서 탄소원료를 혼합하거나 성형하여 반제품을 노에 넣거나 반제품 또는 제품을 노에서 꺼내거나 제작하는 장소에서의 작업 하. 옥내에서 거푸집을 해체하거나, 분해장치를 이용하여 사형(似形: 광물의 결정형태)을 부수거나, 모래를 털어 내거나 동력을 사용하여 주물모래를 재생하거나 혼련(열과 기계를 사용하여 내용물을 고르게 섞는 것)하거나 주물품을 절삭(切削)하는 장소에서의 작업 거. 옥내에서 수지식(手指式) 용융분사기를 이용하지 않고 금속을 용융분사하는 장소에서의 작업	
8	가. 염화비닐을 중합(결합 화합물화)하는 업무 또는 밀폐되어 있지 않은 원심분리기를 사용하여 폴리염화비닐(염화비닐의 중합체를 말한다)의 현탁액(懸濁液)에서 물을 분리시키는 업무 나. 염화비닐을 제조하거나 사용하는 석유화학설비를 유지·보수하는 업무	4년 이상 종사한 사람
9	크롬산·중크롬산 또는 이들 염(같은 물질이 함유된 화합물의 중량 비율이 1퍼센트를 초과하는 제제를 포함한다)을 광석으로부터 추출하여 제조하거나 취급하는 업무	4년 이상 종사한 사람
10	삼산화비소를 제조하는 공정에서 배소(낮은 온도로 가열하여 변화를 일으키는 과정) 또는 정제를 하는 업무나 비소가 함유된 화합물의 중량 비율이 3퍼센트를 초과하는 광석을 제련하는 업무	5년 이상 종사한 사람
11	니켈(니켈카보닐을 포함한다) 또는 그 화합물을 광석으로부터 추출하여 제조하거나 취급하는 업무	5년 이상 종사한 사람
12	카드뮴 또는 그 화합물을 광석으로부터 추출하여제조하거나 취급하는 업무	5년 이상 종사한 사람
13	가. 벤젠을 제조하거나 사용하는 업무(석유화학 업종만 해당한다) 나. 벤젠을 제조하거나 사용하는 석유화학설비를 유지·보수하는 업무	6년 이상 종사한 사람
14	제철용 코크스 또는 제철용 가스발생로를 제조하는 업무(코크스로 또는 가스발생로 상부에서의 업무 또는 코크스로에 접근하여 하는 업무만 해당한다)	6년 이상 종사한 사람
15	비파괴검사(X-선) 업무	1년이상 종사한 사람 또는 연간 누적선량이 20mSv 이상이었던 사람

21 산업안전보건법령상 안전보건개선계획 등에 관한 설명으로 옳지 않은 것은?

① 사업주는 안전보건개선계획을 수립할 때에는 산업안전보건위원회가 설치되어 있지 아니한 사업장의 경우에는 근로자대표의 의견을 들어야 한다.
② 사업주와 근로자는 안전보건개선계획을 준수하여야 한다.
③ 안전보건개선계획의 수립·시행명령을 받은 사업주는 고용노동부장관이 정하는 바에 따라 안전보건개선계획서를 작성하여 그 명령을 받은 날부터 60일 이내에 관할 지방고용노동관서의 장에게 제출하여야 한다.
④ 직업병에 걸린 사람이 연간 1명 발생한 사업장은 안전·보건진단을 받아 안전보건개선계획을 수립·제출하도록 지방고용노동관서의 장이 명할 수 있는 사업장에 해당한다.
⑤ 안전보건개선계획서에는 시설, 안전·보건관리체제, 안전·보건교육, 산업재해 예방 및 작업환경의 개선을 위하여 필요한 사항이 포함되어야 한다.

22 산업안전보건법령상 산업재해 발생 사실을 은폐하도록 교사(敎唆)하거나 공모(共謀)한 자에게 적용되는 벌칙은?

① 500만원 이하의 벌금
② 1년 이하의 징역 또는 1천만원 이하의 벌금
③ 3년 이하의 징역 또는 3천만원 이하의 벌금
④ 5년 이하의 징역 또는 5천만원 이하의 벌금
⑤ 7년 이하의 징역 또는 1억원 이하의 벌금

23 산업안전보건법령상 작업환경측정 등에 관한 설명으로 옳지 않은 것은?

① 사업주는 작업환경측정의 결과를 해당 작업장 근로자에게 알려야 하며 그 결과에 따라 근로자의 건강을 보호하기 위하여 해당 시설·설비의 설치·개선 또는 건강진단의 실시 등 적절한 조치를 하여야 한다.
② 사업주는 산업안전보건위원회 또는 근로자대표가 요구하면 작업환경측정 결과에 대한 설명회를 직접 개최하거나 작업환경측정을 한 기관으로 하여금 개최하도록 하여야 한다.
③ 고용노동부장관은 작업환경측정의 수준을 향상시키기 위하여 매년 지정측정기관을 평가한 후 그 결과를 공표하여야 한다.
④ 고용노동부장관은 작업환경측정 결과의 정확성과 정밀성을 평가하기 위하여 필요하다고 인정하는 경우에는 신뢰성평가를 할 수 있다.
⑤ 시설·장비의 성능은 고용노동부장관이 지정측정기관의 작업환경측정 수준을 평가하는 기준에 해당한다.

24 갑(甲)은 전국 규모의 사업주단체에 소속된 임직원으로서 해당 단체가 추천하여 법령에 따라 위촉된 명예감독관이다. 산업안전보건법령상 갑(甲)의 업무가 아닌 것을 모두 고른 것은?

> ㄱ. 법령 및 산업재해 예방정책 개선 건의
> ㄴ. 안전・보건 의식을 북돋우기 위한 활동과 무재해운동 등에 대한 참여와 지원
> ㄷ. 사업장에서 하는 자체점검 참여 및 근로감독관이 하는 사업장 감독 참여
> ㄹ. 법령을 위반한 사실이 있는 경우 사업주에 대한 개선 요청 및 감독기관에의 신고
> ㅁ. 산업재해 발생의 급박한 위험이 있는 경우 사업주에 대한 작업중지 요청

① ㄱ, ㄴ, ㄷ
② ㄱ, ㄴ, ㅁ
③ ㄱ, ㄷ, ㄹ
④ ㄴ, ㄹ, ㅁ
⑤ ㄷ, ㄹ, ㅁ

25 산업안전보건법령상 산업재해 예방사업 보조・지원의 취소에 관한 설명으로 옳지 않은 것은?

① 거짓으로 보조・지원을 받은 경우 보조・지원의 전부를 취소하여야 한다.
② 보조・지원 대상을 임의매각・훼손・분실하는 등 지원 목적에 적합하게 유지・관리・사용하지 아니한 경우 보조・지원의 전부 또는 일부를 취소하여야 한다.
③ 보조・지원이 산업재해 예방사업의 목적에 맞게 사용되지 아니한 경우 보조・지원의 전부 또는 일부를 취소하여야 한다.
④ 보조・지원 대상 기간이 끝나기 전에 보조・지원 대상 시설 및 장비를 국외로 이전 설치한 경우 보조・지원의 전부 또는 일부를 취소하여야 한다.
⑤ 사업주가 보조・지원을 받은 후 5년 이내에 해당 시설 및 장비의 중대한 결함이나 관리상 중대한 과실로 인하여 근로자가 사망한 경우 보조・지원의 전부를 취소하여야 한다.

<참고>

제158조(산업재해 예방활동의 보조·지원) ① 정부는 사업주, 사업주단체, 근로자단체, 산업재해 예방 관련 전문단체, 연구기관 등이 하는 산업재해 예방사업 중 **대통령령으로 정하는 사업**에 드는 경비의 전부 또는 일부를 예산의 범위에서 보조하거나 그 밖에 필요한 지원(이하 "보조·지원"이라 한다)을 할 수 있다. 이 경우 고용노동부장관은 보조·지원이 산업재해 예방사업의 목적에 맞게 효율적으로 사용되도록 관리·감독하여야 한다.

> **영 제109조(산업재해 예방사업의 지원)** 법 제158조 제1항 전단에서 "대통령령으로 정하는 사업"이란 다음 각 호의 어느 하나에 해당하는 업무와 관련된 사업을 말한다. <개정 2020. 9. 8.>
> 1. 산업재해 예방을 위한 방호장치, 보호구, 안전설비 및 작업환경개선 시설·장비 등의 제작, 구입, 보수, 시험, 연구, 홍보 및 정보제공 등의 업무
> 2. 사업장 안전·보건관리에 대한 기술지원 업무
> 3. 산업 안전·보건 관련 교육 및 전문인력 양성 업무
> 4. 산업재해예방을 위한 연구 및 기술개발 업무
> 5. 법 제11조 제3호에 따른 노무를 제공하는 사람의 건강을 유지·증진하기 위한 시설의 운영에 관한 지원 업무
> 6. 안전·보건의식의 고취 업무
> 7. 법 제36조에 따른 위험성평가에 관한 지원 업무
> 8. 안전검사 지원 업무
> 9. 유해인자의 노출 기준 및 유해성·위험성 조사·평가 등에 관한 업무
> 10. 직업성 질환의 발생 원인을 규명하기 위한 역학조사·연구 또는 직업성 질환 예방에 필요하다고 인정되는 시설·장비 등의 구입 업무
> 11. 작업환경측정 및 건강진단 지원 업무
> 12. 법 제126조 제2항에 따른 작업환경측정기관의 측정·분석 능력의 확인 및 법 제135조 제3항에 따른 특수건강진단기관의 진단·분석 능력의 확인에 필요한 시설·장비 등의 구입 업무
> 13. 산업의학 분야의 학술활동 및 인력 양성 지원에 관한 업무
> 14. 그 밖에 산업재해 예방을 위한 업무로서 산업재해보상보험및예방심의위원회의 심의를 거쳐 고용노동부장관이 정하는 업무

② 고용노동부장관은 보조·지원을 받은 자가 다음 각 호의 어느 하나에 해당하는 경우 보조·지원의 **전부 또는 일부를 취소하여야 한다. 다만, 제1호 및 제2호의 경우에는 보조·지원의 전부를 취소하여야 한다. → 전부취소와 일부취소를 구분할 것!**
1. 거짓이나 그 밖의 부정한 방법으로 보조·지원을 받은 경우
2. 보조·지원 대상자가 폐업하거나 파산한 경우
3. 보조·지원 대상을 임의매각·훼손·분실하는 등 지원 목적에 적합하게 유지·관리·사용하지 아니한 경우
4. 제1항에 따른 산업재해 예방사업의 목적에 맞게 사용되지 아니한 경우
5. 보조·지원 대상 기간이 끝나기 전에 보조·지원 대상 시설 및 장비를 국외로 이전한 경우
6. 보조·지원을 받은 사업주가 필요한 안전조치 및 보건조치 의무를 위반하여 산업재해를 발생시킨 경우로서 고용노동부령으로 정하는 경우

> **제237조(보조·지원의 환수와 제한)** ① 법 제158조 제2항 제6호에서 "고용노동부령으로 정하는 경우"란 보조·지원을 받은 후 **3년** 이내에 해당 시설 및 장비의 중대한 결함이나 관리상 중대한 과실로 인하여 근로자가 사망한 경우를 말한다.

② 법 제158조 제4항에 따라 보조·지원을 제한할 수 있는 기간은 다음 각 호와 같다.
  1. 법 제158조 제2항 제1호의 경우: 3년
  2. 법 제158조 제2항 제2호부터 제6호까지의 어느 하나의 경우: 1년
  3. 법 제158조 제2항 제2호부터 제6호까지의 어느 하나를 위반한 후 2년 이내에 같은 항 제2호부터 제6호까지의 어느 하나를 위반한 경우: 2년

③ 고용노동부장관은 제2항에 따라 보조·지원의 전부 또는 일부를 취소한 경우에는 해당 금액 또는 지원에 상응하는 금액을 환수하되, 같은 항 제1호의 경우에는 지급받은 금액에 상당하는 액수 이하의 금액을 추가로 환수할 수 있다. 다만, 제2항 제2호 중 보조·지원 대상자가 **파산한 경우에 해당하여 취소한 경우는 환수하지 아니한다**.

④ 제2항에 따라 보조·지원의 전부 또는 일부가 취소된 자에 대해서는 고용노동부령으로 정하는 바에 따라 취소된 날부터 3년 이내의 기간을 정하여 보조·지원을 하지 아니할 수 있다.

제237조(보조·지원의 환수와 제한)
② 법 제158조 제4항에 따라 보조·지원을 제한할 수 있는 기간은 다음 각 호와 같다.
  1. 법 제158조 제2항 제1호의 경우: 3년
  2. 법 제158조 제2항 제2호부터 제6호까지의 어느 하나의 경우: 1년
  3. 법 제158조 제2항 제2호부터 제6호까지의 어느 하나를 위반한 후 2년 이내에 같은 항 제2호부터 제6호까지의 어느 하나를 위반한 경우: 2년

⑤ 보조·지원의 대상·방법·절차, 관리 및 감독, 제2항 및 제3항에 따른 취소 및 환수 방법, 그 밖에 필요한 사항은 고용노동부장관이 정하여 고시한다.

○ 2019년 기출문제 정답

1	2	3	4	5	6	7	8	9	10
③	⑤	②	③	①	②	④	②	③	②
11	12	13	14	15	16	17	18	19	20
①	④	⑤	⑤	②	①	④	①	③	⑤
21	22	23	24	25					
④	②	③	⑤	⑤					

부록

2018년 산업안전보건법령 기출문제
(2020~2016년 5개년)

01 산업안전보건법령상 근로를 금지시켜야 하는 사람에 해당하지 않는 것은?

① 정신분열증에 걸린 사람
② 감압증에 걸린 사람
③ 폐 질환이 있는 사람으로서 근로에 의하여 병세가 악화될 우려가 있는 사람
④ 심장 질환이 있는 사람으로서 근로에 의하여 병세가 악화될 우려가 있는 사람
⑤ 신장 질환이 있는 사람으로서 근로에 의하여 병세가 악화될 우려가 있는 사람

02 산업안전보건법령상 사업장의 산업재해 발생건수 등 공표에 관한 설명이다. ( )안에 들어갈 내용을 순서대로 바르게 나열한 것은?

> 고용노동부장관은 산업재해를 예방하기 위하여 「산업안전보건법」 제10조 제2항에 따른 산업재해의 발생에 관한 보고를 최근 (ㄱ) 이내 (ㄴ) 이상 하지 않은 사업장의 산업재해 발생건수, 재해율 또는 그순위 등을 공표하여야 한다.

① ㄱ: 1년, ㄴ: 1회
② ㄱ: 2년, ㄴ: 2회
③ ㄱ: 3년, ㄴ: 2회
④ ㄱ: 5년, ㄴ: 3회
⑤ ㄱ: 5년, ㄴ: 5회

03 산업안전보건법령상 '일반석면조사'를 해야 하는 경우 그 조사사항에 해당하지 않는 것은?

① 해당 건축물이나 설비에 석면이 함유되어 있는지 여부
② 해당 건축물이나 설비 중 석면이 함유된 자재의 종류
③ 해당 건축물이나 설비 중 석면이 함유된 자재의 위치
④ 해당 건축물이나 설비 중 석면이 함유된 자재의 면적
⑤ 해당 건축물이나 설비에 함유된 석면의 종류 및 함유량

<참고>

제119조(석면조사) ① 건축물이나 설비를 철거하거나 해체하려는 경우에 해당 건축물이나 설비의 소유주 또는 임차인 등(이하 "건축물·설비소유주등"이라 한다)은 다음 각 호의 사항을 고용노동부령으로 정하는 바에 따라 조사(이하 "일반석면조사"라 한다)한 후 그 결과를 기록하여 보존하여야 한다. <개정 2020. 5. 26.>
  1. 해당 건축물이나 설비에 석면이 포함되어 있는지 여부
  2. 해당 건축물이나 설비 중 석면이 포함된 자재의 종류, 위치 및 면적
② 제1항에 따른 건축물이나 설비 중 대통령령으로 정하는 규모 이상의 건축물·설비소유주등은 제120조에 따라 지정받은 기관(이하 "석면조사기관"이라 한다)에 다음 각 호의 사항을 조사(이하 "기관석면조사"라 한다)하도록 한 후 그 결과를 기록하여 보존하여야 한다. 다만, 석면함유 여부가 명백한 경우 등 대통령령으로 정하는 사유에 해당하여 고용노동부령으로 정하는 절차에 따라 확인을 받은 경우에는 기관석면조사를 생략할 수 있다. <개정 2020. 5. 26.>
  1. 제1항 각 호의 사항
  2. 해당 건축물이나 설비에 포함된 석면의 종류 및 함유량
③ 건축물·설비소유주등이 「석면안전관리법」 등 다른 법률에 따라 건축물이나 설비에 대하여 석면조사를 실시한 경우에는 고용노동부령으로 정하는 바에 따라 일반석면조사 또는 기관석면조사를 실시한 것으로 본다.
④ 고용노동부장관은 건축물·설비소유주등이 일반석면조사 또는 기관석면조사를 하지 아니하고 건축물이나 설비를 철거하거나 해체하는 경우에는 다음 각 호의 조치를 명할 수 있다.
  1. 해당 건축물·설비소유주등에 대한 일반석면조사 또는 기관석면조사의 이행 명령
  2. 해당 건축물이나 설비를 철거하거나 해체하는 자에 대하여 제1호에 따른 이행 명령의 결과를 보고받을 때까지의 작업중지 명령
⑤ 기관석면조사의 방법, 그 밖에 필요한 사항은 고용노동부령으로 정한다.

04 甲은 산업안전보건법령상 산업안전지도사로서 활동을 하려고 한다. 이에 관한 설명으로 옳은 것은?

① 甲은 고용노동부장관이 시행하는 산업안전지도사시험에 합격하여야만 산업안전지도사의 자격을 가질 수 있다.
② 甲은 산업안전지도사로서 그 직무를 시작하기 전에 광역지방자치단체의 장에게 등록을 하여야 한다.
③ 甲이 파산선고를 받은 경우라면 복권되더라도 산업안전지도사로서 등록할 수 없다.
④ 甲은 3년마다 산업안전지도사 등록을 갱신하여야 한다.
⑤ 甲이 산업안전지도사의 직무를 조직적·전문적으로 수행하기 위하여 법인을 설립하려고 하는 경우에는 「상법」 중 주식회사에 관한 규정을 적용한다.

05 산업안전보건법령상 안전관리전문기관 지정의 취소 또는 과징금에 관한 설명으로 옳은 것은?

① 고용노동부장관은 안전관리전문기관이 업무정지 기간 중에 업무를 수행한경우에는 그 지정을 취소하거나 6개월 이내의 기간을 정하여 그 업무의 정지를 명할 수 있다.
② 고용노동부장관은 안전관리전문기관이 위탁받은 안전관리 업무에 차질이 생기게 한 경우에는 그 지정을 취소하거나 6개월 이내의 기간을 정하여 그 업무의 정지를 명할 수 있다.
③ 과징금은 분할하여 납부할 수 있다.
④ 안전관리전문기관의 지정이 취소된 자는 3년 이내에는 안전관리전문기관으로 지정받을 수 없다.
⑤ 고용노동부장관은 위반행위의 동기, 내용 및 횟수 등을 고려하여 과징금 부과금액의 2분의 1 범위에서 과징금을 늘리거나 줄일 수 있으며, 늘리는 경우 과징금 부과금액의 총액은 1억원을 넘을 수 있다.

<참고>

■ 산업안전보건법 시행령 [별표 33]

과징금의 부과기준(제111조 관련)

1. 일반기준
   가. 업무정지기간은 법 제163조 제2항에 따른 업무정지의 기준에 따라 부과되는 기간을 말하며, 업무정지기간의 1개월은 30일로 본다.
   나. 과징금 부과금액은 위반행위를 한 지정기관의 연간 총 매출금액의 1일 평균매출금액을 기준으로 제2호에 따라 산출한다.
   다. 과징금 부과금액의 기초가 되는 1일 평균매출금액은 위반행위를 한 해당 지정기관에 대한 행정처분일이 속한 연도의 전년도 1년간의 총 매출금액을 365로 나눈 금액으로 한다. 다만, 신규 개설 또는 휴업 등으로 전년도 1년간의 총 매출금액을 산출할 수 없거나 1년간의 총 매출금액을 기준으로 하는 것이 타당하지 않다고 인정되는 경우에는 분기(90일을 말한다)별, 월별 또는 일별 매출금액을 해당 단위에 포함된 일수로 나누어 1일 평균매출금액을 산정한다.
   라. 제2호에 따라 산출한 과징금 부과금액이 10억원을 넘는 경우에는 과징금 부과금액을 10억원으로 한다.
   마. 고용노동부장관은 위반행위의 동기, 내용 및 횟수 등을 고려하여 제2호에 따른 과징금 부과금액의 2분의 1 범위에서 과징금을 늘리거나 줄일 수 있다. 다만, 늘리는 경우에도 과징금 부과금액의 총액은 10억원을 넘을 수 없다.
2. 과징금의 산정방법

   과징금 부과금액 = 위반사업자 1일 평균매출금액 × 업무정지 일수 × 0.1

06 산업안전보건기준에 관한 규칙상 통로 등에 관한 설명으로 옳지 않은 것은?

① 사업주는 계단 및 승강구 바닥을 구멍이 있는 재료로 만드는 경우 렌치나 그 밖의 공구 등이 낙하할 위험이 없는 구조로 하여야 한다.
② 사업주는 급유용·보수용·비상용 계단 및 나선형 계단을 설치하는 경우 그 폭을 1미터 이상으로 하여야 한다.
③ 사업주는 높이가 3미터를 초과하는 계단에 높이 3미터 이내마다 너비 1.2미터 이상의 계단참을 설치하여야 한다.
④ 사업주는 갱내에 설치한 통로 또는 사다리식 통로에 권상장치(卷上裝置)가 설치된 경우 권상장치와 근로자의 접촉에 의한 위험이 있는 장소에 판자벽이나 그 밖에 위험 방지를 위한 격벽(隔壁)을 설치하여야 한다.
⑤ 사업주는 높이 1미터 이상인 계단의 개방된 측면에 안전난간을 설치하여야 한다.

07 산업안전보건법령상 정부의 책무 또는 사업주 등의 의무에 관한 설명으로 옳지 않은 것은?

① 사업주는 안전·보건의식을 북돋우기 위하여 산업안전·보건 강조기간의 설정 및 그 시행과 관련된 시책을 마련하여야 한다.
② 정부는 산업재해에 관한 조사 및 통계의 유지·관리를 성실히 이행할 책무를 진다.
③ 사업주는 해당 사업장의 안전·보건에 관한 정보를 근로자에게 제공하여야 한다.
④ 근로자는 사업주 또는 근로감독관, 한국산업안전보건공단 등 관계자가 실시하는 산업재해 방지에 관한 조치에 따라야 한다.
⑤ 원재료 등을 제조·수입하는 자는 그 원재료 등을 제조·수입할 때 산업안전보건법령으로 정하는 기준을 지켜야 한다.

08 산업안전보건법령상 유해인자인 벤젠의 노출농도의 허용기준을 옳게 연결한 것은?

	시간가중평균값(TWA)	단시간 노출값(STEL)
①	0.5ppm	2.0ppm
②	0.5ppm	2.5ppm
③	0.5ppm	3.0ppm
④	1.0ppm	2.5ppm
⑤	1.0ppm	3.0ppm

09 산업안전보건법령상 건강진단에 관한 설명으로 옳지 않은 것은?

① 사업주가 실시하여야 하는 근로자 건강진단에는 일반건강진단, 특수건강진단, 배치전건강진단, 수시건강진단 및 임시건강진단이 있다.
② 건강진단기관이 건강진단을 실시한 때에는 그 결과를 근로자 및 사업주에게 통보하고 고용노동부장관에게 보고하여야 한다.
③ 사업주는 근로자대표가 요구할 때에는 해당 근로자 본인의 동의 없이도 그 근로자의 건강진단결과를 공개할 수 있다.
④ 사업주는 특수건강진단, 배치전건강진단 및 수시건강진단을 지방고용노동관서의 장이 지정하는 의료기관에서 실시하여야 한다.
⑤ 사업주가 「항공법」에 따른 신체검사를 실시하여 그 건강진단을 받은 근로자는 일반건강진단을 실시한 것으로 본다.

10 산업안전보건법령상 산업안전지도사와 산업보건지도사의 업무범위에 공통적으로 해당하는 것을 모두 고른 것은?

> ㄱ. 위험성평가의 지도
> ㄴ. 안전보건개선계획서의 작성
> ㄷ. 공정상의 안전에 관한 평가·지도
> ㄹ. 작업환경의 평가 및 개선 지도
> ㅁ. 근로자 건강진단에 따른 사후관리 지도

① ㄱ
② ㄱ, ㄴ
③ ㄱ, ㄴ, ㄷ
④ ㄱ, ㄴ, ㄷ, ㄹ
⑤ ㄱ, ㄴ, ㄷ, ㄹ, ㅁ

<참고>
제9장 **산업안전지도사 및 산업보건지도사**
제142조(산업안전지도사 등의 직무) ① 산업안전지도사는 다음 각 호의 직무를 수행한다.
　1. 공정상의 안전에 관한 평가·지도
　2. 유해·위험의 방지대책에 관한 평가·지도
　3. 제1호 및 제2호의 사항과 관련된 계획서 및 보고서의 작성
　4. 그 밖에 산업안전에 관한 사항으로서 대통령령으로 정하는 사항

② 산업보건지도사는 다음 각 호의 직무를 수행한다.
　1. 작업환경의 평가 및 개선 지도
　2. 작업환경 개선과 관련된 계획서 및 보고서의 작성
　3. 근로자 건강진단에 따른 사후관리 지도
　4. 직업성 질병 진단(「의료법」 제2조에 따른 의사인 산업보건지도사만 해당한다) 및 예방 지도
　5. 산업보건에 관한 조사·연구
　6. 그 밖에 산업보건에 관한 사항으로서 대통령령으로 정하는 사항
③ 산업안전지도사 또는 산업보건지도사(이하 "지도사"라 한다)의 업무 영역별 종류 및 업무 범위, 그 밖에 필요한 사항은 대통령령으로 정한다.

> **영 제101조(산업안전지도사 등의 직무)** ① 법 제142조 제1항 제4호에서 "대통령령으로 정하는 사항"이란 다음 각 호의 사항을 말한다.
> 　1. 법 제36조에 따른 **위험성평가의 지도**
> 　2. 법 제49조에 따른 **안전보건개선계획서의 작성**
> 　3. 그 밖에 산업안전에 관한 사항의 자문에 대한 응답 및 조언
> ② 법 제142조 제2항 제6호에서 "대통령령으로 정하는 사항"이란 다음 각 호의 사항을 말한다.
> 　1. 법 제36조에 따른 **위험성평가의 지도**
> 　2. 법 제49조에 따른 **안전보건개선계획서의 작성**
> 　3. 그 밖에 산업보건에 관한 사항의 자문에 대한 응답 및 조언

11 산업안전보건법령상 건설 일용근로자가 건설업 기초안전·보건교육을 이수하여야 하는 경우 그 교육시간은?

① 1시간
② 2시간
③ 3시간
④ 4시간
⑤ 5시간

12 산업안전보건법령상 유해·위험설비에 해당하는 것은?

① 원자력 설비
② 군사시설
③ 차량 등의 운송설비
④ 「도시가스사업법」에 따른 가스공급시설
⑤ 화약 및 불꽃제품 제조업 사업장의 보유설비

13 산업안전보건법령상 동일 사업장내에서 공정의 일부분인 도금작업이나 수은, 납 또는 카드뮴을 제련, 주입, 가공 및 가열하는 작업, 허가대상물질을 제조하거나 사용하는 작업을 도급하는 것은 금지되나, 고용노동부장관의 승인을 받으면 그 작업만을 분리하여 도급을 줄 수 있다. 이에 관한 설명으로 옳은 것은?

> ㄱ. 일시·간헐적으로 하는 작업을 도급하는 경우에는 승인이 없어도 도급이 가능하다.
> ㄴ. 수급인이 보유한 기술이 전문적이고 사업주(수급인에게 도급을 한 도급인으로서의 사업주를 말한다)의 사업 운영에 필수 불가결한 경우에는 고용노동부 장관의 승인을 받으면 도급이 가능하다.
> ㄷ. ㄴ에서 사업주가 고용노동부장관의 승인을 받으려는 경우에는 고용노동부령으로 정하는 바에 따라 고용노동부장관이 실시하는 안전 및 보건에 관한 평가를 받아야 한다.
> ㄹ. ㄴ에서의 승인의 유효기간은 2년의 범위에서 정한다.
> ㅁ. ㄴ에서 승인을 받은 작업을 도급받은 수급인은 그 작업을 하도급할 수 있다.

① ㄱ, ㄴ, ㄷ
② ㄱ, ㄹ, ㅁ
③ ㄴ, ㄷ, ㅁ
④ ㄷ, ㄹ, ㅁ
⑤ ㄱ, ㄴ, ㄷ, ㄹ, ㅁ

<참고>

제5장 도급 시 산업재해 예방

제1절 도급의 제한

제58조(유해한 작업의 도급금지) ① 사업주는 근로자의 안전 및 보건에 유해하거나 위험한 작업으로서 다음 각 호의 어느 하나에 해당하는 작업을 도급하여 자신의 사업장에서 수급인의 근로자가 그 작업을 하도록 해서는 아니 된다.
  1. 도금작업
  2. 수은, 납 또는 카드뮴을 제련, 주입, 가공 및 가열하는 작업
  3. 제118조 제1항에 따른 허가대상물질을 제조하거나 사용하는 작업
② 사업주는 제1항에도 불구하고 다음 각 호의 어느 하나에 해당하는 경우에는 제1항 각 호에 따른 작업을 도급하여 자신의 사업장에서 수급인의 근로자가 그 작업을 하도록 할 수 있다.
  1. 일시·간헐적으로 하는 작업을 도급하는 경우
  2. 수급인이 보유한 기술이 전문적이고 사업주(수급인에게 도급을 한 도급인으로서의 사업주를 말한다)의 사업 운영에 필수 불가결한 경우로서 고용노동부장관의 승인을 받은 경우
③ 사업주는 제2항 제2호에 따라 고용노동부장관의 승인을 받으려는 경우에는 고용노동부령으로 정하는 바에 따라 고용노동부장관이 실시하는 안전 및 보건에 관한 평가를 받아야 한다.
④ 제2항 제2호에 따른 승인의 유효기간은 3년의 범위에서 정한다.
⑤ 고용노동부장관은 제4항에 따른 유효기간이 만료되는 경우에 사업주가 유효기간의 연장을 신청하면 승인의 유효기간이 만료되는 날의 다음 날부터 3년의 범위에서 고용노동부령으로 정하는 바에 따라 그 기간의 연장을 승인할 수 있다. 이 경우 사업주는 제3항에 따른 안전 및 보건에 관한 평가를 받아야 한다.

⑥ 사업주는 제2항 제2호 또는 제5항에 따라 승인을 받은 사항 중 고용노동부령으로 정하는 사항을 변경하려는 경우에는 고용노동부령으로 정하는 바에 따라 변경에 대한 승인을 받아야 한다.
⑦ 고용노동부장관은 제2항 제2호, 제5항 또는 제6항에 따라 승인, 연장승인 또는 변경승인을 받은 자가 제8항에 따른 기준에 미달하게 된 경우에는 승인, 연장승인 또는 변경승인을 취소하여야 한다.
⑧ 제2항 제2호, 제5항 또는 제6항에 따른 승인, 연장승인 또는 변경승인의 기준·절차 및 방법, 그 밖에 필요한 사항은 고용노동부령으로 정한다.

제59조(도급의 승인) ① 사업주는 자신의 사업장에서 안전 및 보건에 유해하거나 위험한 작업 중 급성 독성, 피부 부식성 등이 있는 물질의 취급 등 대통령령으로 정하는 작업을 도급하려는 경우에는 고용노동부장관의 승인을 받아야 한다. 이 경우 사업주는 고용노동부령으로 정하는 바에 따라 안전 및 보건에 관한 평가를 받아야 한다.
② 제1항에 따른 승인에 관하여는 제58조 제4항부터 제8항까지의 규정을 준용한다.

제60조(도급의 승인 시 하도급 금지) 제58조 제2항 제2호에 따른 승인, 같은 조 제5항 또는 제6항(제59조 제2항에 따라 준용되는 경우를 포함한다)에 따른 연장승인 또는 변경승인 및 제59조 제1항에 따른 승인을 받은 작업을 도급받은 수급인은 그 작업을 하도급할 수 없다.

제61조(적격 수급인 선정 의무) 사업주는 산업재해 예방을 위한 조치를 할 수 있는 능력을 갖춘 사업주에게 도급하여야 한다.

14 산업안전보건법령상 제조 또는 사용허가를 받아야 하는 유해물질에 해당하지 않는 것은?

① 디클로로벤지딘과 그 염
② 오로토-톨리딘과 그 염
③ 디아니시딘과 그 염
④ 비소 및 그 무기화합물
⑤ 베타-나프틸아민과 그 염

15 산업안전보건법령상 유해·위험방지계획서에 관한 설명으로 옳지 않은 것은?

① 산업재해발생률 등을 고려하여 고용노동부령으로 정하는 기준에 적합한 건설업체의 경우는 고용노동부령으로 정하는 자격을 갖춘 자의 의견을 생략하고 유해·위험방지계획서를 작성한 후 이를 스스로 심사하여야 한다.
② 유해·위험방지계획서는 고용노동부장관에게 제출하여야 한다.
③ 유해·위험방지계획서를 제출한 사업주는 고용노동부장관의 확인을 받아야 한다.
④ 고용노동부장관은 유해·위험방지계획서를 심사한 후 근로자의 안전과 보건을 위하여 필요하다고 인정할 때에는 공사계획을 변경할 것을 명령할 수는 있으나, 공사중지명령을 내릴 수는 없다.
⑤ 깊이 10미터 이상인 굴착공사를 착공하려는 사업주는 유해·위험방지계획서를 작성하여야 한다.

16 산업안전보건법령상 안전·보건표지의 부착 등에 관한 설명으로 옳지 않은 것은?

① 「외국인근로자의 고용 등에 관한 법률」제2조에 따른 외국인근로자를 채용한 사업주는 고용노동부장관이 정하는 바에 따라 외국어로 된 안전·보건표지와 작업안전수칙을 부착하도록 노력하여야 한다.
② 안전·보건표지의 표시를 명백히 하기 위하여 필요한 경우에는 그 안전·보건표지의 주위에 표시사항을 글자로 덧붙여 적을 수 있다.
③ 안전·보건표지 속의 그림 또는 부호의 크기는 안전·보건표지의 크기와 비례하여야 하며, 안전·보건표지 전체 규격의 30퍼센트 이상이 되어야 한다.
④ 안전·보건표지의 성질상 설치하거나 부착하는 것이 곤란한 경우에는 해당 물체에 직접 도장(塗裝)할 수 있다.
⑤ 안전모 착용 지시표지의 경우 바탕은 노란색, 관련 그림은 검은색으로 한다.

17 산업안전보건법령상 안전보건총괄책임자의 직무에 해당하지 않는 것은?

① 「산업안전보건법」 제41조의2에 따른 위험성평가의 실시에 관한 사항
② 안전인증대상 기계·기구등과 자율안전확인대상 기계·기구등의 사용 여부 확인
③ 근로자의 건강장해의 원인 조사와 재발 방지를 위한 의학적 조치
④ 「산업안전보건법」 제29조 제2항에 따른 도급사업 시의 안전·보건 조치
⑤ 「산업안전보건법」 제30조에 따른 수급인의 산업안전보건관리비의 집행감독 및 그 사용에 관한 수급인 간의 협의·조정

18 산업안전보건기준에 관한 규칙상 석면의 제조·사용 작업, 해체·제거작업 및 유지·관리 등의 조치기준에 관한 설명으로 옳지 않은 것은?

① 사업주는 분말 상태의 석면을 혼합하거나 용기에 넣거나 꺼내는 작업, 절단·천공 또는 연마하는 작업 등 석면분진이 흩날리는 작업에 근로자를 종사하도록 하는 경우에 석면의 부스러기 등을 넣어두기 위하여 해당 장소에 뚜껑이 있는 용기를 갖추어 두어야 한다.
② 사업주는 석면으로 인한 직업성 질병의 발생 원인, 재발 방지 방법 등을 석면을 취급하는 근로자에게 알려야 한다.
③ 사업주는 석면에 오염된 장비, 보호구 또는 작업복 등을 처리하는 경우에 압축공기를 불어서 석면오염을 제거해야 한다.
④ 사업주는 석면해체·제거작업에서 발생된 석면을 함유한 잔재물은 습식으로 청소하거나 고성능필터가 장착된 진공청소기를 사용하여 청소하는 등 석면분진이 흩날리지 않도록 하여야 한다.
⑤ 사업주는 석면해체·제거작업장과 연결되거나 인접한 장소에 탈의실·샤워실 및 작업복 갱의실 등의 위생설비를 설치하고 필요한 용품 및 용구를 갖추어 두어야 한다.

19. 산업안전보건법령상 작업 중 근로자가 추락할 위험이 있는 장소임에도 불구하고 사업주가 그 위험을 방지하기 위하여 필요한 조치를 취하지 않아 근로자가 사망한 경우, 사업주에게 과해지는 벌칙의 내용으로 옳은 것은?

① 7년 이하의 징역 또는 1억원 이하의 벌금
② 5년 이하의 징역 또는 5천만원 이하의 벌금
③ 3년 이하의 징역 또는 3천만원 이하의 벌금
④ 3년 이상의 징역 또는 10억원 이하의 과징금
⑤ 1년 이상의 징역 또는 5억원 이하의 과징금

20. 산업안전보건법령상 안전보건관리책임자(이하 "관리책임자"라 한다)에 관한 설명으로 옳지 않은 것은?

① 「산업안전보건기준에 관한 규칙」에서 정하는 근로자의 위험 또는 건강장해의 방지에 관한 사항은 관리책임자의 업무에 해당한다.
② 사업주는 관리책임자에게 그 업무를 수행하는 데 필요한 권한을 주어야 한다.
③ 사업지원 서비스업의 경우에는 상시 근로자 50명 이상인 경우에 관리책임자를 두어야 한다.
④ 관리책임자는 해당 사업에서 그 사업을 실질적으로 총괄관리하는 사람이어야 한다.
⑤ 건설업의 경우에는 공사금액 20억원 이상인 경우에 관리책임자를 두어야한다.

21. 산업안전보건법령상 도급인인 사업주가 작업장의 안전·보건관리조치를 위하여 2일에 1회 이상 작업장을 순회점검하여야 하는 사업에 해당 하는 것은?

① 음악 및 기타 오디오물 출판업
② 사회복지 서비스업
③ 금융 및 보험업
④ 소프트웨어 개발 및 공급업
⑤ 정보서비스업

22 산업안전보건법령상 고용노동부장관의 확인을 받은 경우로서 화학물질의 유해성·위험성 조사에서 제외되는 것을 모두 고른 것은?

> ㄱ. 신규화학물질을 전량 수출하기 위하여 연간 100톤 이하로 제조하는 경우
> ㄴ. 신규화학물질의 연간 수입량이 100킬로그램 미만인 경우
> ㄷ. 해당 신규화학물질의 용기를 국내에서 변경하지 아니하는 경우
> ㄹ. 해당 신규화학물질이 완성된 제품으로서 국내에서 가공하지 아니하는 경우

① ㄱ, ㄹ
② ㄴ, ㄷ
③ ㄱ, ㄴ, ㄷ
④ ㄴ, ㄷ, ㄹ
⑤ ㄱ, ㄴ, ㄷ, ㄹ

23 산업안전보건법령상 안전보건관리규정의 작성 등에 관한 설명으로 옳은 것은?

① 안전보건관리규정을 작성하여야 할 사업의 사업주는 안전보건관리규정을 변경할 사유가 발생한 경우에는 그 사유가 발생한 날부터 60일 이내에 안전보건관리규정을 변경하여야 한다.
② 농업의 경우 상시 근로자 100명 이상을 사용하는 사업장에는 안전보건관리규정을 작성하여야 한다.
③ 사업주가 안전보건관리규정을 작성하는 경우에는 소방·가스·전기·교통분야 등의 다른 법령에서 정하는 안전관리에 관한 규정과 통합하여 작성할 수 없다.
④ 사업주는 안전보건관리규정을 작성하거나 변경할 때에는 산업안전보건위원회의 심의·의결을 거쳐야 하며, 산업안전보건위원회가 설치되어 있지 아니한 사업장의 경우에는 근로자대표의 동의를 받아야 한다.
⑤ 해당 사업장에 적용되는 단체협약 및 취업규칙은 안전보건관리규정에 반할 수 없으며, 단체협약 또는 취업규칙 중 안전보건관리규정에 반하는 부분에 관하여는 안전보건관리규정으로 정한 기준에 따른다.

24 산업안전보건법령상 노사협의체에 관한 설명으로 옳지 않은 것은?

① 노사협의체의 회의는 근로자위원 및 사용자위원 각 과반수의 출석으로 시작하고 출석위원 과반수의 찬성으로 의결한다.
② 노사협의체의 위원장은 직권으로 노사협의체에 공사금액이 20억원 미만인 도급 또는 하도급 사업의 사업주 및 근로자대표를 위원으로 위촉할 수 있다.
③ 노사협의체의 위원장은 위원 중에서 호선(互選)한다. 이 경우 근로자위원과 사용자위원 중 각 1명을 공동위원장으로 선출할 수 있다.
④ 노사협의체의 위원장은 노사협의체에서 심의·의결된 내용 등 회의 결과와 중재 결정된 내용 등을 사내방송이나 사내보, 게시 또는 자체 정례조회, 그 밖의 적절한 방법으로 근로자에게 신속히 알려야 한다.
⑤ 노사협의체의 회의는 정기회의와 임시회의로 구분하되, 정기회의는 2개월마다 노사협의체의 위원장이 소집하며, 임시회의는 위원장이 필요하다고 인정할 때에 소집한다.

25 산업안전보건법령상 안전검사에 관한 설명으로 옳지 않은 것은?

① 유해·위험기계등을 사용하는 사업주와 소유자가 다른 경우에는 유해·위험기계등을 사용하는 사업주가 안전검사를 받아야 한다.
② 이삿짐운반용 리프트의 최초 안전검사는 「자동차관리법」제8조에 따른 신규등록 이후 3년 이내에 실시하여야 한다.
③ 안전검사 신청을 받은 안전검사기관은 30일 이내에 해당 기계·기구 및 설비별로 안전검사를 하여야 한다.
④ 안전검사에 합격한 유해·위험기계등을 사용하는 사업주는 그 유해·위험기계등이 안전검사에 합격한 것임을 나타내는 표시를 하여야 한다.
⑤ 안전검사를 받아야 하는 자가 자율검사프로그램을 정하고 고용노동부장관의 인정을 받아 그에 따라 유해·위험기계등의 안전에 관한 성능검사를 하면 안전검사를 받은 것으로 보며, 이 경우 자율검사프로그램의 유효기간은 2년으로 한다.

○ 2018년 기출문제 정답

1	2	3	4	5	6	7	8	9	10
②	③	⑤	①	②	②	①	②	③	②
11	12	13	14	15	16	17	18	19	20
④	⑤	①	⑤	④	⑤	③	③	①	③
21	22	23	24	25					
①	④	④	②	①					

부록

2017년 산업안전보건법령 기출문제

(2020~2016년 5개년)

01 산업안전보건법령상 용어에 관한 설명으로 옳지 않은 것은?

① "산업재해"란 노무를 제공하는 사람이 업무에 관계되는 건설물·설비·원재료·가스·증기·분진 등에 의하거나 작업 또는 그 밖의 업무로 인하여 사망 또는 부상하거나 질병에 걸리는 것을 말한다.
② "근로자"란 직업의 종류와 관계없이 임금을 목적으로 사업이나 사업장에 근로를 제공하는 자를 말한다.
③ "사업주"란 근로자를 사용하여 사업을 하는 자를 말한다.
④ "작업환경측정"이란 작업환경 실태를 파악하기 위하여 해당 근로자 또는 작업장에 대하여 사업주가 측정계획을 수립한 후 시료(試料)를 채취하고 분석·평가하는 것을 말한다.
⑤ "중대재해"란 산업재해 중 재해정도가 심한 것으로서 직업성질병자가 동시에 5명 이상 발생한 재해를 말한다.

<참고>

제2조(정의) 이 법에서 사용하는 용어의 뜻은 다음과 같다. <개정 2020. 5. 26.>

1. "산업재해"란 노무를 제공하는 사람이 업무에 관계되는 건설물·설비·원재료·가스·증기·분진 등에 의하거나 작업 또는 그 밖의 업무로 인하여 사망 또는 부상하거나 질병에 걸리는 것을 말한다.
2. "중대재해"란 산업재해 중 사망 등 재해 정도가 심하거나 다수의 재해자가 발생한 경우로서 고용노동부령으로 정하는 재해를 말한다.
3. "근로자"란 「근로기준법」 제2조 제1항 제1호에 따른 근로자를 말한다.
4. "사업주"란 근로자를 사용하여 사업을 하는 자를 말한다.
5. "근로자대표"란 근로자의 과반수로 조직된 노동조합이 있는 경우에는 그 노동조합을, 근로자의 과반수로 조직된 노동조합이 없는 경우에는 근로자의 과반수를 대표하는 자를 말한다.
6. "도급"이란 명칭에 관계없이 물건의 제조·건설·수리 또는 서비스의 제공, 그 밖의 업무를 타인에게 맡기는 계약을 말한다.
7. "도급인"이란 물건의 제조·건설·수리 또는 서비스의 제공, 그 밖의 업무를 도급하는 사업주를 말한다. 다만, 건설공사발주자는 제외한다.
8. "수급인"이란 도급인으로부터 물건의 제조·건설·수리 또는 서비스의 제공, 그 밖의 업무를 도급받은 사업주를 말한다.
9. "관계수급인"이란 도급이 여러 단계에 걸쳐 체결된 경우에 각 단계별로 도급받은 사업주 전부를 말한다.
10. "건설공사발주자"란 건설공사를 도급하는 자로서 건설공사의 시공을 주도하여 총괄·관리하지 아니하는 자를 말한다. 다만, 도급받은 건설공사를 다시 도급하는 자는 제외한다.

11. "건설공사"란 다음 각 목의 어느 하나에 해당하는 공사를 말한다.
    가. 「건설산업기본법」 제2조 제4호에 따른 건설공사
    나. 「전기공사업법」 제2조 제1호에 따른 전기공사
    다. 「정보통신공사업법」 제2조 제2호에 따른 정보통신공사
    라. 「소방시설공사업법」에 따른 소방시설공사
    마. 「문화재수리 등에 관한 법률」에 따른 문화재수리공사
12. "안전보건진단"이란 산업재해를 예방하기 위하여 잠재적 위험성을 발견하고 그 개선대책을 수립할 목적으로 조사·평가하는 것을 말한다.
13. "작업환경측정"이란 작업환경 실태를 파악하기 위하여 해당 근로자 또는 작업장에 대하여 사업주가 유해인자에 대한 측정계획을 수립한 후 시료(試料)를 채취하고 분석·평가하는 것을 말한다.

02 산업안전보건법령상 산업재해 발생 기록 및 보고 등에 관한 설명으로 옳은 것은?

① 사업주는 중대재해가 발생한 사실을 알게 된 경우에는 지체 없이 발생 개요 및 피해상황 등을 관할 지방고용노동관서의 장에게 전화·팩스 또는 그 밖에 적절한 방법으로 보고하여야 한다.
② 사업주는 4일 이상의 요양을 요하는 부상자가 발생한 산업재해에 대하여는 사업장의 개요 및 근로자의 인적사항, 재해 발생의 일시 및 장소, 재해 발생의 원인 및 과정, 재해 재발방지 계획을 고용노동부장관에게 신고하여야 한다.
③ 건설업의 경우 사업주는 산업재해조사표에 근로자대표의 동의를 받아야 하며, 그 기재 내용에 대하여 근로자대표의 이견이 있는 경우에는 그 내용을 첨부하여야 한다.
④ 사업주는 산업재해로 3일 이상의 휴업이 필요한 부상자가 발생한 경우에는 해당 산업재해가 발생한 날부터 3개월 이내에 산업재해조사표를 작성하여 관할 지방고용노동관서의 장에게 제출하여야 한다.
⑤ 사업주는 산업재해 발생기록에 관한 서류를 2년간 보존하여야 한다.

<참고>

법 제164조(서류의 보존) ① 사업주는 다음 각 호의 서류를 3년(제2호의 경우 2년을 말한다) 동안 보존하여야 한다. 다만, 고용노동부령으로 정하는 바에 따라 보존기간을 연장할 수 있다.
1. 안전보건관리책임자·안전관리자·보건관리자·안전보건관리담당자 및 산업보건의의 선임에 관한 서류
2. 제24조 제3항 및 제75조 제4항에 따른 회의록
3. 안전조치 및 보건조치에 관한 사항으로서 고용노동부령으로 정하는 사항을 적은 서류
4. 제57조 제2항에 따른 산업재해의 발생 원인 등 기록
5. 제108조 제1항 본문 및 제109조 제1항에 따른 화학물질의 유해성·위험성 조사에 관한 서류
6. 제125조에 따른 작업환경측정에 관한 서류
7. 제129조부터 제131조까지의 규정에 따른 건강진단에 관한 서류

② 안전인증 또는 안전검사의 업무를 위탁받은 안전인증기관 또는 안전검사기관은 안전인증·안전검사에 관한 사항으로서 고용노동부령으로 정하는 서류를 3년 동안 보존하여야 하고, 안전인증을 받은 자는 제84조 제5항에 따라 안전인증대상기계등에 대하여 기록한 서류를 3년 동안 보존하여야 하며, 자율안전확인대상기계등을 제조하거나 수입하는 자는 자율안전기준에 맞는 것임을 증명하는 서류를 2년 동안 보존하여야 하고, 제98조 제1항에 따라 자율안전검사를 받은 자는 자율검사프로그램에 따라 실시한 검사 결과에 대한 서류를 2년 동안 보존하여야 한다.

③ 일반석면조사를 한 건축물·설비소유주등은 그 결과에 관한 서류를 그 건축물이나 설비에 대한 해체·제거작업이 종료될 때까지 보존하여야 하고, 기관석면조사를 한 건축물·설비소유주등과 석면조사기관은 그 결과에 관한 서류를 3년 동안 보존하여야 한다.

④ 작업환경측정기관은 작업환경측정에 관한 사항으로서 고용노동부령으로 정하는 사항을 적은 서류를 3년 동안 보존하여야 한다.

⑤ 지도사는 그 업무에 관한 사항으로서 고용노동부령으로 정하는 사항을 적은 서류를 5년 동안 보존하여야 한다.

⑥ 석면해체·제거업자는 제122조 제3항에 따른 석면해체·제거작업에 관한 서류 중 고용노동부령으로 정하는 서류를 30년 동안 보존하여야 한다.

⑦ 제1항부터 제6항까지의 경우 전산입력자료가 있을 때에는 그 서류를 대신하여 전산입력자료를 보존할 수 있다.

시행규칙 제7조(도급인과 관계수급인의 통합 산업재해 관련 자료 제출) ① 지방고용노동관서의 장은 법 제10조 제2항에 따라 도급인의 산업재해 발생건수, 재해율 또는 그 순위 등(이하 "산업재해발생건수등"이라 한다)에 관계수급인의 산업재해발생건수등을 포함하여 공표하기 위하여 필요하면 법 제10조 제3항에 따라 영 제12조 각 호의 어느 하나에 해당하는 사업이 이루어지는 사업장으로서 해당 사업장의 상시근로자 수가 500명 이상인 사업장의 도급인에게 도급인의 사업장(도급인이 제공하거나 지정한 경우로서 도급인이 지배·관리하는 영 제11조 각 호에 해당하는 장소를 포함한다. 이하 같다)에서 작업하는 관계수급인 근로자의 산업재해 발생에 관한 자료를 제출하도록 공표의 대상이 되는 연도의 다음연도 3월 15일까지 요청해야 한다.

② 제1항에 따라 자료의 제출을 요청받은 도급인은 그 해 4월 30일까지 별지 제1호서식의 통합 산업재해 현황 조사표를 작성하여 지방고용노동관서의 장에게 제출(전자문서로 제출하는 것을 포함한다)해야 한다.

③ 제1항에 따른 도급인은 그의 관계수급인에게 별지 제1호서식의 통합 산업재해 현황 조사표의 작성에 필요한 자료를 요청할 수 있다.

제72조(산업재해 기록 등) 사업주는 산업재해가 발생한 때에는 법 제57조 제2항에 따라 다음 각 호의 사항을 기록·보존해야 한다. 다만, 제73조 제1항에 따른 산업재해조사표의 사본을 보존하거나 제73조 제5항에 따른 요양신청서의 사본에 재해 재발방지 계획을 첨부하여 보존한 경우에는 그렇지 않다.
  1. 사업장의 개요 및 근로자의 인적사항
  2. 재해 발생의 일시 및 장소
  3. 재해 발생의 원인 및 과정
  4. 재해 재발방지 계획

제73조(산업재해 발생 보고 등) ① 사업주는 산업재해로 사망자가 발생하거나 3일 이상의 휴업이 필요한 부상을 입거나 질병에 걸린 사람이 발생한 경우에는 법 제57조 제3항에 따라 해당 산업재해가 발생한 날부터 1개월 이내에 별지 제30호서식의 산업재해조사표를 작성하여 관할 지방고용노동관서의 장에게 제출(전자문서로 제출하는 것을 포함한다)해야 한다.

② 제1항에도 불구하고 다음 각 호의 모두에 해당하지 않는 사업주가 법률 제11882호 산업안전보건법 일부개정법률 제10조 제2항의 개정규정의 시행일인 2014년 7월 1일 이후 해당 사업장에서 처음 발생한 산업재해에 대하여 지방고용노동관서의 장으로부터 별지 제30호서식의 산업재해조사표를 작성하여 제출하도록 명령을 받은 경우 그 명령을 받은 날부터 15일 이내에 이를 이행한 때에는 제1항에 따른 보고를 한 것으로 본다. 제1항에 따른 보고기한이 지난 후에 자진하여 별지 제30호서식의 산업재해조사표를 작성·제출한 경우에도 또한 같다.
  1. 안전관리자 또는 보건관리자를 두어야 하는 사업주
  2. 법 제62조 제1항에 따라 안전보건총괄책임자를 지정해야 하는 도급인
  3. 법 제73조 제1항에 따라 건설재해예방전문지도기관의 지도를 받아야 하는 사업주
  4. 산업재해 발생사실을 은폐하려고 한 사업주

③ 사업주는 제1항에 따른 산업재해조사표에 근로자대표의 **확인**을 받아야 하며, 그 기재 내용에 대하여 근로자대표의 이견이 있는 경우에는 그 내용을 첨부해야 한다. 다만, 근로자대표가 없는 경우에는 재해자 본인의 확인을 받아 산업재해조사표를 제출할 수 있다.
④ 제1항부터 제3항까지의 규정에서 정한 사항 외에 산업재해발생 보고에 필요한 사항은 고용노동부장관이 정한다.
⑤ 「산업재해보상보험법」 제41조에 따라 요양급여의 신청을 받은 근로복지공단은 지방고용노동관서의 장 또는 공단으로부터 요양신청서 사본, 요양업무 관련 전산입력자료, 그 밖에 산업재해예방업무 수행을 위하여 필요한 자료의 송부를 요청받은 경우에는 이에 협조해야 한다.

03 산업안전보건법령상 법령 요지의 게시 및 안전·보건표지의 부착 등에 관한 설명으로 옳지 않은 것은?

① 사업주는 이 법에 따른 명령의 요지를 상시 각 작업장 내에 근로자가 쉽게 볼 수 있는 장소에 게시하거나 갖추어 두어 근로자로 하여금 알게 하여야 한다.
② 근로자대표는 안전·보건진단 결과를 통지할 것을 사업주에게 요청할 수 있고 사업주는 이에 성실히 응하여야 한다.
③ 사업주는 사업장의 유해하거나 위험한 시설 및 장소에 대한 경고를 위하여 안전·보건표지를 설치하거나 부착하여야 한다.
④ 안전·보건표지 속의 그림 또는 부호의 크기는 안전·보건표지의 크기와 비례하여야 하며, 안전·보건표지 전체 규격의 20퍼센트 이상이 되어야 한다.
⑤ 안전·보건표지의 성질상 설치하거나 부착하는 것이 곤란한 경우에는 해당 물체에 직접 도장(塗裝)할 수 있다.

04 산업안전보건법령상 안전보건관리책임자의 업무 내용에 해당하는 것을 모두 고른 것은?

> ㄱ. 산업재해 예방계획의 수립에 관한 사항
> ㄴ. 근로자의 안전·보건교육에 관한 사항
> ㄷ. 산업재해의 원인 조사 및 재발 방지대책 수립에 관한 사항
> ㄹ. 안전·보건과 관련된 안전장치 및 보호구 구입 시의 적격품 여부 확인에 관한 사항

① ㄱ, ㄴ
② ㄷ, ㄹ
③ ㄱ, ㄴ, ㄷ
④ ㄴ, ㄷ, ㄹ
⑤ ㄱ, ㄴ, ㄷ, ㄹ

05 산업안전보건법령상 안전보건관리규정에 관한 설명으로 옳지 않은 것은?

① 안전보건관리규정은 해당 사업장에 적용되는 단체협약 및 취업규칙에 반할 수 없다.
② 상시 근로자 100명을 사용하는 정보서비스업 사업주는 안전보건관리규정을 작성하여야 한다.
③ 안전보건관리규정에 관하여는 이 법에서 규정한 것을 제외하고는 그 성질에 반하지 아니하는 범위에서 「근로기준법」의 취업규칙에 관한 규정을 준용한다.
④ 안전보건관리규정을 작성할 경우에는 안전·보건교육에 관한 사항이 포함되어야 한다.
⑤ 산업안전보건위원회가 설치되어 있지 아니한 사업장의 경우 사업주는 안전보건관리규정을 작성하거나 변경할 때에는 근로자대표의 동의를 받아야 한다.

06 산업안전보건법령상 유해하거나 위험한 작업의 도급에 관한 설명으로 옳지 않은 것은?

① 사업주는 근로자의 안전 및 보건에 유해하거나 위험한 작업으로서 도금작업을 도급하여 자신의 사업장에서 수급인의 근로자가 그 작업을 하도록 해서는 아니 된다.
② 사업주는 자신의 사업장에서 안전 및 보건에 유해하거나 위험한 작업 중 급성 독성, 피부 부식성 등이 있는 물질의 취급 등 대통령령으로 정하는 작업을 도급하려는 경우에는 고용노동부장관의 승인을 받아야 한다.
③ 도급승인 신청을 받은 지방고용노동관서의 장은 도급승인 기준을 충족한 경우 신청서가 접수된 날부터 14일 이내에 승인서를 신청인에게 발급해야 한다.
④ 고용노동부장관은 승인을 받은 자가 거짓이나 그 밖의 부정한 방법으로 승인, 연장승인, 변경승인을 받은 경우는 승인을 취소해야 한다.
⑤ 안전 및 보건에 유해하거나 위험한 작업의 도급에 대한 승인을 받으려는 자는 도급승인 신청서에 도급대상 작업의 공정 관련 서류 일체, 도급작업 안전보건관리계획서, 안전 및 보건에 관한 평가 결과를 첨부하여 관할 지방고용노동관서의 장에게 제출해야 한다. 산업재해가 발생할 급박한 위험이 있어 긴급하게 도급을 해야 할 경우에도 같다.

<참고>
제1절 도급의 제한

제58조(유해한 작업의 도급금지) ① 사업주는 근로자의 안전 및 보건에 유해하거나 위험한 작업으로서 다음 각 호의 어느 하나에 해당하는 작업을 도급하여 자신의 사업장에서 수급인의 근로자가 그 작업을 하도록 해서는 아니 된다.
  1. 도금작업
  2. 수은, 납 또는 카드뮴을 제련, 주입, 가공 및 가열하는 작업
  3. 제118조 제1항에 따른 허가대상물질을 제조하거나 사용하는 작업
② 사업주는 제1항에도 불구하고 다음 각 호의 어느 하나에 해당하는 경우에는 제1항 각 호에 따른 작업을 도급하여 자신의 사업장에서 수급인의 근로자가 그 작업을 하도록 할 수 있다.
  1. 일시·간헐적으로 하는 작업을 도급하는 경우
  2. 수급인이 보유한 기술이 전문적이고 사업주(수급인에게 도급을 한 도급인으로서의 사업주를 말한다)의 사업 운영에 필수 불가결한 경우로서 고용노동부장관의 승인을 받은 경우

③ 사업주는 제2항 제2호에 따라 고용노동부장관의 승인을 받으려는 경우에는 고용노동부령으로 정하는 바에 따라 고용노동부장관이 실시하는 안전 및 보건에 관한 평가를 받아야 한다.
④ 제2항 제2호에 따른 승인의 유효기간은 3년의 범위에서 정한다.
⑤ 고용노동부장관은 제4항에 따른 유효기간이 만료되는 경우에 사업주가 유효기간의 연장을 신청하면 승인의 유효기간이 만료되는 날의 다음 날부터 3년의 범위에서 고용노동부령으로 정하는 바에 따라 그 기간의 연장을 승인할 수 있다. 이 경우 사업주는 제3항에 따른 안전 및 보건에 관한 평가를 받아야 한다.
⑥ 사업주는 제2항 제2호 또는 제5항에 따라 승인을 받은 사항 중 고용노동부령으로 정하는 사항을 변경하려는 경우에는 고용노동부령으로 정하는 바에 따라 변경에 대한 승인을 받아야 한다.
⑦ 고용노동부장관은 제2항 제2호, 제5항 또는 제6항에 따라 승인, 연장승인 또는 변경승인을 받은 자가 제8항에 따른 기준에 미달하게 된 경우에는 승인, 연장승인 또는 변경승인을 취소하여야 한다.
⑧ 제2항 제2호, 제5항 또는 제6항에 따른 승인, 연장승인 또는 변경승인의 기준·절차 및 방법, 그 밖에 필요한 사항은 고용노동부령으로 정한다.

제59조(도급의 승인) ① 사업주는 자신의 사업장에서 안전 및 보건에 유해하거나 위험한 작업 중 급성 독성, 피부 부식성 등이 있는 물질의 취급 등 대통령령으로 정하는 작업을 도급하려는 경우에는 고용노동부장관의 승인을 받아야 한다. 이 경우 사업주는 고용노동부령으로 정하는 바에 따라 안전 및 보건에 관한 평가를 받아야 한다.
② 제1항에 따른 승인에 관하여는 제58조 제4항부터 제8항까지의 규정을 준용한다.

제60조(도급의 승인 시 하도급 금지) 제58조 제2항 제2호에 따른 승인, 같은 조 제5항 또는 제6항(제59조 제2항에 따라 준용되는 경우를 포함한다)에 따른 연장승인 또는 변경승인 및 제59조 제1항에 따른 승인을 받은 작업을 도급받은 수급인은 그 작업을 하도급할 수 없다.

제61조(적격 수급인 선정 의무) 사업주는 산업재해 예방을 위한 조치를 할 수 있는 능력을 갖춘 사업주에게 도급하여야 한다.

시행규칙 제1절 도급의 제한

제74조(안전 및 보건에 관한 평가의 내용 등) ① 사업주는 법 제58조 제2항 제2호에 따른 승인 및 같은 조 제5항에 따른 연장승인을 받으려는 경우 법 제165조 제2항, 영 제116조 제2항에 따라 고용노동부장관이 고시하는 기관을 통하여 안전 및 보건에 관한 평가를 받아야 한다.
② 제1항의 안전 및 보건에 관한 평가에 대한 내용은 별표 12와 같다.

제75조(도급승인 등의 절차·방법 및 기준 등) ① 법 제58조 제2항 제2호에 따른 승인, 같은 조 제5항 또는 제6항에 따른 연장승인 또는 변경승인을 받으려는 자는 별지 제31호서식의 도급승인 신청서, 별지 제32호서식의 연장신청서 및 별지 제33호서식의 변경신청서에 다음 각 호의 서류를 첨부하여 관할 지방고용노동관서의 장에게 제출해야 한다.
  1. 도급대상 작업의 공정 관련 서류 일체(기계·설비의 종류 및 운전조건, 유해·위험물질의 종류·사용량, 유해·위험요인의 발생 실태 및 종사 근로자 수 등에 관한 사항이 포함되어야 한다)
  2. 도급작업 안전보건관리계획서(안전작업절차, 도급 시 안전·보건관리 및 도급작업에 대한 안전·보건시설 등에 관한 사항이 포함되어야 한다)
  3. 제74조에 따른 안전 및 보건에 관한 평가 결과(법 제58조 제6항에 따른 변경승인은 해당되지 않는다)
② 법 제58조 제2항 제2호에 따른 승인, 같은 조 제5항 또는 제6항에 따른 연장승인 또는 변경승인의 작업별 도급승인 기준은 다음 각 호와 같다.
  1. 공통: 작업공정의 안전성, 안전보건관리계획 및 안전 및 보건에 관한 평가 결과의 적정성
  2. 법 제58조 제1항 제1호 및 제2호에 따른 작업: 안전보건규칙 제5조, 제7조, 제8조, 제10조, 제11조, 제17조, 제19조, 제21조, 제22조, 제33조, 제72조부터 제79조까지, 제81조, 제83조부터 제85조까지, 제225조, 제232조, 제299조, 제301조부터 제305조까지, 제422조, 제429조부터 제435조까지, 제442조부터 제444조까지, 제448조, 제450조, 제451조 및 제513조에서 정한 기준

3. 법 제58조 제1항 제3호에 따른 작업: 안전보건규칙 제5조, 제7조, 제8조, 제10조, 제11조, 제17조, 제19조, 제21조, 제22조까지, 제33조, 제72조부터 제79조까지, 제81조, 제83조부터 제85조까지, 제225조, 제232조, 제299조, 제301조부터 제305조까지, 제453조부터 제455조까지, 제459조, 제461조, 제463조부터 제466조까지, 제469조부터 제474조까지 및 제513조에서 정한 기준

③ 지방고용노동관서의 장은 필요한 경우 법 제58조 제2항 제2호에 따른 승인, 같은 조 제5항 또는 제6항에 따른 연장승인 또는 변경승인을 신청한 사업장이 제2항에 따른 도급승인 기준을 준수하고 있는지 공단으로 하여금 확인하게 할 수 있다.

④ 제1항에 따라 도급승인 신청을 받은 지방고용노동관서의 장은 제2항에 따른 도급승인 기준을 충족한 경우 신청서가 접수된 날부터 <u>14일 이내</u>에 별지 제34호서식에 따른 승인서를 신청인에게 발급해야 한다.

제76조(도급승인 변경 사항) 법 제58조 제6항에서 "고용노동부령으로 정하는 사항"이란 다음 각 호의 어느 하나에 해당하는 사항을 말한다.
 1. 도급공정
 2. 도급공정 사용 최대 유해화학 물질량
 3. 도급기간(3년 미만으로 승인 받은 자가 승인일부터 3년 내에서 연장하는 경우만 해당한다)

제77조(도급승인의 취소) 고용노동부장관은 법 제58조 제2항 제2호에 따른 승인, 같은 조 제5항 또는 제6항에 따른 연장승인 또는 변경승인을 받은 자가 <u>다음 각 호의 어느 하나에 해당하는 경우에는 승인을 취소해야 한다.</u>
 1. 제75조 제2항의 도급승인 기준에 미달하게 된 때
 2. 거짓이나 그 밖의 부정한 방법으로 승인, 연장승인, 변경승인을 받은 경우
 3. 법 제58조 제5항 및 제6항에 따른 연장승인 및 변경승인을 받지 않고 사업을 계속한 경우

제78조(도급승인 등의 신청) ① 법 제59조에 따른 안전 및 보건에 유해하거나 위험한 작업의 도급에 대한 승인, 연장승인 또는 변경승인을 받으려는 자는 별지 제31호서식의 도급승인 신청서, 별지 제32호서식의 연장신청서 및 별지 제33호서식의 변경신청서에 다음 각 호의 서류를 첨부하여 관할 지방고용노동관서의 장에게 제출해야 한다.
 1. 도급대상 작업의 공정 관련 서류 일체(기계·설비의 종류 및 운전조건, 유해·위험물질의 종류·사용량, 유해·위험요인의 발생 실태 및 종사 근로자 수 등에 관한 사항이 포함되어야 한다)
 2. 도급작업 안전보건관리계획서(안전작업절차, 도급 시 안전·보건관리 및 도급작업에 대한 안전·보건시설 등에 관한 사항이 포함되어야 한다)
 3. 안전 및 보건에 관한 평가 결과(변경승인은 해당되지 않는다)

② 제1항에도 불구하고 산업재해가 발생할 급박한 위험이 있어 긴급하게 도급을 해야 할 경우에는 제1항 제1호 및 제3호의 서류를 제출하지 않을 수 있다. → 도급작업 안전보건관리계획서만 제출

③ 법 제59조에 따른 승인, 연장승인 또는 변경승인의 작업별 도급승인 기준은 다음 각 호와 같다.
 1. 공통: 작업공정의 안전성, 안전보건관리계획 및 안전 및 보건에 관한 평가 결과의 적정성
 2. 영 제51조 제1호에 따른 작업: 안전보건규칙 제5조, 제7조, 제8조, 제10조, 제11조, 제17조, 제19조, 제21조, 제22조, 제33조, 제42조부터 제44조까지, 제72조부터 제79조까지, 제81조, 제83조부터 제85조까지, 제225조, 제232조, 제297조부터 제299조까지, 제301조부터 제305조까지, 제422조, 제429조부터 제435조까지, 제442조부터 제444조까지, 제448조, 제450조, 제451조, 제513조, 제619조, 제620조, 제624조, 제625조, 제630조 및 제631조에서 정한 기준
 3. 영 제51조 제2호에 따른 작업: 고용노동부장관이 정한 기준

④ 제1항 제3호에 따른 안전 및 보건에 관한 평가에 관하여는 제74조를 준용하고, 도급승인의 절차, 변경 및 취소 등에 관하여는 제75조 제3항, 같은 조 제4항, 제76조 및 제77조의 규정을 준용한다. 이 경우 "법 제58조 제2항 제2호에 따른 승인, 같은 조 제5항 또는 제6항에 따른 연장승인 또는 변경승인"은 "법 제59조에 따른 승인, 연장승인 또는 변경승인"으로, "제75조 제2항의 도급승인 기준"은 "제78조 제3항의 도급승인 기준"으로 본다.

07 산업안전보건법령상 안전관리전문기관의 지정의 취소 등에 관한 규정의 일부이다. ( )안에 들어갈 숫자의 연결이 옳은 것은?

> ○ 고용노동부장관은 안전관리전문기관이 지정 요건을 충족하지 못한 경우에 해당할 때에는 그 지정을 취소하거나 (ㄱ)개월 이내의 기간을 정하여 그 업무의 정지를 명할 수 있다.
> ○ 지정이 취소된 자는 지정이 취소된 날부터 (ㄴ)년 이내에는 안전관리전문기관으로 지정받을 수 없다.

① ㄱ: 1, ㄴ: 1
② ㄱ: 3, ㄴ: 1
③ ㄱ: 3, ㄴ: 2
④ ㄱ: 6, ㄴ: 1
⑤ ㄱ: 6, ㄴ: 2

08 산업안전보건법령상 안전·보건 관리체제에 관한 설명으로 옳지 않은 것은?

① 안전보건관리책임자는 안전관리자와 보건관리자를 지휘·감독한다.
② 안전보건관리책임자는 해당 사업에서 그 사업을 실질적으로 총괄관리하는 사람이어야 한다.
③ 안전관리자는 산업재해에 관한 통계의 유지·관리·분석을 위한 보좌 및 조언·지도 등의 업무를 수행하여야 한다.
④ 고용노동부장관은 안전관리전문기관의 업무정지를 명하여야 하는 경우에 그 업무정지가 공익을 해칠 우려가 있다고 인정하면 업무정지처분을 갈음하여 5억원 이하의 과징금을 부과할 수 있다.
⑤ 상시 근로자수가 500명 이상인 식료품 제조업의 경우 안전관리자를 2명 이상 선임하여야 한다.

09 산업안전보건법령상 도급사업 시 구성하는 안전·보건에 관한 협의체의 협의사항에 포함되지 않는 것은?

① 작업장 간의 연락 방법
② 재해발생 위험이 있는 경우 대피방법
③ 작업장의 순회점검에 관한 사항
④ 작업장에서의 위험성평가의 실시에 관한 사항
⑤ 수급인 상호간의 작업공정의 조정

<참고>

시행규칙 제79조(협의체의 구성 및 운영) ① 법 제64조 제1항 제1호에 따른 안전 및 보건에 관한 협의체(이하 이 조에서 "협의체"라 한다)는 도급인 및 그의 수급인 전원으로 구성해야 한다.

② 협의체는 다음 각 호의 사항을 협의해야 한다.
1. 작업의 시작 시간
2. 작업 또는 작업장 간의 연락방법
3. 재해발생 위험이 있는 경우 대피방법
4. 작업장에서의 법 제36조에 따른 위험성평가의 실시에 관한 사항
5. 사업주와 수급인 또는 수급인 상호 간의 연락 방법 및 작업공정의 조정

③ 협의체는 매월 1회 이상 정기적으로 회의를 개최하고 그 결과를 기록·보존해야 한다.

10 산업안전보건법령상 안전인증에 관한 설명으로 옳은 것은?

① 연구·개발을 목적으로 안전인증대상 기계·기구등을 제조하는 경우에도 안전인증을 받아야 한다.
② 고용노동부장관은 안전인증을 받은 자가 안전인증기준을 지키고 있는지를 5년을 주기로 확인하여야 한다.
③ 곤돌라를 설치·이전하는 경우뿐만 아니라 그 주요 구조 부분을 변경하는 경우에도 안전인증을 받아야 한다.
④ 서면심사와 기술능력 및 생산체계 심사 결과가 안전인증기준에 적합할 경우에 유해·위험한 기계·기구·설비등의 표본을 추출하여 하는 심사를 개별 제품심사라고 한다.
⑤ 예비심사의 경우 안전인증 신청서를 제출받은 안전인증기관은 7일 이내에 심사 하여야 하며 부득이한 사유가 있을 때에는 15일의 범위에서 심사기간을 연장할 수 있다.

<참고>

제109조(안전인증의 면제) ① 법 제84조 제1항에 따른 안전인증대상기계등(이하 "안전인증대상기계등" 이라 한다)이 다음 각 호의 어느 하나에 해당하는 경우에는 법 제84조 제1항에 따른 안전인증을 전부 면제한다.
1. 연구·개발을 목적으로 제조·수입하거나 수출을 목적으로 제조하는 경우
2. 「건설기계관리법」 제13조 제1항 제1호부터 제3호까지에 따른 검사를 받은 경우 또는 같은 법 제18조에 따른 형식승인을 받거나 같은 조에 따른 형식신고를 한 경우
3. 「고압가스 안전관리법」 제17조 제1항에 따른 검사를 받은 경우
4. 「광산안전법」 제9조에 따른 검사 중 광업시설의 설치공사 또는 변경공사가 완료되었을 때에 받는 검사를 받은 경우
5. 「방위사업법」 제28조 제1항에 따른 품질보증을 받은 경우
6. 「선박안전법」 제7조에 따른 검사를 받은 경우
7. 「에너지이용 합리화법」 제39조 제1항 및 제2항에 따른 검사를 받은 경우
8. 「원자력안전법」 제16조 제1항에 따른 검사를 받은 경우
9. 「위험물안전관리법」 제8조 제1항 또는 제20조 제2항에 따른 검사를 받은 경우
10. 「전기사업법」 제63조에 따른 검사를 받은 경우
11. 「항만법」 제26조 제1항 제1호·제2호 및 제4호에 따른 검사를 받은 경우
12. 「화재예방, 소방시설 설치·유지 및 안전관리에 관한 법률」 제36조 제1항에 따른 형식승인을 받은 경우

② 안전인증대상기계등이 다음 각 호의 어느 하나에 해당하는 인증 또는 시험을 받았거나 그 일부 항목이 법 제83조 제1항에 따른 안전인증기준(이하 "안전인증기준"이라 한다)과 같은 수준 이상인 것으로 인정되는 경우에는 해당 인증 또는 시험이나 그 일부 항목에 한정하여 법 제84조 제1항에 따른 안전인증을 면제한다.
  1. 고용노동부장관이 정하여 고시하는 외국의 안전인증기관에서 인증을 받은 경우
  2. 국제전기기술위원회(IEC)의 국제방폭전기기계·기구 상호인정제도(IECEx Scheme)에 따라 인증을 받은 경우
  3. 「국가표준기본법」에 따른 시험·검사기관에서 실시하는 시험을 받은 경우
  4. 「산업표준화법」 제15조에 따른 인증을 받은 경우
  5. 「전기용품 및 생활용품 안전관리법」 제5조에 따른 안전인증을 받은 경우
③ 법 제84조 제2항 제1호에 따라 안전인증이 면제되는 안전인증대상기계등을 제조하거나 수입하는 자는 해당 공산품의 출고 또는 통관 전에 별지 제43호서식의 안전인증 면제신청서에 다음 각 호의 서류를 첨부하여 안전인증기관에 제출해야 한다.
  1. 제품 및 용도설명서
  2. 연구·개발을 목적으로 사용되는 것임을 증명하는 서류
④ 안전인증기관은 제3항에 따라 안전인증 면제신청을 받으면 이를 확인하고 별지 제44호서식의 안전인증 면제확인서를 발급해야 한다.

제110조(안전인증 심사의 종류 및 방법) ① 유해·위험기계등이 안전인증기준에 적합한지를 확인하기 위하여 안전인증기관이 하는 심사는 다음 각 호와 같다.
  1. 예비심사: 기계 및 방호장치·보호구가 유해·위험기계등 인지를 확인하는 심사(법 제84조 제3항에 따라 안전인증을 신청한 경우만 해당한다)
  2. 서면심사: 유해·위험기계등의 종류별 또는 형식별로 설계도면 등 유해·위험기계등의 제품기술과 관련된 문서가 안전인증기준에 적합한지에 대한 심사
  3. 기술능력 및 생산체계 심사: 유해·위험기계등의 안전성능을 지속적으로 유지·보증하기 위하여 사업장에서 갖추어야 할 기술능력과 생산체계가 안전인증기준에 적합한지에 대한 심사. 다만, 다음 각 목의 어느 하나에 해당하는 경우에는 기술능력 및 생산체계 심사를 생략한다.
    가. 영 제74조 제1항 제2호 및 제3호에 따른 방호장치 및 보호구를 고용노동부장관이 정하여 고시하는 수량 이하로 수입하는 경우
    나. 제4호 가목의 개별 제품심사를 하는 경우
    다. 안전인증(제4호 나목의 형식별 제품심사를 하여 안전인증을 받은 경우로 한정한다)을 받은 후 같은 공정에서 제조되는 같은 종류의 안전인증대상기계등에 대하여 안전인증을 하는 경우
  4. 제품심사: 유해·위험기계등이 서면심사 내용과 일치하는지와 유해·위험기계등의 안전에 관한 성능이 안전인증기준에 적합한지에 대한 심사. 다만, 다음 각 목의 심사는 유해·위험기계등별로 고용노동부장관이 정하여 고시하는 기준에 따라 어느 하나만을 받는다.
    가. 개별 제품심사: 서면심사 결과가 안전인증기준에 적합할 경우에 유해·위험기계등 모두에 대하여 하는 심사(안전인증을 받으려는 자가 서면심사와 개별 제품심사를 동시에 할 것을 요청하는 경우 병행할 수 있다)
    나. 형식별 제품심사: 서면심사와 기술능력 및 생산체계 심사 결과가 안전인증기준에 적합할 경우에 유해·위험기계등의 형식별로 표본을 추출하여 하는 심사(안전인증을 받으려는 자가 서면심사, 기술능력 및 생산체계 심사와 형식별 제품심사를 동시에 할 것을 요청하는 경우 병행할 수 있다)
② 제1항에 따른 유해·위험기계등의 종류별 또는 형식별 심사의 절차 및 방법은 고용노동부장관이 정하여 고시한다.
③ 안전인증기관은 제108조 제1항에 따라 안전인증 신청서를 제출받으면 다음 각 호의 구분에 따른 심사 종류별 기간 내에 심사해야 한다. 다만, **제품심사의 경우** 처리기간 내에 심사를 끝낼 수 없는 부득이한 사유가 있을 때에는 **15일의 범위에서 심사기간을 연장**할 수 있다.
  1. 예비심사: 7일
  2. 서면심사: 15일(외국에서 제조한 경우는 30일)

3. 기술능력 및 생산체계 심사: 30일(외국에서 제조한 경우는 45일)
4. 제품심사
    가. 개별 제품심사: 15일
    나. 형식별 제품심사: 30일(영 제74조 제1항 제2호 사목의 방호장치와 같은 항 제3호 가목부터 아목까지의 보호구는 60일)

④ 안전인증기관은 제3항에 따른 심사가 끝나면 안전인증을 신청한 자에게 별지 제45호서식의 심사결과 통지서를 발급해야 한다. 이 경우 해당 심사 결과가 모두 적합한 경우에는 별지 제46호서식의 안전인증서를 함께 발급해야 한다.

⑤ 안전인증기관은 안전인증대상기계등이 특수한 구조 또는 재료로 제조되어 안전인증기준의 일부를 적용하기 곤란할 경우 해당 제품이 안전인증기준과 같은 수준 이상의 안전에 관한 성능을 보유한 것으로 인정(안전인증을 신청한 자의 요청이 있거나 필요하다고 판단되는 경우를 포함한다)되면 「산업표준화법」 제12조에 따른 한국산업표준 또는 관련 국제규격 등을 참고하여 안전인증기준의 일부를 생략하거나 추가하여 제1항 제2호 또는 제4호에 따른 심사를 할 수 있다.

⑥ 안전인증기관은 제5항에 따라 안전인증대상기계등이 안전인증기준과 같은 수준 이상의 안전에 관한 성능을 보유한 것으로 인정되는지와 해당 안전인증대상기계등에 생략하거나 추가하여 적용할 안전인증기준을 심의·의결하기 위하여 안전인증심의위원회를 설치·운영해야 한다. 이 경우 안전인증심의위원회의 구성·개최에 걸리는 기간은 제3항에 따른 심사기간에 산입하지 않는다.

⑦ 제6항에 따른 안전인증심의위원회의 구성·기능 및 운영 등에 필요한 사항은 고용노동부장관이 정하여 고시한다.

제111조(확인의 방법 및 주기 등) ① 안전인증기관은 법 제84조 제4항에 따라 안전인증을 받은 자에 대하여 다음 각 호의 사항을 확인해야 한다.
1. 안전인증서에 적힌 제조 사업장에서 해당 유해·위험기계등을 생산하고 있는지 여부
2. 안전인증을 받은 유해·위험기계등이 안전인증기준에 적합한지 여부(심사의 종류 및 방법은 제110조 제1항 제4호를 준용한다)
3. 제조자가 안전인증을 받을 당시의 기술능력·생산체계를 지속적으로 유지하고 있는지 여부
4. 유해·위험기계등이 서면심사 내용과 같은 수준 이상의 재료 및 부품을 사용하고 있는지 여부

② 법 제84조 제4항에 따라 안전인증기관은 안전인증을 받은 자가 안전인증기준을 지키고 있는지를 2년에 1회 이상 확인해야 한다. 다만, 다음 각 호의 모두에 해당하는 경우에는 3년에 1회 이상 확인할 수 있다.
1. 최근 3년 동안 법 제86조 제1항에 따라 안전인증이 취소되거나 안전인증표시의 사용금지 또는 시정명령을 받은 사실이 없는 경우
2. 최근 2회의 확인 결과 기술능력 및 생산체계가 고용노동부장관이 정하는 기준 이상인 경우

③ 안전인증기관은 제1항 및 제2항에 따라 확인한 경우에는 별지 제47호서식의 안전인증확인 통지서를 제조자에게 발급해야 한다.

④ 안전인증기관은 제1항 및 제2항에 따라 확인한 결과 법 제87조 제1항 각 호의 어느 하나에 해당하는 사실을 확인한 경우에는 그 사실을 증명할 수 있는 서류를 첨부하여 유해·위험기계등을 제조하는 사업장의 소재지(제품의 제조자가 외국에 있는 경우에는 그 대리인의 소재지로 하되, 대리인이 없는 경우에는 그 안전인증기관의 소재지로 한다)를 관할하는 지방고용노동관서의 장에게 지체 없이 알려야 한다.

⑤ 안전인증기관은 제109조 제2항 제1호에 따라 일부 항목에 한정하여 안전인증을 면제한 경우에는 외국의 해당 안전인증기관에서 실시한 안전인증 확인의 결과를 제출받아 고용노동부장관이 정하는 바에 따라 법 제84조 제4항에 따른 확인의 전부 또는 일부를 생략할 수 있다.

제112조(안전인증제품에 관한 자료의 기록·보존) 안전인증을 받은 자는 법 제84조 제5항에 따라 안전인증제품에 관한 자료를 안전인증을 받은 제품별로 기록·보존해야 한다.

제113조(안전인증 관련 자료의 제출 등) 지방고용노동관서의 장은 법 제84조 제6항에 따라 안전인증대상기계등을 제조·수입 또는 판매하는 자에게 자료의 제출을 요구할 때에는 10일 이상의 기간을 정하여 문서로 요구하되, 부득이한 사유가 있을 때에는 신청을 받아 30일의 범위에서 그 기간을 연장할 수 있다.

11 산업안전보건법령상 도급인인 사업주가 작업장의 안전·보건조치 등을 위하여 2일에 1회 이상 순회점검하여야 하는 사업을 모두 고른 것은?

> ㄱ. 건설업
> ㄴ. 자동차 전문 수리업
> ㄷ. 토사석 광업
> ㄹ. 금속 및 비금속 원료 재생업
> ㅁ. 음악 및 기타 오디오물 출판업

① ㄱ, ㄴ, ㅁ
② ㄱ, ㄷ, ㄹ
③ ㄴ, ㄷ, ㅁ
④ ㄱ, ㄴ, ㄷ, ㄹ
⑤ ㄱ, ㄷ, ㄹ, ㅁ

12 산업안전보건기준에 관한 규칙상 니트로화합물을 제조하는 작업장의 비상구 설치에 관한 설명으로 옳지 않은 것은?

① 출입구 외에 안전한 장소로 대피할 수 있는 비상구 1개 이상을 설치할 것
② 비상구의 문은 피난 방향으로 열리도록 하고, 실내에서 항상 열 수 있는 구조로 할 것
③ 비상구의 너비는 0.75미터 이상으로 하고, 높이는 1.5미터 이상으로 할 것
④ 비상구는 출입구와 같은 방향에 있으며 출입구로부터 3미터 이상 떨어져 있을 것
⑤ 작업장의 각 부분으로부터 하나의 비상구 또는 출입구까지의 수평거리가 50미터 이하가 되도록 할 것

<참고>

제17조(비상구의 설치) ① 사업주는 별표 1에 규정된 위험물질을 제조·취급하는 작업장과 그 작업장이 있는 건축물에 제11조에 따른 출입구 외에 안전한 장소로 대피할 수 있는 비상구 1개 이상을 다음 각 호의 기준을 모두 충족하는 구조로 설치해야 한다. 다만, 작업장 바닥면의 가로 및 세로가 각 3미터 미만인 경우에는 그렇지 않다. <개정 2019. 12. 26.>
  1. 출입구와 같은 방향에 있지 아니하고, 출입구로부터 3미터 이상 떨어져 있을 것
  2. 작업장의 각 부분으로부터 하나의 비상구 또는 출입구까지의 수평거리가 50미터 이하가 되도록 할 것
  3. 비상구의 너비는 0.75미터 이상으로 하고, 높이는 1.5미터 이상으로 할 것
  4. 비상구의 문은 피난 방향으로 열리도록 하고, 실내에서 항상 열 수 있는 구조로 할 것
② 사업주는 제1항에 따른 비상구에 문을 설치하는 경우 항상 사용할 수 있는 상태로 유지하여야 한다.
제19조(경보용 설비 등) 사업주는 연면적이 400제곱미터 이상이거나 상시 50명 이상의 근로자가 작업하는 옥내작업장에는 비상시에 근로자에게 신속하게 알리기 위한 경보용 설비 또는 기구를 설치하여야 한다.

13 산업안전보건법령상 자율안전확인대상 기계·기구등에 해당하지 않는 것은?

① 휴대형 연삭기
② 혼합기
③ 파쇄기
④ 자동차정비용 리프트
⑤ 기압조절실(chamber)

14 산업안전보건법령상 안전검사 대상에 해당하는 것을 모두 고른 것은?

ㄱ. 프레스	ㄴ. 압력용기
ㄷ. 산업용 원심기	ㄹ. 이동식 국소 배기장치
ㅁ. 정격 하중이 1톤인 크레인	ㅂ. 특수자동차에 탑재한 고소작업대

① ㄱ, ㄹ, ㅂ
② ㄴ, ㅁ, ㅂ
③ ㄱ, ㄴ, ㄷ, ㅂ
④ ㄴ, ㄷ, ㄹ, ㅁ
⑤ ㄱ, ㄴ, ㄷ, ㄹ, ㅁ

<참고>

영 제78조(안전검사대상기계등) ① 법 제93조 제1항 전단에서 "대통령령으로 정하는 것"이란 다음 각 호의 어느 하나에 해당하는 것을 말한다.
  1. 프레스
  2. 전단기
  3. 크레인(정격 하중이 2톤 미만인 것은 제외한다)
  4. 리프트
  5. 압력용기
  6. 곤돌라
  7. 국소 배기장치(이동식은 제외한다)
  8. 원심기(산업용만 해당한다)
  9. 롤러기(밀폐형 구조는 제외한다)
  10. 사출성형기[형 체결력(型 締結力) 294킬로뉴턴(KN) 미만은 제외한다]
  11. 고소작업대(「자동차관리법」 제3조 제3호 또는 제4호에 따른 화물자동차 또는 특수자동차에 탑재한 고소작업대로 한정한다)
  12. 컨베이어
  13. 산업용 로봇
② 법 제93조 제1항에 따른 안전검사대상기계등의 세부적인 종류, 규격 및 형식은 고용노동부장관이 정하여 고시한다.

15 산업안전보건법령상 유해·위험 방지를 위하여 방호조치가 필요한 기계·기구등과 이에 설치하여야 할 방호장치를 옳게 연결한 것은?

① 예초기 - 회전체 접촉 예방장치
② 진공포장기 - 압력방출장치
③ 금속절단기 - 구동부 방호 연동장치
④ 원심기 - 날접촉 예방장치
⑤ 공기압축기- 압력방출장치

16 산업안전보건법령상 3년 이하의 징역 또는 3천만원 이하의 벌금에 처하게 될 수 있는 자는?

① 중대재해 발생현장을 훼손한 자
② 공정안전보고서의 내용이 중대산업사고를 예방하기 위하여 적합하다고 통보받기 전에 관련 설비를 가동한 자
③ 동력으로 작동하는 기계·기구로서 작동부분의 돌기부분을 묻힘형으로 하지 않거나 덮개를 부착하지 않고 양도한 자
④ 안전인증을 받지 않은 유해·위험한 기계·기구·설비등에 안전인증표시를 한 자
⑤ 작업환경측정 결과에 따라 근로자의 건강을 보호하기 위하여 해당 시설·설비의 설치·개선 또는 건강진단의 실시 등의 조치를 하지 아니한 자

17 산업안전보건기준에 관한 규칙상 통로를 설치하는 사업주가 준수하여야 하는 사항으로 옳지 않은 것은?

① 통로의 주요 부분에 통로표시를 하고, 근로자가 안전하게 통행할 수 있도록 하여야 한다.
② 통로면으로부터 높이 2미터 이내의 장애물을 제거하는 것이 곤란하다고 고용노동부장관이 인정하는 경우에는 근로자에게 발생할 수 있는 부상 등의 위험을 방지하기 위한 안전 조치를 하여야 한다.
③ 가설통로를 설치하는 경우, 건설공사에 사용하는 높이 8미터 이상인 비계다리에는 7미터 이내마다 계단참을 설치하여야 한다.
④ 잠함(潛函) 내 사다리식 통로를 설치하는 경우 그 폭은 30센티미터 이상으로 설치하여야 한다.
⑤ 계단 및 계단참을 설치하는 경우 매제곱미터당 500킬로그램 이상의 하중에 견딜 수 있는 강도를 가진 구조로 설치하여야 한다.

<참고>

제24조(사다리식 통로 등의 구조) ① 사업주는 사다리식 통로 등을 설치하는 경우 다음 각 호의 사항을 준수하여야 한다.
1. 견고한 구조로 할 것
2. 심한 손상·부식 등이 없는 재료를 사용할 것
3. 발판의 간격은 일정하게 할 것
4. 발판과 벽과의 사이는 15센티미터 이상의 간격을 유지할 것
5. 폭은 30센티미터 이상으로 할 것
6. 사다리가 넘어지거나 미끄러지는 것을 방지하기 위한 조치를 할 것
7. 사다리의 상단은 걸쳐놓은 지점으로부터 60센티미터 이상 올라가도록 할 것
8. 사다리식 통로의 길이가 10미터 이상인 경우에는 5미터 이내마다 계단참을 설치할 것
9. 사다리식 통로의 기울기는 75도 이하로 할 것. 다만, 고정식 사다리식 통로의 기울기는 90도 이하로 하고, 그 높이가 7미터 이상인 경우에는 바닥으로부터 높이가 2.5미터 되는 지점부터 등받이울을 설치할 것
10. 접이식 사다리 기둥은 사용 시 접혀지거나 펼쳐지지 않도록 철물 등을 사용하여 견고하게 조치할 것

② 잠함(潛函) 내 사다리식 통로와 건조·수리 중인 선박의 구명줄이 설치된 사다리식 통로(건조·수리작업을 위하여 임시로 설치한 사다리식 통로는 제외한다)에 대해서는 제1항 제5호부터 제10호까지의 규정을 적용하지 아니한다.

18. 산업안전보건법령상 화학물질의 유해성·위험성을 조사하고 그 조사보고서를 고용노동부장관에게 제출하여야 하는 것은?

① 방사성 물질
② 천연으로 산출된 화학물질
③ 연간 수입량이 1,000킬로그램 미만인 경우로서 고용노동부장관의 확인을 받은 신규화학물질
④ 전량 수출하기 위하여 연간 10톤 이하로 제조하거나 수입하는 경우로서 고용노동부장관의 확인을 받은 신규화학물질
⑤ 일반 소비자의 생활용으로 직접 소비자에게 제공되고 국내의 사업장에서 사용되지 않는 경우로서 고용노동부장관의 확인을 받은 신규화학물질

<참고>

제108조(신규화학물질의 유해성·위험성 조사) ① 대통령령으로 정하는 화학물질 외의 화학물질(이하 "신규화학물질"이라 한다)을 제조하거나 수입하려는 자(이하 "신규화학물질제조자등"이라 한다)는 신규화학물질에 의한 근로자의 건강장해를 예방하기 위하여 고용노동부령으로 정하는 바에 따라 그 신규화학물질의 유해성·위험성을 조사하고 그 조사보고서를 고용노동부장관에게 제출하여야 한다. 다만, 다음 각 호의 어느 하나에 해당하는 경우에는 그러하지 아니하다.
1. 일반 소비자의 생활용으로 제공하기 위하여 신규화학물질을 수입하는 경우로서 고용노동부령으로 정하는 경우
2. 신규화학물질의 수입량이 소량이거나 그 밖에 위해의 정도가 적다고 인정되는 경우로서 고용노동부령으로 정하는 경우

② 신규화학물질제조자등은 제1항 각 호 외의 부분 본문에 따라 유해성·위험성을 조사한 결과 해당 신규 화학물질에 의한 근로자의 건강장해를 예방하기 위하여 필요한 조치를 하여야 하는 경우 이를 즉시 시행하여야 한다.

③ 고용노동부장관은 제1항에 따라 신규화학물질의 유해성·위험성 조사보고서가 제출되면 고용노동부령으로 정하는 바에 따라 그 신규화학물질의 명칭, 유해성·위험성, 근로자의 건강장해 예방을 위한 조치사항 등을 공표하고 관계 부처에 통보하여야 한다.

④ 고용노동부장관은 제1항에 따라 제출된 신규화학물질의 유해성·위험성 조사보고서를 검토한 결과 근로자의 건강장해 예방을 위하여 필요하다고 인정할 때에는 신규화학물질제조자등에게 시설·설비를 설치·정비하고 보호구를 갖추어 두는 등의 조치를 하도록 명할 수 있다.

⑤ 신규화학물질제조자등이 신규화학물질을 양도하거나 제공하는 경우에는 제4항에 따른 근로자의 건강장해 예방을 위하여 조치하여야 할 사항을 기록한 서류를 함께 제공하여야 한다.

영 제85조(유해성·위험성 조사 제외 화학물질) 법 제108조 제1항 각 호 외의 부분 본문에서 "대통령령으로 정하는 화학물질"이란 다음 각 호의 어느 하나에 해당하는 화학물질을 말한다.

1. 원소
2. 천연으로 산출된 화학물질
3. 「건강기능식품에 관한 법률」 제3조 제1호에 따른 건강기능식품
4. 「군수품관리법」 제2조 및 「방위사업법」 제3조 제2호에 따른 군수품[「군수품관리법」 제3조에 따른 통상품(通常品)은 제외한다]
5. 「농약관리법」 제2조 제1호 및 제3호에 따른 농약 및 원제
6. 「마약류 관리에 관한 법률」 제2조 제1호에 따른 마약류
7. 「비료관리법」 제2조 제1호에 따른 비료
8. 「사료관리법」 제2조 제1호에 따른 사료
9. 「생활화학제품 및 살생물제의 안전관리에 관한 법률」 제3조 제7호 및 제8호에 따른 살생물물질 및 살생물제품
10. 「식품위생법」 제2조 제1호 및 제2호에 따른 식품 및 식품첨가물
11. 「약사법」 제2조 제4호 및 제7호에 따른 의약품 및 의약외품(醫藥外品)
12. 「원자력안전법」 제2조 제5호에 따른 방사성물질
13. 「위생용품 관리법」 제2조 제1호에 따른 위생용품
14. 「의료기기법」 제2조 제1항에 따른 의료기기
15. 「총포·도검·화약류 등의 안전관리에 관한 법률」 제2조 제3항에 따른 화약류
16. 「화장품법」 제2조 제1호에 따른 화장품과 화장품에 사용하는 원료
17. 법 제108조 제3항에 따라 고용노동부장관이 명칭, 유해성·위험성, 근로자의 건강장해 예방을 위한 조치 사항 및 연간 제조량·수입량을 공표한 물질로서 공표된 연간 제조량·수입량 이하로 제조하거나 수입한 물질
18. 고용노동부장관이 환경부장관과 협의하여 고시하는 화학물질 목록에 기록되어 있는 물질

시행규칙 제147조(신규화학물질의 유해성·위험성 조사보고서의 제출) ① 법 제108조 제1항에 따라 신규화학물질을 제조하거나 수입하려는 자(이하 "신규화학물질제조자등"이라 한다)는 제조하거나 수입하려는 날 30일(연간 제조하거나 수입하려는 양이 100킬로그램 이상 1톤 미만인 경우에는 14일) 전까지 별지 제57호서식의 신규화학물질 유해성·위험성 조사보고서(이하 "유해성·위험성 조사보고서"라 한다)에 별표 20에 따른 서류를 첨부하여 고용노동부장관에게 제출해야 한다. 다만, 그 신규화학물질을 「화학물질의 등록 및 평가 등에 관한 법률」 제10조에 따라 환경부장관에게 등록한 경우에는 고용노동부장관에게 유해성·위험성 조사보고서를 제출한 것으로 본다.

② 환경부장관은 제1항 단서에 따라 신규화학물질제조자등이 고용노동부장관에게 유해성·위험성 조사보고서를 제출한 것으로 보는 신규화학물질에 관한 등록자료 및 「화학물질의 등록 및 평가 등에 관한 법률」 제18조에 따른 유해성심사 결과를 고용노동부장관에게 제공해야 한다.

③ 고용노동부장관은 신규화학물질제조자등이 별표 20에 따라 시험성적서를 제출한 경우(제1항 단서에 따라 고용노동부장관에게 유해성·위험성 조사보고서를 제출한 것으로 보는 경우를 포함한다)에도 신규화학물질이 별표 18 제1호 나목7)에 따른 생식세포 변이원성 등으로 중대한 건강장해를 유발할 수 있다고 의심되는 경우에는 신규화학물질제조자등에게 별지 제58호서식에 따라 신규화학물질의 유해성·위험성에 대한 추가 검토에 필요한 자료의 제출을 요청할 수 있다.

④ 고용노동부장관은 유해성·위험성 조사보고서 또는 제2항에 따라 환경부장관으로부터 제공받은 신규화학물질 등록자료 및 유해성심사 결과를 검토한 결과 법 제108조 제4항에 따라 필요한 조치를 명하려는 경우에는 제1항 본문에 따라 유해성·위험성 조사보고서를 제출받은 날 또는 제2항에 따라 환경부장관으로부터 신규화학물질 등록자료 및 유해성심사 결과를 제공받은 날부터 30일(연간 제조하거나 수입하려는 양이 100킬로그램 이상 1톤 미만인 경우에는 14일) 이내에 제1항 본문에 따라 유해성·위험성 조사보고서를 제출한 자 또는 제1항 단서에 따라 유해성·위험성 조사보고서를 제출한 것으로 보는 자에게 별지 제59호서식에 따라 신규화학물질의 유해성·위험성 조치사항을 통지해야 한다. 다만, 제3항에 따라 추가 검토에 필요한 자료제출을 요청한 경우에는 그 자료를 제출받은 날부터 30일(연간 제조하거나 수입하려는 양이 100킬로그램 이상 1톤 미만인 경우에는 14일) 이내에 별지 제59호서식에 따라 유해성·위험성 조치사항을 통지해야 한다.

제148조(일반소비자 생활용 신규화학물질의 유해성·위험성 조사 제외) ① 법 제108조 제1항 제1호에서 "고용노동부령으로 정하는 경우"란 다음 각 호의 어느 하나에 해당하는 경우로서 고용노동부장관의 확인을 받은 경우를 말한다.
  1. 해당 신규화학물질이 완성된 제품으로서 국내에서 가공하지 않는 경우
  2. 해당 신규화학물질의 포장 또는 용기를 국내에서 변경하지 않거나 국내에서 포장하거나 용기에 담지 않는 경우
  3. 해당 신규화학물질이 직접 소비자에게 제공되고 국내의 사업장에서 사용되지 않는 경우
② 제1항에 따른 확인을 받으려는 자는 최초로 신규화학물질을 수입하려는 날 7일 전까지 별지 제60호서식의 신청서에 제1항 각 호의 어느 하나에 해당하는 사실을 증명하는 서류를 첨부하여 고용노동부장관에게 제출해야 한다.

제149조(소량 신규화학물질의 유해성·위험성 조사 제외) ① 법 제108조 제1항 제2호에 따른 신규화학물질의 수입량이 소량이어서 유해성·위험성 조사보고서를 제출하지 않는 경우란 신규화학물질의 연간 수입량이 100킬로그램 미만인 경우로서 고용노동부장관의 확인을 받은 경우를 말한다.
② 제1항에 따른 확인을 받은 자가 같은 항에서 정한 수량 이상의 신규화학물질을 수입하였거나 수입하려는 경우에는 그 사유가 발생한 날부터 30일 이내에 유해성·위험성 조사보고서를 고용노동부장관에게 제출해야 한다.
③ 제1항에 따른 확인의 신청에 관하여는 제148조 제2항을 준용한다.
④ 제1항에 따른 확인의 유효기간은 1년으로 한다. 다만, 신규화학물질의 연간 수입량이 100킬로그램 미만인 경우로서 제151조 제2항에 따라 확인을 받은 것으로 보는 경우에는 그 확인은 계속 유효한 것으로 본다.

제150조(그 밖의 신규화학물질의 유해성·위험성 조사 제외) ① 법 제108조 제1항 제2호에서 "위해의 정도가 적다고 인정되는 경우로서 고용노동부령으로 정하는 경우"란 다음 각 호의 어느 하나에 해당하는 경우로서 고용노동부장관의 확인을 받은 경우를 말한다.
  1. 제조하거나 수입하려는 신규화학물질이 시험·연구를 위하여 사용되는 경우
  2. 신규화학물질을 전량 수출하기 위하여 연간 10톤 이하로 제조하거나 수입하는 경우
  3. 신규화학물질이 아닌 화학물질로만 구성된 고분자화합물로서 고용노동부장관이 정하여 고시하는 경우
② 제1항에 따른 확인의 신청에 관하여는 제148조 제2항을 준용한다.

19 산업안전보건법령상 건강진단에 관한 설명으로 옳은 것은?

① 건강진단의 종류에는 일반건강진단, 특수건강진단, 채용시건강진단, 수시건강진단, 임시건강진단이 있다.
② 6개월간 밤 12시부터 오전 5시까지의 시간을 포함하여 계속되는 8시간 작업을 월 평균 4회 이상 수행하는 야간작업 근로자도 특수건강진단을 받아야 한다.
③ 벤젠에 노출되는 업무에 종사하는 근로자는 배치 후 3개월 이내에 첫 번째 특수건강진단을 받고, 이후 6개월마다 주기적으로 특수건강진단을 받아야 한다.
④ 다른 사업장에서 해당 유해인자에 대하여 배치전건강진단을 받고 9개월이 지난 근로자로서 건강진단결과를 적은 서류를 제출한 근로자는 배치전건강진단을 실시하지 아니할 수 있다.
⑤ 특수건강진단대상업무로 인하여 해당 유해인자에 의한 건강장해를 의심하게 하는 증상을 보이는 근로자에 대하여 사업주가 실시하는 건강진단을 '임시건강진단' 이라 한다.

<참고>

4. 야간작업(2종)
   가. 6개월간 밤 12시부터 오전 5시까지의 시간을 포함하여 계속되는 8시간 작업을 월 평균 4회 이상 수행하는 경우
   나. 6개월간 오후 10시부터 다음날 오전 6시 사이의 시간 중 작업을 월 평균 60시간 이상 수행하는 경우

■ 산업안전보건법 시행규칙 [별표 23]

특수건강진단의 시기 및 주기(제202조 제1항 관련) ★

구분	대상 유해인자	시기 (배치 후 첫 번째 특수 건강진단)	주기
1	N,N-디메틸아세트아미드 디메틸포름아미드	1개월 이내	6개월
2	벤젠	2개월 이내	6개월
3	1,1,2,2-테트라클로로에탄 사염화탄소 아크릴로니트릴 염화비닐	3개월 이내	6개월
4	석면, 면 분진	12개월 이내	12개월
5	광물성 분진 목재 분진 소음 및 충격소음	12개월 이내	24개월
6	제1호부터 제5호까지의 대상 유해인자를 제외한 별표22의 모든 대상 유해인자	6개월 이내	12개월

20 산업안전보건법령상 질병자의 근로 금지·제한에 관한 설명으로 옳지 않은 것은?

① 사업주는 심장 등의 질환이 있는 사람으로서 근로에 의하여 병세가 악화될 우려가 있는 사람에 대해서는 의사의 진단에 따라 근로를 금지하여야 한다.
② 사업주는 발암성물질을 취급하는 작업에 종사하는 근로자에게는 1일 6시간, 1주 34시간을 초과하여 근로하게 하여서는 아니 된다.
③ 사업주는 착암기 등에 의하여 신체에 강렬한 진동을 주는 작업에서 유해·위험예방조치 외에 작업과 휴식의 적정한 배분 등 근로자의 건강 보호를 위한 조치를 하여야 한다.
④ 사업주는 심장판막증이 있는 근로자를 고기압 업무에 종사하도록 하여서는 아니 된다.
⑤ 사업주는 근로가 금지되거나 제한된 근로자가 건강을 회복하였을 때에는 지체없이 취업하게 하여야 한다.

21 산업안전보건법령상 유해·위험방지계획서의 제출 대상 업종에 해당하지 않는 것은? (단, 전기 계약 용량이 300킬로와트 이상인 사업에 한함)

① 전기장비 제조업
② 식료품 제조업
③ 가구 제조업
④ 목재 및 나무제품 제조업
⑤ 전자부품 제조업

22 산업안전보건법령상 지도사에 관한 설명으로 옳은 것은?

① 지도사 시험에 합격하여 고용노동부장관에게 등록하여야만 지도사의 자격을 가진다.
② 이 법을 위반하여 벌금형을 선고받고 6개월이 된 자는 지도사의 등록을 할 수 있다.
③ 지도사는 3년마다 갱신등록을 하여야 하며, 갱신등록은 지도실적이 없어도 가능하다.
④ 지도사 등록의 갱신기간 동안 지도실적이 2년 이상인 지도사의 보수교육시간은 10시간 이상으로 한다.
⑤ 산업안전 및 산업보건분야에서 3년간 실무에 종사한 지도사가 직무를 개시하려는 경우에는 등록을 하기 전 연수교육이 면제된다.

23 산업안전보건법령상 서류의 보존기간에 관한 설명으로 옳지 않은 것은?

① 기관석면조사를 한 건축물이나 설비의 소유주 등과 석면조사기관은 그 결과에 관한 서류를 5년간 보존하여야 한다.
② 지정측정기관은 작업환경측정에 관한 사항으로서 측정대상 사업장의 명칭 및 소재지 등을 기재한 서류를 3년간 보존하여야 한다.
③ 사업주는 노사협의체 회의록을 2년간 보존하여야 한다.
④ 자율안전확인대상 기계·기구 등을 제조하거나 수입하려는 자는 자율안전기준에 맞는 것임을 증명하는 서류를 2년간 보존하여야 한다.
⑤ 사업주는 화학물질의 유해성·위험성 조사에 관한 서류를 3년간 보존하여야 한다.

24 산업안전보건기준에 관한 규칙상 근골격계부담작업으로 인한 건강장해 예방에 관한 설명으로 옳지 않은 것은?

① 신설되는 사업장의 사업주는 근로자가 근골격계부담작업을 하는 경우에 신설일부터 1년 이내에 최초의 유해요인조사를 하여야 한다.
② 유해요인조사에는 작업장 상황, 작업조건, 작업과 관련된 근골격계질환 징후와 증상 유무 등이 포함된다.
③ 유해요인조사는 근로자와의 면담, 증상 설문조사, 인간공학적 측면을 고려한 조사 등 적절한 방법으로 하여야 한다.
④ 근로자는 근골격계부담작업으로 인하여 운동범위의 축소 등의 징후가 나타나는 경우 그 사실을 사업주에게 통지할 수 있다.
⑤ 연간 7명이 근골격계질환으로 인한 업무상질병으로 인정받은 상시 근로자수 85명을 고용하고 있는 사업주는 근골격계질환 예방관리 프로그램을 시행하여야 한다.

<참고>

제656조(정의) 이 장에서 사용하는 용어의 뜻은 다음과 같다. <개정 2019. 12. 26.>
1. "근골격계부담작업"이란 법 제39조 제1항 제5호에 따른 작업으로서 작업량·작업속도·작업강도 및 작업장 구조 등에 따라 고용노동부장관이 정하여 고시하는 작업을 말한다.
2. "근골격계질환"이란 반복적인 동작, 부적절한 작업자세, 무리한 힘의 사용, 날카로운 면과의 신체접촉, 진동 및 온도 등의 요인에 의하여 발생하는 건강장해로서 목, 어깨, 허리, 팔·다리의 신경·근육 및 그 주변 신체조직 등에 나타나는 질환을 말한다.
3. "근골격계질환 예방관리 프로그램"이란 유해요인 조사, 작업환경 개선, 의학적 관리, 교육·훈련, 평가에 관한 사항 등이 포함된 근골격계질환을 예방관리하기 위한 종합적인 계획을 말한다.

제662조(근골격계질환 예방관리 프로그램 시행) ① 사업주는 다음 각 호의 어느 하나에 해당하는 경우에 근골격계질환 예방관리 프로그램을 수립하여 시행하여야 한다.
  1. 근골격계질환으로 「산업재해보상보험법 시행령」 별표 3 제2호 가목·마목 및 제12호 라목에 따라 업무상 질병으로 인정받은 근로자가 연간 10명 이상 발생한 사업장 또는 5명 이상 발생한 사업장으로서 발생 비율이 그 사업장 근로자 수의 10퍼센트 이상인 경우
  2. 근골격계질환 예방과 관련하여 노사 간 이견(異見)이 지속되는 사업장으로서 고용노동부장관이 필요하다고 인정하여 근골격계질환 예방관리 프로그램을 수립하여 시행할 것을 명령한 경우
② 사업주는 근골격계질환 예방관리 프로그램을 작성·시행할 경우에 노사협의를 거쳐야 한다.
③ 사업주는 근골격계질환 예방관리 프로그램을 작성·시행할 경우에 인간공학·산업의학·산업위생·산업간호 등 분야별 전문가로부터 필요한 지도·조언을 받을 수 있다.

25 산업안전보건법령상 건강관리수첩 발급대상 업무 및 대상요건에 해당하지 않는 것은?

① 니켈 또는 그 화합물을 광석으로부터 추출하여 제조하거나 취급하는 업무에 5년 이상 종사한 사람
② 염화비닐을 제조하거나 사용하는 석유화학설비를 유지·보수하는 업무에 4년 이상 종사한 사람
③ 비파괴검사 업무에 3년 이상 종사한 사람
④ 석면 또는 석면방직제품을 제조하는 업무에 3개월 이상 종사한 사람
⑤ 비스-(클로로메틸)에테르를 제조하거나 취급하는 업무에 3년 이상 종사한 사람

<참고>

■ 산업안전보건법 시행규칙 [별표 25]

건강관리카드의 발급 대상(제214조 관련)

구분	건강장해가 발생할 우려가 있는 업무	대상 요건
1	베타-나프틸아민 또는 그 염(같은 물질이 함유된 화합물의 중량 비율이 1퍼센트를 초과하는 제제를 포함한다)을 제조하거나 취급하는 업무	3개월 이상 종사한 사람
2	벤지딘 또는 그 염(같은 물질이 함유된 화합물의 중량 비율이 1퍼센트를 초과하는 제제를 포함한다)을 제조하거나 취급하는 업무	3개월 이상 종사한 사람
3	베릴륨 또는 그 화합물(같은 물질이 함유된 화합물의 중량 비율이 1퍼센트를 초과하는 제제를 포함한다) 또는 그 밖에 베릴륨 함유물질(베릴륨이 함유된 화합물의 중량 비율이 3퍼센트를 초과하는 물질만 해당한다)을 제조하거나 취급하는 업무	제조하거나 취급하는 업무에 종사한 사람 중 양쪽 폐부분에 베릴륨에 의한 만성 결절성 음영이 있는 사람
4	비스-(클로로메틸)에테르(같은 물질이 함유된 화합물의 중량 비율이 1퍼센트를 초과하는 제제를 포함한다)를 제조하거나 취급하는 업무	3년 이상 종사한 사람

5	가. 석면 또는 석면방직제품을 제조하는 업무	3개월 이상 종사한 사람
	나. 다음의 어느 하나에 해당하는 업무 　1) 석면함유제품(석면방직제품은 제외한다)을 제조하는 업무 　2) 석면함유제품(석면이 1퍼센트를 초과하여 함유된 제품만 해당한다. 이하 다목에서 같다)을 절단하는 등 석면을 가공하는 업무 　3) 설비 또는 건축물에 분무된 석면을 해체·제거 또는 보수하는 업무 　4) 석면이 1퍼센트 초과하여 함유된 보온재 또는 내화피복제(耐火被覆劑)를 해체·제거 또는 보수하는 업무	1년 이상 종사한 사람
	다. 설비 또는 건축물에 포함된 석면시멘트, 석면마찰제품 또는 석면개스킷제품 등 석면함유제품을 해체·제거 또는 보수하는 업무	10년 이상 종사한 사람
	라. 나목 또는 다목 중 하나 이상의 업무에 중복하여 종사한 경우	다음의 계산식으로 산출한 숫자가 120을 초과하는 사람: (나목의 업무에 종사한 개월 수)×10+(다목의 업무에 종사한 개월 수)
	마. 가목부터 다목까지의 업무로서 가목부터 다목까지의 규정에서 정한 종사기간에 해당하지 않는 경우	흉부방사선상 석면으로 인한 질병 징후(흉막반 등)가 있는 사람
6	벤조트리클로라이드를 제조(태양광선에 의한 염소화반응에 의하여 제조하는 경우만 해당한다)하거나 취급하는 업무	3년 이상 종사한 사람
7	가. 갱내에서 동력을 사용하여 토석(土石)·광물 또는 암석(습기가 있는 것은 제외한다. 이하 "암석등"이라 한다)을 굴착 하는 작업 나. 갱내에서 동력(동력 수공구(手工具)에 의한 것은 제외한다)을 사용하여 암석 등을 파쇄(破碎)·분쇄 또는 체질하는 장소에서의 작업 다. 갱내에서 암석 등을 차량계 건설기계로 싣거나 내리거나 쌓아두는 장소에서의 작업 라. 갱내에서 암석 등을 컨베이어(이동식 컨베이어는 제외한다)에 싣거나 내리는 장소에서의 작업 마. 옥내에서 동력을 사용하여 암석 또는 광물을 조각 하거나 마무리하는 장소에서의 작업 바. 옥내에서 연마재를 분사하여 암석 또는 광물을 조각하는 장소에서의 작업 사. 옥내에서 동력을 사용하여 암석·광물 또는 금속을 연마·주물 또는 추출하거나 금속을 재단하는 장소에서의 작업 아. 옥내에서 동력을 사용하여 암석등·탄소원료 또는 알미늄박을 파쇄·분쇄 또는 체질하는 장소에서의 작업	3년 이상 종사한 사람으로서 흉부방사선 사진 상 진폐증이 있다고 인정되는 사람(「진폐의 예방과 진폐근로자의 보호 등에 관한 법률」에 따라 건강관리수첩을 발급받은 사람은 제외한다)

자. 옥내에서 시멘트, 티타늄, 분말상의 광석, 탄소원료, 탄소제품, 알미늄 또는 산화티타늄을 포장하는 장소에서의 작업
차. 옥내에서 분말상의 광석, 탄소원료 또는 그 물질을 함유한 물질을 혼합·혼입 또는 살포하는 장소에서의 작업
카. 옥내에서 원료를 혼합하는 장소에서의 작업 중 다음의 어느 하나에 해당하는 작업
  1) 유리 또는 법랑을 제조하는 공정에서 원료를 혼합하는 작업이나 원료 또는 혼합물을 용해로에 투입하는 작업(수중에서 원료를 혼합하는 작업은 제외한다)
  2) 도자기·내화물·형상토제품(형상을 본떠 흙으로 만든 제품) 또는 연마재를 제조하는 공정에서 원료를 혼합 또는 성형하거나, 원료 또는 반제품을 건조하거나, 반제품을 차에 싣거나 쌓아 두는 장소에서의 작업 또는 가마 내부에서의 작업(도자기를 제조하는 공정에서 원료를 투입 또는 성형하여 반제품을 완성하거나 제품을 내리고 쌓아 두는 장소에서의 작업과 수중에서 원료를 혼합하는 장소에서의 작업은 제외한다)
  3) 탄소제품을 제조하는 공정에서 탄소원료를 혼합하거나 성형하여 반제품을 노(爐: 가공할 원료를 녹이거나 굽는 시설)에 넣거나 반제품 또는 제품을 노에서 꺼내거나 제작하는 장소에서의 작업
타. 옥내에서 내화 벽돌 또는 타일을 제조하는 작업 중 동력을 사용하여 원료(습기가 있는 것은 제외한다)를 성형하는 장소에서의 작업
파. 옥내에서 동력을 사용하여 반제품 또는 제품을 다듬질하는 장소에서의 작업 중 다음의 의 어느 하나에 해당하는 작업
  1) 도자기·내화물·형상토제품 또는 연마재를 제조하는 공정에서 원료를 혼합 또는 성형하거나, 원료 또는 반제품을 건조하거나, 반제품을 차에 싣거나 쌓은 장소에서의 작업또는 가마 내부에서의 작업(도자기를 제조하는 공정에서 원료를 투입 또는 성형하여 반제품을 완성하거나 제품을 내리고 쌓아 두는 장소에서의 작업과 수중에서 원료를 혼합하는 장소에서의 작업은 제외한다)
  2) 탄소제품을 제조하는 공정에서 탄소원료를 혼합하거나 성형하여 반제품을 노에 넣거나 반제품 또는 제품을 노에서 꺼내거나 제작하는 장소에서의 작업
하. 옥내에서 거푸집을 해체하거나, 분해장치를 이용하여 사형(似形: 광물의 결정형태)을 부수거나, 모래를 털어 내거나 동력을 사용하여 주물모래를 재생하거나 혼련(열과 기계를 사용하여 내용물을 고르게 섞는 것)하거나 주물품을 절삭(切削)하는 장소에서의 작업
거. 옥내에서 수지식(手指式) 용융분사기를 이용하지 않고 금속을 용융분사하는 장소에서의 작업

8	가. 염화비닐을 중합(결합 화합물화)하는 업무 또는 밀폐되어 있지 않은 원심분리기를 사용하여 폴리염화비닐(염화비닐의 중합체를 말한다)의 현탁액(懸濁液)에서 물을 분리시키는 업무 나. 염화비닐을 제조하거나 사용하는 석유화학설비를 유지·보수하는 업무	4년 이상 종사한 사람
9	크롬산·중크롬산 또는 이들 염(같은 물질이 함유된 화합물의 중량 비율이 1퍼센트를 초과하는 제제를 포함한다)을 광석으로부터 추출하여 제조하거나 취급하는 업무	4년 이상 종사한 사람
10	삼산화비소를 제조하는 공정에서 배소(낮은 온도로 가열하여 변화를 일으키는 과정) 또는 정제를 하는 업무나 비소가 함유된 화합물의 중량 비율이 3퍼센트를 초과하는 광석을 제련하는 업무	5년 이상 종사한 사람
11	니켈(니켈카보닐을 포함한다) 또는 그 화합물을 광석으로부터 추출하여 제조하거나 취급하는 업무	5년 이상 종사한 사람
12	카드뮴 또는 그 화합물을 광석으로부터 추출하여제조하거나 취급하는 업무	5년 이상 종사한 사람
13	가. 벤젠을 제조하거나 사용하는 업무(석유화학 업종만 해당한다) 나. 벤젠을 제조하거나 사용하는 석유화학설비를 유지·보수하는 업무	6년 이상 종사한 사람
14	제철용 코크스 또는 제철용 가스발생로를 제조하는 업무(코크스로 또는 가스발생로 상부에서의 업무 또는 코크스로에 접근하여 하는 업무만 해당한다)	6년 이상 종사한 사람
15	비파괴검사(X-선) 업무	1년이상 종사한 사람 또는 연간 누적선량이 20mSv 이상이었던 사람

○ 2017년 기출문제 정답

1	2	3	4	5	6	7	8	9	10
⑤	①	④	⑤	②	⑤	⑤	④	③	③
11	12	13	14	15	16	17	18	19	20
⑤	④	①	③	⑤	②	④	③	②	②
21	22	23	24	25					
①	④	①	⑤	③					

부록

2016년 산업안전보건법령 기출문제

(2020~2016년 5개년)

01 산업안전보건법령상 사업주가 이행하여야 할 의무에 해당하는 것은?

① 사업장에 대한 재해 예방 지원 및 지도
② 근로자의 신체적 피로와 정신적 스트레스 등을 줄일 수 있는 쾌적한 작업환경 조성 및 근로조건 개선
③ 유해하거나 위험한 기계·기구·설비 및 물질 등에 대한 안전·보건상의 조치기준작성 및 지도·감독
④ 산업재해에 관한 조사 및 통계의 유지·관리
⑤ 안전·보건을 위한 기술의 연구·개발 및 시설의 설치·운영

02 산업안전보건법령상 안전·보건표지의 분류별 종류와 색채가 올바르게 연결된 것은?

① 지시표지(방독마스크 착용) - 바탕은 파란색, 관련 그림은 흰색
② 금지표지(물체이동금지) - 바탕은 흰색, 기본모형은 녹색, 관련 부호 및 그림은 흰색
③ 경고표지(폭발성물질 경고) - 바탕은 노란색, 기본모형, 관련 부호 및 그림은 흰색
④ 안내표지(비상용기구) - 바탕은 흰색, 기본모형은 빨간색, 관련 부호 및 그림은 검은색
⑤ 안내표지(응급구호표지) - 바탕은 무색, 기본모형은 검은색

03 산업안전보건법령상 산업재해 발생 보고에 관한 설명이다. ( )안에 들어갈 내용을 순서대로 올바르게 나열한 것은?

> 사업주는 산업재해로 사망자가 발생하거나 (ㄱ) 이상의 휴업이 필요한 부상을 입거나 질병에 걸린 사람이 발생한 경우에는 산업안전보건법 제10조 제2항에 따라 해당 산업재해가 발생한 날부터 (ㄴ) 이내에 별지 제1호서식의 산업재해조사표를 작성하여 관할 지방고용노동청장 또는 지청장에게 제출(전자문서에 의한 제출을 포함한다)하여야 한다.

① ㄱ: 1일 ㄴ: 1개월
② ㄱ: 2일 ㄴ: 14일
③ ㄱ: 3일 ㄴ: 1개월
④ ㄱ: 5일 ㄴ: 2개월
⑤ ㄱ: 5일 ㄴ: 3개월

04 산업안전보건법령상 안전관리전문기관에 대한 지정의 취소 등에 관한 설명으로 옳지 않은 것은?

① 고용노동부장관은 안전관리전문기관이 지정요건을 충족하지 못한 경우 반드시 지정을 취소하여야 한다.
② 고용노동부장관은 안전관리전문기관이 거짓이나 그 밖의 부정한 방법으로 지정을 받은 경우 지정을 취소하여야 한다.
③ 고용노동부장관은 안전관리전문기관이 지정받은 사항을 위반하여 업무를 수행한 경우 6개월 이내의 기간을 정하여 그 업무의 정지를 명할 수 있다.
④ 안전관리전문기관은 고용노동부장관으로부터 지정이 취소된 경우에 그 지정이 취소된 날부터 2년 이내에는 안전관리전문기관으로 지정받을 수 없다.
⑤ 고용노동부장관이 안전관리전문기관에 대하여 업무의 정지를 명하여야 하는 경우에 그 업무정지가 이용자에게 심한 불편을 주거나 공익을 해할 우려가 있다고 인정하면 업무정지처분에 갈음하여 10억원 이하의 과징금을 부과할 수 있다.

05 산업안전보건법령상 산업안전보건위원회에 관한 설명으로 옳지 않은 것은?

① 사업주는 산업안전·보건에 관한 중요 사항을 심의·의결하기 위하여 근로자와 사용자가 같은 수로 구성되는 산업안전보건위원회를 설치·운영하여야 한다.
② 사업주는 유해하거나 위험한 기계·기구와 그 밖의 설비를 도입한 경우 안전·보건조치에 관한 사항에 대하여는 산업안전보건위원회의 심의·의결을 거쳐야 한다.
③ 산업안전보건위원회의 위원장은 위원 중에서 호선(互選)한다. 이 경우 근로자위원과 사용자위원 중 각 1명을 공동위원장으로 선출할 수 있다.
④ 사업주는 안전보건관리규정을 작성하거나 변경할 때에는 산업안전보건위원회의 심의·의결을 거쳐야 한다. 다만, 산업안전보건위원회가 설치되어 있지 아니한 사업장의 경우에는 근로자대표의 동의를 받아야 한다.
⑤ 산업안전보건위원회는 산업안전·보건에 관한 중요사항에 대하여 심의·의결을 하지만 해당 사업장 근로자의 안전과 보건을 유지·증진시키기 위하여 필요한 사항을 정할 수 없다.

06 산업안전보건법령상 안전보건관리규정 작성 시 포함되어야 할 사항이 아닌 것은?

① 사고 조사 및 대책 수립에 관한 사항
② 안전·보건 관리조직과 그 직무에 관한 사항
③ 작업장 안전관리에 관한 사항
④ 작업장 건설과 민원대책에 관한 사항
⑤ 작업장 보건관리에 관한 사항

07 산업안전보건법령상 작업중지 등에 관한 설명으로 옳지 않은 것은?

① 사업주는 산업재해가 발생할 급박한 위험이 있을 때 또는 중대재해가 발생하였을 때에는 즉시 작업을 중지시키고 근로자를 작업장소로부터 대피시키는 등 필요한 안전·보건상의 조치를 한 후 작업을 다시 시작하여야 한다.
② 근로자는 산업재해가 발생할 급박한 위험으로 인하여 작업을 중지하고 대피하였을 때에는 사태가 안정된 후에 그 사실을 위 상급자에게 보고하는 등 적절한 조치를 취하여야 한다.
③ 사업주는 산업재해가 발생할 급박한 위험이 있다고 믿을 만한 합리적인 근거가 있을 때에는 산업안전보건법의 규정에 따라 작업을 중지하고 대피한 근로자에 대하여 이를 이유로 해고나 그 밖의 불리한 처우를 하여서는 아니 된다.
④ 고용노동부장관은 중대재해가 발생하였을 때에는 그 원인 규명 또는 예방대책 수립을 위하여 중대재해 발생원인을 조사하고, 근로감독관과 관계 전문가로 하여금 고용노동부령으로 정하는 바에 따라 안전·보건진단이나 그 밖에 필요한 조치를 하도록 할 수 있다.
⑤ 누구든지 중대재해 발생현장을 훼손하여 중대재해 발생의 원인조사를 방해하여서는 아니 된다.

08 산업안전보건법령상 사업주가 작업 중 위험을 방지하기 위하여 필요한 안전조치를 취해야 할 장소가 아닌 것은?

① 근로자가 추락할 위험이 있는 장소
② 토사·구축물 등이 붕괴할 우려가 있는 장소
③ 방사선·유해광선·고온·저온·초음파·소음·진동·이상기압 등에 의한 건강 장해의 우려가 있는 장소
④ 물체가 떨어지거나 날아올 위험이 있는 장소
⑤ 작업 시 천재지변으로 인한 위험이 발생할 우려가 있는 장소

09 산업안전보건법령상 도급사업 시의 안전·보건조치 등을 위하여 2일에 1회 이상 순회점검하여야 하는 사업의 작업장에 해당하지 않는 것은?

① 건설업의 작업장
② 정보서비스업의 작업장
③ 제조업의 작업장
④ 토사석 광업의 작업장
⑤ 음악 및 기타 오디오물 출판업의 작업장

10 산업안전보건법령상 고용노동부장관이 실시하는 안전·보건에 관한 직무교육을 받아야 할 대상자를 모두 고른 것은?

> ㄱ. 안전보건관리책임자
> ㄴ. 관리감독자
> ㄷ. 안전관리자
> ㄹ. 보건관리자
> ㅁ. 재해예방 전문지도기관의 종사자

① ㄱ, ㄴ
② ㄴ, ㄷ
③ ㄱ, ㄴ, ㄷ
④ ㄴ, ㄹ, ㅁ
⑤ ㄱ, ㄷ, ㄹ, ㅁ

11 산업안전보건기준에 관한 규칙상 가설통로를 설치하는 경우 준수하여야 하는 사항에 관한 설명으로 옳지 않은 것은?

① 경사는 30도 이하로 할 것. 다만, 계단을 설치하거나 높이 2미터 미만의 가설통로로서 튼튼한 손잡이를 설치한 경우에는 그러하지 아니하다.
② 경사가 15도를 초과하는 경우에는 미끄러운 구조로 할 것
③ 추락할 위험이 있는 장소에는 안전난간을 설치할 것. 다만, 작업상 부득이한 경우에는 필요한 부분만 임시로 해체할 수 있다.
④ 수직갱에 가설된 통로의 길이가 15미터 이상인 경우에는 10미터 이내마다 계단참을 설치할 것
⑤ 건설공사에 사용하는 높이 8미터 이상인 비계다리에는 7미터 이내마다 계단참을 설치할 것

12 산업안전보건법령상 안전관리자가 수행하여야 할 업무가 아닌 것은?

① 사업장 순회점검·지도 및 조치의 건의
② 산업재해 발생의 원인 조사·분석 및 재발 방지를 위한 기술적 보좌 및 조언·지도
③ 작업장 내에서 사용되는 전체 환기장치 및 국소 배기장치 등에 관한 설비의 점검과 작업방법의 공학적 개선에 관한 보좌 및 조언·지도
④ 산업재해에 관한 통계의 유지·관리·분석을 위한 보좌 및 조언·지도
⑤ 업무수행 내용의 기록·유지

13 산업안전보건법령상 도급사업 시의 안전·보건조치 등에 관한 설명으로 옳은 것은?

① 도급사업과 관련하여 산업재해를 예방하기 위하여 안전·보건에 관한 협의체를 구성하는 경우 도급인인 사업주 및 그의 수급인인 사업주의 일부만으로 구성할 수 있다.
② 수급인인 사업주는 도급인인 사업주가 실시하는 근로자의 해당 안전·보건에 필요한 장소 및 자료의 제공 등 필요한 조치를 하여야 한다.
③ 안전·보건상 유해하거나 위험한 작업을 도급하는 경우 도급인은 수급인에게 자료제출을 요구하여야 한다.
④ 도급인인 사업주가 합동안전·보건점검을 할 때에는 도급인인 사업주, 수급인인 사업주, 도급인 및 수급인의 근로자 각 1명으로 점검반을 구성하여야 한다.
⑤ 안전·보건상 유해하거나 위험한 작업 중 사업장 내에서 공정의 일부분을 도급하는 도금작업은 시·도지사의 승인을 받지 아니하면 그 작업만을 분리하여 도급을 줄 수 없다.

<참고>
제7조(도급인과 관계수급인의 통합 산업재해 관련 자료 제출) ① 지방고용노동관서의 장은 법 제10조 제2항에 따라 도급인의 산업재해 발생건수, 재해율 또는 그 순위 등(이하 "산업재해발생건수등"이라 한다)에 관계수급인의 산업재해발생건수등을 포함하여 공표하기 위하여 필요하면 법 제10조 제3항에 따라 영 제12조 각 호의 어느 하나에 해당하는 사업이 이루어지는 사업장으로서 해당 사업장의 상시근로자 수가 500명 이상인 사업장의 도급인에게 도급인의 사업장(도급인이 제공하거나 지정한 경우로서 도급인이 지배·관리하는 영 제11조 각 호에 해당하는 장소를 포함한다. 이하 같다)에서 작업하는 관계수급인 근로자의 산업재해 발생에 관한 자료를 제출하도록 공표의 대상이 되는 연도의 다음 연도 3월 15일까지 요청해야 한다.
② 제1항에 따라 자료의 제출을 요청받은 도급인은 그 해 4월 30일까지 별지 제1호서식의 통합 산업재해 현황 조사표를 작성하여 지방고용노동관서의 장에게 제출(전자문서로 제출하는 것을 포함한다)해야 한다.
③ 제1항에 따른 도급인은 그의 관계수급인에게 별지 제1호서식의 통합 산업재해 현황 조사표의 작성에 필요한 자료를 요청할 수 있다.

14 산업안전보건법령상 유해·위험 방지를 위하여 방호조치가 필요한 기계·기구 등에 해당하지 않는 것은?

① 예초기
② 원심기
③ 전단기(剪斷機) 및 절곡기(折曲機)
④ 지게차
⑤ 금속절단기

<참고>

시행규칙 제98조(방호조치) ① 법 제80조 제1항에 따라 영 제70조 및 영 별표 20의 기계·기구에 설치해야 할 방호장치는 다음 각 호와 같다.
1. 영 별표 20 제1호에 따른 예초기: 날접촉 예방장치
2. 영 별표 20 제2호에 따른 원심기: 회전체 접촉 예방장치
3. 영 별표 20 제3호에 따른 공기압축기: 압력방출장치
4. 영 별표 20 제4호에 따른 금속절단기: 날접촉 예방장치
5. 영 별표 20 제5호에 따른 지게차: 헤드 가드, 백레스트(backrest), 전조등, 후미등, 안전벨트
6. 영 별표 20 제6호에 따른 포장기계: 구동부 방호 연동장치

15 산업안전보건법령상 기계·기구 등을 설치·이전하는 경우에 안전인증을 받아야 하는 기계·기구 등을 모두 고른 것은?

ㄱ. 크레인
ㄴ. 고소(高所)작업대
ㄷ. 리프트
ㄹ. 곤돌라
ㅁ. 기계톱

① ㄱ, ㄴ, ㄷ
② ㄱ, ㄷ, ㄹ
③ ㄴ, ㄷ, ㅁ
④ ㄴ, ㄹ, ㅁ
⑤ ㄷ, ㄹ, ㅁ

16 산업안전보건법령상 자율안전확인의 신고를 면제하는 경우에 해당하지 않는 것은?

① 「품질경영 및 공산품안전관리법」 제14조에 따른 안전인증을 받은 경우
② 「산업표준화법」 제15조에 따른 인증을 받은 경우
③ 「전기용품 및 생활용품 안전관리법」 제5조 및 제8조에 따른 안전인증 및 안전검사를 받은 경우
④ 「농업기계화촉진법」 제9조에 따른 검정을 받은 경우
⑤ 국제전기기술위원회의 국제방폭전기기계·기구 상호인정제도에 따라 인증을 받은 경우

<참고>

제89조(자율안전확인의 신고) ① 안전인증대상기계등이 아닌 유해·위험기계등으로서 대통령령으로 정하는 것(이하 "자율안전확인대상기계등"이라 한다)을 제조하거나 수입하는 자는 자율안전확인대상기계등의 안전에 관한 성능이 고용노동부장관이 정하여 고시하는 안전기준(이하 "자율안전기준"이라 한다)에 맞는지 확인(이하 "자율안전확인"이라 한다)하여 고용노동부장관에게 신고(신고한 사항을 변경하는 경우를 포함한다)하여야 한다. 다만, 다음 각 호의 어느 하나에 해당하는 경우에는 신고를 면제할 수 있다.
1. 연구·개발을 목적으로 제조·수입하거나 수출을 목적으로 제조하는 경우
2. 제84조 제3항에 따른 안전인증을 받은 경우(제86조 제1항에 따라 안전인증이 취소되거나 안전인증표시의 사용 금지 명령을 받은 경우는 제외한다)
3. 다른 법령에 따라 안전성에 관한 검사나 인증을 받은 경우로서 고용노동부령으로 정하는 경우

시행규칙 제119조(신고의 면제) 법 제89조 제1항 제3호에서 "고용노동부령으로 정하는 경우"란 다음 각 호의 어느 하나에 해당하는 경우를 말한다.
1. 「농업기계화촉진법」 제9조에 따른 검정을 받은 경우
2. 「산업표준화법」 제15조에 따른 인증을 받은 경우
3. 「전기용품 및 생활용품 안전관리법」 제5조 및 제8조에 따른 안전인증 및 안전검사를 받은 경우
4. 국제전기기술위원회의 국제방폭전기기계·기구 상호인정제도에 따라 인증을 받은 경우

17 산업안전보건법령상 안전검사 대상이 아닌 것은?

① 전단기
② 건조설비 및 그 부속설비
③ 롤러기(밀폐형 구조)
④ 프레스
⑤ 화학설비 및 그 부속설비

<참고>

★ **영 제78조(안전검사대상기계등)** ① 법 제93조 제1항 전단에서 "대통령령으로 정하는 것"이란 다음 각 호의 어느 하나에 해당하는 것을 말한다.
1. 프레스
2. 전단기
3. 크레인(정격 하중이 2톤 미만인 것은 제외한다)
4. 리프트
5. 압력용기
6. 곤돌라
7. 국소 배기장치(이동식은 제외한다)
8. 원심기(산업용만 해당한다)
9. 롤러기(밀폐형 구조는 제외한다)
10. 사출성형기[형 체결력(型 締結力) 294킬로뉴턴(KN) 미만은 제외한다]
11. 고소작업대(「자동차관리법」 제3조 제3호 또는 제4호에 따른 화물자동차 또는 특수자동차에 탑재한 고소작업대로 한정한다)
12. 컨베이어
13. 산업용 로봇

18 산업안전보건법령상 제조 또는 사용허가를 받아야 하는 유해물질에 해당하는 것은?

① 황린(黃燐) 성냥
② 벤조트리클로리드
③ 석면
④ 폴리클로리네이티드터페닐(PCT)
⑤ 4-니트로디페닐과 그 염

<참고>

영 제87조(제조 등이 금지되는 유해물질) 법 제117조 제1항 각 호 외의 부분에서 "대통령령으로 정하는 물질"이란 다음 각 호의 물질을 말한다. <개정 2020. 9. 8.>
  1. β-나프틸아민[91-59-8]과 그 염(β-Naphthylamine and its salts)
  2. 4-니트로디페닐[92-93-3]과 그 염(4-Nitrodiphenyl and its salts)
  3. 백연[1319-46-6]을 포함한 페인트(포함된 중량의 비율이 2퍼센트 이하인 것은 제외한다)
  4. 벤젠[71-43-2]을 포함하는 고무풀(포함된 중량의 비율이 5퍼센트 이하인 것은 제외한다)
  5. 석면(Asbestos; 1332-21-4 등)
  6. 폴리클로리네이티드 터페닐(Polychlorinated terphenyls; 61788-33-8 등) →PCT
  7. 황린(黃燐)[12185-10-3] 성냥(Yellow phosphorus match)
  8. 제1호, 제2호, 제5호 또는 제6호에 해당하는 물질을 포함한 혼합물(포함된 중량의 비율이 1퍼센트 이하인 것은 제외한다)
  9. 「화학물질관리법」 제2조 제5호에 따른 금지물질(같은 법 제3조 제1항 제1호부터 제12호까지의 규정에 해당하는 화학물질은 제외한다)
  10. 그 밖에 보건상 해로운 물질로서 산업재해보상보험및예방심의위원회의 심의를 거쳐 고용노동부장관이 정하는 유해물질

영 제88조(허가 대상 유해물질) 법 제118조 제1항 전단에서 "대체물질이 개발되지 아니한 물질 등 대통령령으로 정하는 물질"이란 다음 각 호의 물질을 말한다. <개정 2020. 9. 8.>
  1. α-나프틸아민[134-32-7] 및 그 염(α-Naphthylamine and its salts)
  2. 디아니시딘[119-90-4] 및 그 염(Dianisidine and its salts)
  3. 디클로로벤지딘[91-94-1] 및 그 염(Dichlorobenzidine and its salts)
  4. 베릴륨(Beryllium; 7440-41-7)
  5. 벤조트리클로라이드(Benzotrichloride; 98-07-7)
  6. 비소[7440-38-2] 및 그 무기화합물(Arsenic and its inorganic compounds)
  7. 염화비닐(Vinyl chloride; 75-01-4)
  8. 콜타르피치[65996-93-2] 휘발물(Coal tar pitch volatiles)
  9. 크롬광 가공(열을 가하여 소성 처리하는 경우만 해당한다)(Chromite ore processing)
  10. 크롬산 아연(Zinc chromates; 13530-65-9 등)
  11. o-톨리딘[119-93-7] 및 그 염(o-Tolidine and its salts)
  12. 황화니켈류(Nickel sulfides; 12035-72-2, 16812-54-7)
  13. 제1호부터 제4호까지 또는 제6호부터 제12호까지의 어느 하나에 해당하는 물질을 포함한 혼합물(포함된 중량의 비율이 1퍼센트 이하인 것은 제외한다)
  14. 제5호의 물질을 포함한 혼합물(포함된 중량의 비율이 0.5퍼센트 이하인 것은 제외한다)
  15. 그 밖에 보건상 해로운 물질로서 산업재해보상보험및예방심의위원회의 심의를 거쳐 고용노동부장관이 정하는 유해물질

19 산업안전보건법령상 신규화학물질의 유해성·위험성 조사 대상에서 제외되는 것은?

① 방사성 물질
② 노말핵산
③ 포름알데히드
④ 카드뮴 및 그 화합물
⑤ 트리클로로에틸렌

<참고>

영 제85조(유해성·위험성 조사 제외 화학물질) 법 제108조 제1항 각 호 외의 부분 본문에서 "대통령령으로 정하는 화학물질"이란 다음 각 호의 어느 하나에 해당하는 화학물질을 말한다.
 1. 원소
 2. 천연으로 산출된 화학물질
 3. 「건강기능식품에 관한 법률」 제3조 제1호에 따른 건강기능식품
 4. 「군수품관리법」 제2조 및 「방위사업법」 제3조 제2호에 따른 군수품[「군수품관리법」 제3조에 따른 통상품(通常品)은 제외한다]
 5. 「농약관리법」 제2조 제1호 및 제3호에 따른 농약 및 원제
 6. 「마약류 관리에 관한 법률」 제2조 제1호에 따른 마약류
 7. 「비료관리법」 제2조 제1호에 따른 비료
 8. 「사료관리법」 제2조 제1호에 따른 사료
 9. 「생활화학제품 및 살생물제의 안전관리에 관한 법률」 제3조 제7호 및 제8호에 따른 살생물물질 및 살생물제품
 10. 「식품위생법」 제2조 제1호 및 제2호에 따른 식품 및 식품첨가물
 11. 「약사법」 제2조 제4호 및 제7호에 따른 의약품 및 의약외품(醫藥外品)
 12. 「원자력안전법」 제2조 제5호에 따른 **방사성물질**
 13. 「위생용품 관리법」 제2조 제1호에 따른 위생용품
 14. 「의료기기법」 제2조 제1항에 따른 의료기기
 15. 「총포·도검·화약류 등의 안전관리에 관한 법률」 제2조 제3항에 따른 화약류
 16. 「화장품법」 제2조 제1호에 따른 화장품과 화장품에 사용하는 원료
 17. 법 제108조 제3항에 따라 고용노동부장관이 명칭, 유해성·위험성, 근로자의 건강장해 예방을 위한 조치 사항 및 연간 제조량·수입량을 공표한 물질로서 공표된 연간 제조량·수입량 이하로 제조하거나 수입한 물질
 18. 고용노동부장관이 환경부장관과 협의하여 고시하는 화학물질 목록에 기록되어 있는 물질

20 산업안전보건법령상 근로자의 보건관리에 관한 설명으로 옳지 않은 것은?

① 사업주는 작업환경측정의 결과를 해당 작업장 근로자에게 알려야 하며, 그 결과에 따라 근로자의 건강을 보호하기 위하여 해당 시설·설비의 설치·개선 또는 건강진단의 실시 등 적절한 조치를 하여야 한다.
② 고용노동부장관은 근로자의 건강을 보호하기 위하여 필요하다고 인정할 때에는 사업주에게 특정 근로자에 대한 임시건강진단의 실시나 그밖에 필요한 조치를 명할 수 있다.
③ 고용노동부장관이 역학조사(疫學調査)를 실시하는 경우 사업주 및 근로자는 적극 협조하여야 하며, 정당한 사유 없이 이를 거부·방해하거나 기피하여서는 아니 된다.
④ 사업주는 잠함(潛艦) 또는 잠수작업 등 높은 기압에서 하는 위험한 작업에 종사하는 근로자에게는 1일 6시간, 1주 34시간을 초과하여 근로하게 하여서는 아니 된다.
⑤ 사업주는 산업안전보건위원회 또는 근로자대표가 요구하면 작업환경측정 결과에 대한 설명회를 직접 개최하여야 하며, 작업환경측정을 한 기관으로 하여금 개최하도록 하여서는 아니 된다.

<참고>
제125조(작업환경측정) ① 사업주는 유해인자로부터 근로자의 건강을 보호하고 쾌적한 작업환경을 조성하기 위하여 **인체에 해로운 작업을 하는 작업장으로서 고용노동부령으로 정하는 작업장**에 대하여 고용노동부령으로 정하는 자격을 가진 자로 하여금 작업환경측정을 하도록 하여야 한다.
② 제1항에도 불구하고 도급인의 사업장에서 관계수급인 또는 관계수급인의 근로자가 작업을 하는 경우에는 **도급인**이 제1항에 따른 자격을 가진 자로 하여금 작업환경측정을 하도록 하여야 한다.
③ 사업주(제2항에 따른 도급인을 포함한다. 이하 이 조 및 제127조에서 같다)는 제1항에 따른 작업환경측정을 제126조에 따라 지정받은 기관(이하 "작업환경측정기관"이라 한다)에 위탁할 수 있다. 이 경우 필요한 때에는 작업환경측정 중 시료의 분석만을 위탁할 수 있다.
④ 사업주는 근로자대표(관계수급인의 근로자대표를 포함한다. 이하 이 조에서 같다)가 요구하면 작업환경측정 시 근로자대표를 참석시켜야 한다.
⑤ 사업주는 작업환경측정 결과를 기록하여 보존하고 고용노동부령으로 정하는 바에 따라 고용노동부장관에게 보고하여야 한다. 다만, 제3항에 따라 사업주로부터 작업환경측정을 위탁받은 작업환경측정기관이 작업환경측정을 한 후 그 결과를 고용노동부령으로 정하는 바에 따라 고용노동부장관에게 제출한 경우에는 작업환경측정 결과를 보고한 것으로 본다.
⑥ 사업주는 작업환경측정 결과를 해당 작업장의 근로자(관계수급인 및 관계수급인 근로자를 포함한다. 이하 이 항, 제127조 및 제175조 제5항 제15호에서 같다)에게 알려야 하며, 그 결과에 따라 근로자의 건강을 보호하기 위하여 해당 시설·설비의 설치·개선 또는 건강진단의 실시 등의 조치를 하여야 한다.
⑦ 사업주는 산업안전보건위원회 또는 근로자대표가 **요구하면** 작업환경측정 결과에 대한 설명회 등을 개최하여야 한다. 이 경우 제3항에 따라 작업환경측정을 위탁하여 실시한 경우에는 작업환경측정기관에 작업환경측정 결과에 대하여 설명하도록 할 수 있다.
⑧ 제1항 및 제2항에 따른 작업환경측정의 방법·횟수, 그 밖에 필요한 사항은 고용노동부령으로 정한다.

21 산업안전보건법령상 사업주가 근로를 금지시켜야 하는 질병자에 해당하지 않는 것은?

① 정신분열증에 걸린 사람
② 마비성 치매에 걸린 사람
③ 심장·신장·폐 등의 질환이 있는 사람으로서 근로에 의하여 병세가 악화될 우려가 있는 사람
④ 결핵, 급성상기도감염, 진폐, 폐기종의 질병에 걸린 사람
⑤ 전염을 예방하기 위한 조치를 하지 않은 상태에서 전염될 우려가 있는 질병에 걸린 사람

22 산업안전보건법령상 고용노동부장관이 사업주에게 수립·시행을 명할 수 있는 계획에 관한 설명이다. (   )안에 들어갈 내용으로 옳은 것은?

> 고용노동부장관은 사업주가 안전보건조치의무를 이행하지 아니하여 중대재해가 발생한 사업장으로서 산업재해 예방을 위하여 종합적인 개선조치를 할 필요가 있다고 인정할 때에는 고용노동부령으로 정하는 바에 따라 사업주에게 그 사업장, 시설, 그 밖의 사항에 관한 (   )의 수립·시행을 명할 수 있다.

① 유해·위험방지계획
② 안전교육계획
③ 보건교육계획
④ 비상조치계획
⑤ 안전보건개선계획

23 산업안전보건법령상 산업안전지도사 및 산업보건지도사(이하 "지도사"라 함)에 관한 설명으로 옳지 않은 것은?

① 지도사가 그 직무를 시작할 때에는 고용노동부장관에게 신고하여야 한다.
② 지도사는 그 직무상 알게 된 비밀을 누설하거나 도용하여서는 아니 된다.
③ 지도사는 항상 품위를 유지하고 신의와 성실로써 공정하게 직무를 수행하여야 한다.
④ 지도사는 법령에 위반되는 행위에 관한 지도·상담을 하여서는 아니 된다.
⑤ 지도사는 다른 사람에게 자기의 성명이나 사무소의 명칭을 사용하여 지도사의 직무를 수행하게 하거나 그 자격증을 대여하여서는 아니 된다.

24 산업안전보건법령상 위험성평가 실시내용 및 결과의 기록·보존에 관한 설명으로 옳지 않은 것은?

① 위험성평가 대상의 유해·위험요인이 포함되어야 한다.
② 위험성 결정의 내용이 포함되어야 한다.
③ 위험성 결정에 따른 조치의 내용이 포함되어야 한다.
④ 위험성평가의 실시내용을 확인하기 위하여 필요한 사항으로서 고용노동부장관이 정하여 고시하는 사항이 포함되어야 한다.
⑤ 사업주는 위험성평가 실시내용 및 결과의 기록·보존에 따른 자료를 5년간 보존하여야 한다.

<참고>
시행규칙 제37조(위험성평가 실시내용 및 결과의 기록·보존) ① 사업주가 법 제36조 제3항에 따라 위험성평가의 결과와 조치사항을 기록·보존할 때에는 다음 각 호의 사항이 포함되어야 한다.
 1. 위험성평가 대상의 유해·위험요인
 2. 위험성 결정의 내용
 3. 위험성 결정에 따른 조치의 내용
 4. 그 밖에 위험성평가의 실시내용을 확인하기 위하여 필요한 사항으로서 고용노동부장관이 정하여 고시하는 사항
② 사업주는 제1항에 따른 자료를 3년간 보존해야 한다.

25 산업안전보건법령상 산업보건지도사의 직무에 해당하지 않는 것은?

① 작업환경의 평가 및 개선 지도
② 산업보건에 관한 조사·연구
③ 근로자 건강진단에 따른 사후관리 지도
④ 유해·위험의 방지대책에 관한 평가·지도
⑤ 작업환경 개선과 관련된 계획서 및 보고서의 작성

<참고>
제9장 산업안전지도사 및 산업보건지도사
제142조(산업안전지도사 등의 직무) ① 산업안전지도사는 다음 각 호의 직무를 수행한다.
 1. 공정상의 안전에 관한 평가·지도
 2. 유해·위험의 방지대책에 관한 평가·지도
 3. 제1호 및 제2호의 사항과 관련된 계획서 및 보고서의 작성
 4. 그 밖에 산업안전에 관한 사항으로서 대통령령으로 정하는 사항

② 산업보건지도사는 다음 각 호의 직무를 수행한다.
   1. 작업환경의 평가 및 개선 지도
   2. 작업환경 개선과 관련된 계획서 및 보고서의 작성
   3. 근로자 건강진단에 따른 사후관리 지도
   4. 직업성 질병 진단(「의료법」 제2조에 따른 의사인 산업보건지도사만 해당한다) 및 예방 지도
   5. 산업보건에 관한 조사·연구
   6. 그 밖에 산업보건에 관한 사항으로서 대통령령으로 정하는 사항
③ 산업안전지도사 또는 산업보건지도사(이하 "지도사"라 한다)의 업무 영역별 종류 및 업무 범위, 그 밖에 필요한 사항은 대통령령으로 정한다.

> **영 제101조(산업안전지도사 등의 직무)** ① 법 제142조 제1항 제4호에서 "대통령령으로 정하는 사항"이란 다음 각 호의 사항을 말한다.
>   1. 법 제36조에 따른 **위험성평가의 지도**
>   2. 법 제49조에 따른 **안전보건개선계획서의 작성**
>   3. 그 밖에 산업안전에 관한 사항의 자문에 대한 응답 및 조언
> ② 법 제142조 제2항 제6호에서 "대통령령으로 정하는 사항"이란 다음 각 호의 사항을 말한다.
>   1. 법 제36조에 따른 **위험성평가의 지도**
>   2. 법 제49조에 따른 **안전보건개선계획서의 작성**
>   3. 그 밖에 산업보건에 관한 사항의 자문에 대한 응답 및 조언

○ 2016년 기출문제 정답

1	2	3	4	5	6	7	8	9	10
②	①	③	①	⑤	④	②	③	②	⑤
11	12	13	14	15	16	17	18	19	20
②	③	④	③	②	①	③	②	①	⑤
21	22	23	24	25					
④	⑤	①	⑤	④					

초판 1쇄 발행 2021년 02월 25일

펴낸 정영치

펴낸이 이종춘   펴낸곳 ㈜첨단물지식

등록일자 2008년 9월 26일   등록번호 제15-605호

주소 151-862 서울 관악구 적선4길 50 (신림동 120-32)
대표전화 02)874-1144   팩스 02)876-4312
홈페이지 www.iec.co.kr
ISBN 978-89-6336-581-7

정가 17,000원